Wolfgang Pfeiffer
Digitale Meßtechnik

W0258571

Springer

Berlin
Heidelberg
New York
Barcelona
Budapest
Hongkong
London
Mailand
Paris
Santa Clara
Singapur
Tokio

Wolfgang Pfeiffer

Digitale Meßtechnik

Grundlagen, Geräte, Bussysteme

Mit 143 Abbildungen

Springer

Prof. Dr.-Ing. Wolfgang Pfeiffer
Institut für Hochspannungs- und Meßtechnik
Technische Universität Darmstadt
Landgraf-Georg-Straße 4
64283 Darmstadt

Die Deutsche Bibliothek - CIP-Einheitsaufnahme
Pfeiffer, Wolfgang:
Digitale Meßtechnik: Grundlagen, Geräte, Bussysteme / Wolfgang Pfeiffer.
Berlin; Heidelberg; NewYork; Barcelona; Budapest; Hongkong; London;
Mailand; Paris; Santa Clara; Singapur; Tokio: Springer, 1998
ISBN-13:978-3-540-63904-6

ISBN-13:978-3-540-63904-6   e-ISBN-13:978-3-642-93583-1
DOI: 10.1007/978-3-642-93583-1

Dieses Werk ist urheberrechtlich geschützt. Die dadurch begründeten Rechte, insbesondere die der Übersetzung, des Nachdrucks, des Vortrags, der Entnahme von Abbildungen und Tabellen, der Funksendung, der Mikroverfilmung oder Vervielfältigung auf anderen Wegen und der Speicherung in Datenverarbeitungsanlagen, bleiben, auch bei nur auszugsweiser Verwertung, vorbehalten. Eine Vervielfältigung dieses Werkes oder von Teilen dieses Werkes ist auch im Einzelfall nur in den Grenzen der gesetzlichen Bestimmungen des Urheberrechtsgesetzes der Bundesrepublik Deutschland vom 9. September 1965 in der jeweils geltenden Fassung zulässig. Sie ist grundsätzlich vergütungspflichtig. Zuwiderhandlungen unterliegen den Strafbestimmungen des Urheberrechtsgesetzes.

© Springer-Verlag Berlin Heidelberg 1998

Die Wiedergabe von Gebrauchsnamen, Handelsnamen, Warenbezeichnungen usw. in diesem Buch berechtigt auch ohne besondere Kennzeichnung nicht zu der Annahme, daß solche Namen im Sinne der Warenzeichen- und Markenschutz-Gesetzgebung als frei zu betrachten wären und daher von jedermann benutzt werden dürften.

Sollte in diesem Werk direkt oder indirekt auf Gesetze, Vorschriften oder Richtlinien (z.B. DIN, VDI, VDE) Bezug genommen oder aus ihnen zitiert worden sein, so kann der Verlag keine Gewähr für die Richtigkeit, Vollständigkeit oder Aktualität übernehmen. Es empfiehlt sich, gegebenenfalls für die eigenen Arbeiten die vollständigen Vorschriften oder Richtlinien in der jeweils gültigen Fassung hinzuzuziehen.

Einband-Entwurf: Struve & Partner, Heidelberg
Satz: Reproduktionsfertige Vorlage des Autors
SPIN: 10661858   62/3021 - Gedruckt auf säurefreiem Papier

Vorwort

Das Buch „Digitale Meßtechnik" basiert auf einer gleichnamigen Lehrveranstaltung, die ich an der Technischen Universität Darmstadt seit geraumer Zeit halte. Die ständige Weiterentwicklung des Stoffes und die Einarbeitung der gemachten Erfahrungen erlaubt nunmehr eine Herausgabe des Vorlesungsmanuskriptes als Lehrbuch.

Bei der Entwicklung des inhaltlichen Konzeptes wurde versucht, eine innerhalb der bestehenden Lehrbücher erkennbare Lücke zu schließen. Diese liegt darin, daß eine einigermaßen gleichberechtigte Behandlung von Grundlagen der Signaltheorie, der Technik der Analog-Digital-Wandlung, der Beschreibung Digitaler Meßgeräte und von Datenbussen zur Verbindung Digitaler Meßgeräte miteinander in einem Buch allein bisher kaum zu finden ist. Der Stoff wird dabei in besonders schwierig überschaubaren Bereichen durch numerische Simulationsrechnungen verdeutlicht.

Es ist einleuchtend, daß auf der anderen Seite die verschiedenen Themen nur in der unbedingt notwendigen Weise vertieft werden konnten, zumal die zugrunde liegende Vorlesung nur über ein Semester läuft. Hierzu wird der tiefer interessierte Leser auf geeignete weiterführende Literatur verwiesen.

Ich hoffe, dem interessierten Studenten aber auch dem Leser aus der beruflichen Praxis einen guten Überblick über dieses interessante und aktuelle Gebiet gegeben zu haben. Für Anregungen aus dem Leserkreis bin ich jederzeit dankbar.

Darmstadt, den 25.12.1997   W. Pfeiffer

Inhaltsverzeichnis

1 Fourier-Transformation

1.1
Grundlagen der Fourier-Transformation

Bei Analog-Digital-Wandlern erhält man als Meßergebnis eine zeitliche Folge diskreter Abtastwerte. Das Ergebnis liegt daher grundsätzlich im Zeitbereich vor, so daß für entsprechende Auswertungen im Frequenzbereich eine Umrechnung der Datensätze in den Frequenzbereich unumgänglich ist [14, 19, 27].

Für die Umrechnung würde normalerweise die Fourier-Transformation verwendet. Zusätzliche Probleme entstehen allerdings dadurch, daß die umzurechnenden Zeitfunktionen aus diskreten Einzelwerten begrenzter Anzahl bestehen und in der Regel auch nicht periodisch sind. Die Umrechnung muß daher mit dem Fourier-Integral bzw. durch die Diskrete-Fourier-Transformation (DFT) erfolgen. Deren Berechnung wiederum wird meist unter Anwendung der Fast-Fourier-Transformation (FFT) durchgeführt. Diese Zusammenhänge sollen anhand der theoretischen Grundlagen näher erläutert werden [5].

1.1.1
Kontinuierliche und periodische Signale

Jedes kontinuierliche, periodische Signal $x(t)$ kann als Summe einer Sinus- und Kosinus-Reihe beschrieben werden. Bei diesen Fourier-Reihen treten nur diskrete Spektren, nämlich die Grundfrequenz ω_0 und deren Vielfache auf:

$$x(t) = a_0 + \sum_{i=1}^{\infty} \left[a_i \cos(i\omega_0 t) + b_i \sin(i\omega_0 t) \right] \tag{1.1}$$

Der Koeffizient a_0 stellt den Gleichsignalanteil dar. Um die Koeffizienten a_i und b_i bestimmen zu können, benutzt man die Orthogonalität der Sinus- und Kosinus-Funktionen. Gleichung 1.1 wird auf beiden Seiten mit dem Term $\cos(k\omega_0 t)$ erweitert und dann wird das Integral über das Intervall 0 bis T gebildet. Damit ergibt sich:

$$\int_0^T x(t)\cos(k\omega_0 t)\,\mathrm{d}t = \int_0^T \cos(k\omega_0 t)\left\{a_0 + \sum_{i=1}^{\infty}\left[a_i\cos(i\omega_0 t)+b_i\sin(i\omega_0 t)\right]\right\}\mathrm{d}t \quad (1.2)$$

Wegen der Orthogonalität verschwinden auf der rechten Seite der Gleichung die folgenden Integrale:

$$\int_0^T \cos(k\omega_0 t)\cos(i\omega_0 t)\,\mathrm{d}t = 0 \qquad \text{für} \qquad k \neq i \qquad (1.3)$$

$$\int_0^T \cos(k\omega_0 t)\sin(i\omega_0 t)\,\mathrm{d}t = 0 \qquad \text{für} \qquad k \neq i \qquad (1.4)$$

$$\int_0^T a_0 \cos(k\omega_0 t)\,\mathrm{d}t = 0 \qquad (1.5)$$

Es bleibt also nur der Anteil für $k = i$:

$$\int_0^T a_i \cos^2(k\omega_0 t)\,\mathrm{d}t = \begin{cases} a_i\dfrac{T}{2} & \text{für} \qquad k \neq 0 \\[3mm] a_0\,T & \text{für} \qquad k = 0 \end{cases} \qquad (1.6)$$

Daraus ergibt sich für die Berechnung von a_i:

$$a_0 = \frac{1}{T}\int_0^T x(t)\,\mathrm{d}t \qquad (1.7)$$

$$a_i = \frac{2}{T}\int_0^T x(t)\cos(i\omega_0 t)\,\mathrm{d}t \qquad \text{mit} \qquad i = 1\ldots\infty \qquad (1.8)$$

Ebenso läßt sich Gleichung 1.1 mit dem Term $\sin(k\omega_0 t)$ erweitern womit man die Koeffizienten b_i erhält.

$$b_i = \frac{2}{T}\int_0^T x(t)\sin(i\omega_0 t)\,\mathrm{d}t \qquad \text{mit} \qquad i = 1\ldots\infty \qquad (1.9)$$

Benutzt man die Eulerschen Beziehungen:

$$\cos\alpha = \frac{e^{j\alpha} + e^{-j\alpha}}{2} \qquad\qquad \sin\alpha = \frac{e^{j\alpha} - e^{-j\alpha}}{2j} \qquad (1.10)$$

und setzt diese in Gl. 1.1 ein, erhält man die komplexe Fourier-Reihe:

$$x(t) = \sum_{i=-\infty}^{\infty} c_i\, e^{j i \omega_0 t} \qquad (1.11)$$

mit den Koeffizienten:

$$c_i = \frac{1}{T} \int_0^T x(t)\, e^{-j i \omega_0 t}\, dt \qquad (1.12)$$

Als Beispiel soll ein periodischer Rechteckimpuls mit der Amplitude U_0, der Impulsbreite $K{\cdot}T_{Abt}$ und der Periodendauer $N{\cdot}T_{Abt}$ dienen, dessen zeitlicher Verlauf in Bild 1.1 dargestellt ist.

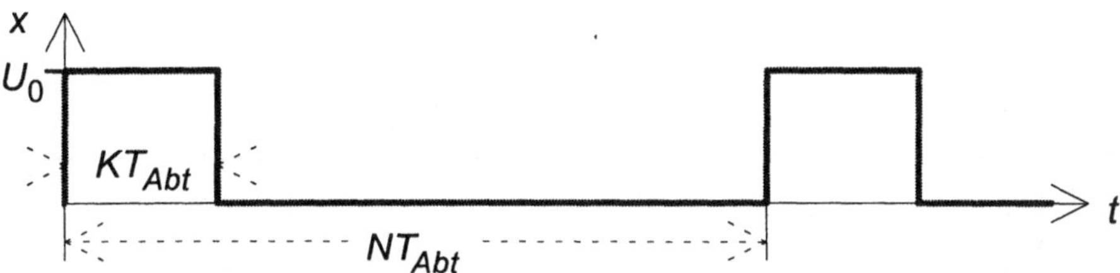

Bild 1.1: Kontinuierlicher, periodischer Rechteckimpuls

Dabei ist T_{Abt} gegenwärtig als die Grundeinheit der Zeit anzusehen, bei der späteren Betrachtung diskreter Datensätze ist darunter das Abtastintervall bzw. der Kehrwert der Abtastfrequenz zu verstehen. Mit Gl. 1.12 ergibt sich für den periodischen Rechteckimpuls als Koeffizient c_i:

$$c_i = \frac{1}{N T_{Abt}} \int_0^{K T_{Abt}} U_0\, e^{-j i \omega_0 t}\, dt = \frac{-U_0}{N T_{Abt}}\frac{1}{j i \omega_0}\left(e^{-j i \omega_0 K T_{Abt}} - 1\right) \qquad (1.13)$$

Mit
$$\omega_0 = \frac{2\pi}{N T_{Abt}} \qquad (1.14)$$

erhält man:

$$c_i = \frac{-U_0}{j\,2\pi i}\left(e^{-j\,2\pi i K/N} - 1\right) = \frac{-U_0}{j\,2\pi i}\left[\cos\!\left(2\pi i\,\frac{K}{N}\right) - j\sin\!\left(2\pi i\,\frac{K}{N}\right) - 1\right] \qquad (1.15)$$

Der Betrag ist:

$$|c_i| = \frac{U_0}{2\pi i}\sqrt{\left[1 - \cos\!\left(2\pi i\,\frac{K}{N}\right)\right]^2 + \left[\sin\!\left(2\pi i\,\frac{K}{N}\right)\right]^2}$$

$$\qquad (1.16)$$

$$|c_i| = \frac{U_0}{2\pi i}\sqrt{2\left[1 - \cos\!\left(2\pi i\,\frac{K}{N}\right)\right]}$$

Mit
$$1 - \cos\alpha = 2\sin^2(\alpha/2) \qquad (1.17)$$

ergibt sich:
$$|c_i| = \frac{U_0}{\pi i}\left|\sin\!\left(\pi i\,\frac{K}{N}\right)\right| = U_0\,\frac{K}{N}\left|\mathrm{Si}\!\left(\pi i\,\frac{K}{N}\right)\right| \qquad (1.18)$$

Mit der Spaltfunktion:
$$\mathrm{Si}_{(x)} = \frac{\sin(x)}{x} \qquad (1.19)$$

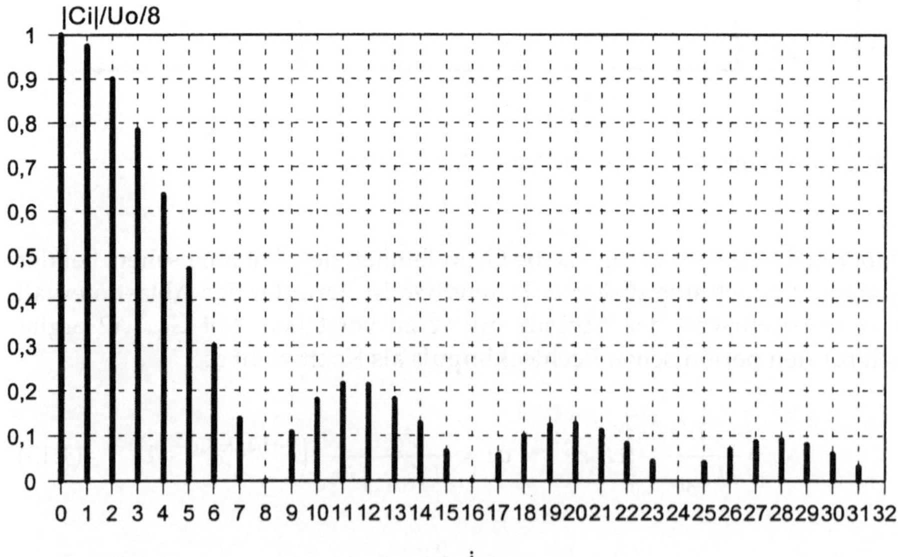

Bild 1.2: Betragsspektrum des kontinuierlichen, periodischen Rechteckimpulses

Die Auswertung des mit Gl. 1.18 erhaltenen Ergebnisses ist in Bild 1.2 unter der Annahme von $N/K = 8$ dargestellt. Dabei wurde die Darstellung des theoretisch unendlich weit ausgedehnten Linienspektrums bei $i = 32$ abgebrochen. Die Amplituden wurden auf den Gleichsignalanteil von $U_0/8$ normiert.

1.1.2
Kontinuierliche aperiodische Signale

Um ausgehend von der Fourier-Reihe des periodischen Impulses eine Transformationsregel für aperiodische Vorgänge zu finden, ist ein kleines Gedankenexperiment nötig. Man stellt sich zunächst das Signal als periodisch mit der Periodendauer T vor, berechnet daraus die Fourier-Reihe und läßt dann die Periodendauer gegen Unendlich gehen. Damit rücken die diskreten Frequenzen der Fourier-Reihe bis auf den Abstand Null zusammen und die Summen der Fourier-Reihe gehen in Integrale über. Aus den Gleichungen 1.11-1.12 erhält man so die Fourier-Integrale [11]:

$$x(t) = \frac{1}{2\pi} \int_{-\infty}^{+\infty} X_{(j\omega)}\, e^{j\omega t}\, d\omega \tag{1.20}$$

$$X_{(j\omega)} = \int_{-\infty}^{+\infty} x(t)\, e^{-j\omega t}\, dt \tag{1.21}$$

Als Beispiel soll nunmehr ein einzelner (aperiodischer) Rechteckimpuls mit der Impulsbreite $K{\cdot}T_{Abt}$ dienen. Dessen zeitlicher Verlauf ist in Bild 1.3 dargestellt.

Bild 1.3: Kontinuierlicher, aperiodischer Rechteckimpuls

Für die Berechnung ergibt sich mit Gleichung 1.21:

$$X_{(j\omega)} = \int_0^{KT_{Abt}} U_0\, e^{-j\omega t}\, \mathrm{d}t = -U_0 \frac{1}{j\omega}\left(e^{-j\omega KT_{Abt}} - 1\right) \qquad (1.22)$$

Als Betrag erhält man:

$$\left|X_{(j\omega)}\right| = \frac{U_0}{\omega}\sqrt{\left[1 - \cos\!\left(\omega KT_{Abt}\right)\right]^2 + \left[\sin\!\left(\omega KT_{Abt}\right)\right]^2}$$

$$\left|X_{(j\omega)}\right| = U_0\, KT_{Abt}\, \mathrm{Si}\!\left(\frac{\omega KT_{Abt}}{2}\right)$$

$$(1.23)$$

Die Auswertung dieses Ergebnisses ist in Bild 1.4 dargestellt. Für das nunmehr kontinuierliche Spektrum ergibt sich der gleiche Verlauf wie für die Einhüllende des diskreten Spektrums in Bild 1.2. Die Nullstellen liegen jetzt bei:

$$\omega = \frac{2\pi}{KT_{Abt}} \qquad \text{bzw.} \qquad f = \frac{1}{KT_{Abt}} \qquad (1.24)$$

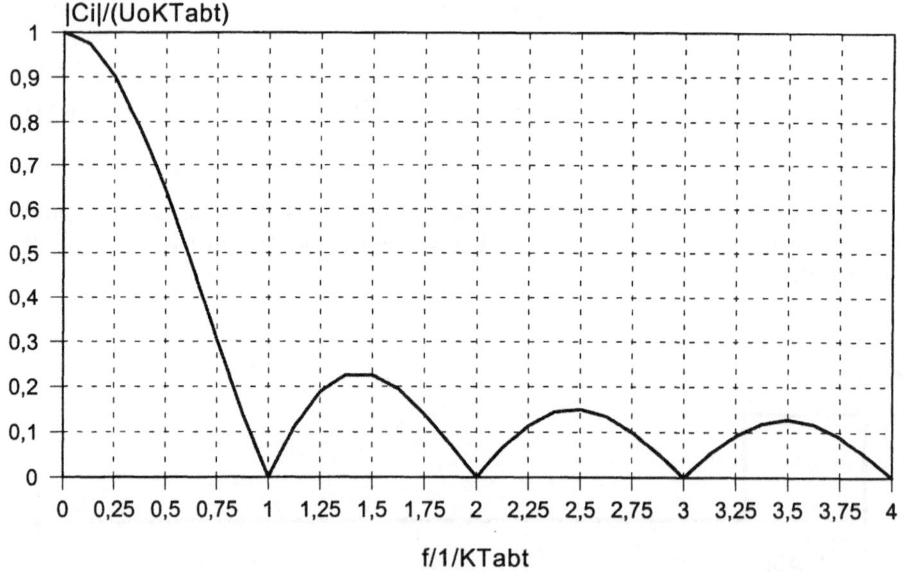

Bild 1.4: Betragsspektrum des kontinuierlichen, aperiodischen Rechteckimpulses

Die in Tabelle 1.1 angegebenen Regeln für den Übergang vom Zeitbereich in den Frequenzbereich werden für die folgenden Überlegungen benötigt.

Tabelle 1.1: Ergebnisse der Fourier-Transformation

Zeitbereich	Frequenzbereich
$x_1(t) + x_2(t)$	$X_1(j\omega) + X_2(j\omega)$
$x(t - \tau)$	$X_{(j\omega)}\, e^{-j\omega\tau}$
$k\, x(t)$	$k\, X_{(j\omega)}$
$\delta(t)$	1

1.1.3
Getastete aperiodische Signale

Nach der Digitalisierung eines aperiodischen Signals steht aber nur ein Datensatz aus N diskreten Werten zur Verfügung. Auch der für die Fourier-Transformation erforderliche Rechenaufwand stellt ohnehin eine obere Grenze für die Anzahl der möglichen Stützwerte dar.

Es wird angenommen, daß die N Abtastwerte zu den Zeiten 0, T_{Abt}, $2 \cdot T_{Abt}$,......, $(N\text{-}1) \cdot T_{Abt}$ erhalten werden. Die Werte für die Zeiten $N \cdot T_{Abt}$, und für größere Zeiten werden zu Null angenommen, ebenso für $t < 0$. Das getastete aperiodische Signal besteht daher aus N um die Abtastzeit T_{Abt} gegeneinander verschobenen Dirac-Impulsen (Delta-Impulsen):

$$x(t) = x(0)\,\delta(t) + x(1)\,\delta(t - T_{Abt}) +...+ x(N-1)\,\delta(t - (N-1)T_{Abt}) = \sum_{n=0}^{N-1} x(n)\,\delta(t - nT_{Abt}) \quad (1.25)$$

und das Fourier-Spektrum ergibt sich folglich zu:

$$X_{(j\omega)} = X_0 + X_1\, e^{-j\omega\, T_{Abt}} +...+ X_{N-1}\, e^{-j\omega\,(N-1)T_{Abt}} = \sum_{n=0}^{N-1} X_n\, e^{-j\omega\, n T_{Abt}} \quad (1.26)$$

Die Koeffizienten X_0, X_1, ..., $X_{N\text{-}1}$ erhält man aus den abgetasteten Werten zu den Zeitpunkten 0, T_{Abt}, ..., $(N\text{-}1) \cdot T_{Abt}$. Die einzelnen Terme sind das Fourier-Spektrum der entsprechenden Dirac-Impulse gemäß Tabelle 1.1. Für die Abtastfrequenz gilt:

$$\omega_{Abt} = 2\pi\, f_{Abt} = \frac{2\pi}{T_{Abt}} \quad (1.27)$$

Der erste Term in Gl. 1.26 ist eine Konstante, der zweite ist periodisch in ω mit der Periode ω_{Abt}, der dritte mit der Periode $\omega_{Abt}/2$ usw.. Daraus folgt, daß das gesamte Spektrum periodisch mit ω_{Abt} ist. Außerdem ist das Spektrum kontinuierlich, da es sich um ein aperiodisches Signal handelt.

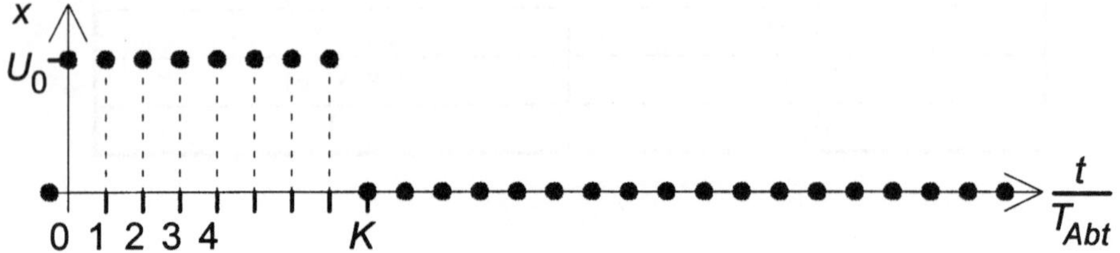

Bild 1.5: Getasteter, aperiodischer Rechteckimpuls

Als Beispiel soll der in Bild 1.5 dargestellte getastete, aperiodische Rechteckimpuls betrachtet werden. Die Zeitfunktion lautet

$$x(t) = U_0 \sum_{n=0}^{K-1} \delta(t - n T_{Abt}) \tag{1.28}$$

und das Spektrum ist:

$$X(j\omega) = U_0 \sum_{n=0}^{K-1} e^{-j\omega \, n T_{Abt}} \tag{1.29}$$

Durch Aufspaltung der einen Reihe in zwei unendliche Reihen erhält man:

$$X(j\omega) = U_0 \left[\sum_{n=0}^{\infty} e^{-j\omega \, n T_{Abt}} - \sum_{n=K}^{\infty} e^{-j\omega \, n T_{Abt}} \right] \tag{1.30}$$

$$X(j\omega) = U_0 \left[\sum_{n=0}^{\infty} e^{-j\omega \, n T_{Abt}} - e^{-j\omega \, K T_{Abt}} \sum_{n=0}^{\infty} e^{-j\omega \, n T_{Abt}} \right] \tag{1.31}$$

Mit der Summe
$$\sum_{n=0}^{\infty} e^{-j\omega \, n T_{Abt}} = \frac{1}{1 - e^{-j\omega \, T_{Abt}}} \tag{1.32}$$

ergibt sich das Spektrum zu:

$$X(j\omega) = U_0 \frac{1 - e^{-j\omega \, K T_{Abt}}}{1 - e^{-j\omega \, T_{Abt}}} = U_0 \frac{1 - \left[\cos(\omega K T_{Abt}) - j\sin(\omega K T_{Abt})\right]}{1 - \left[\cos(\omega T_{Abt}) - j\sin(\omega T_{Abt})\right]} \tag{1.33}$$

Der Betrag ist:

$$\left|X_{(j\omega)}\right| = U_0 \sqrt{\frac{\left[1-\cos(\omega K\, T_{Abt})\right]^2 + \left[\sin(\omega K\, T_{Abt})\right]^2}{\left[1-\cos(\omega\, T_{Abt})\right]^2 + \left[\sin(\omega\, T_{Abt})\right]^2}} = U_0 \sqrt{\frac{2\left[1-\cos(\omega K\, T_{Abt})\right]}{2\left[1-\cos(\omega\, T_{Abt})\right]}} \quad (1.34)$$

Mit Gl. 1.17 erhält man:

$$\left|X_{(j\omega)}\right| = U_0 \left|\frac{\sin\left(\omega K\,\dfrac{T_{Abt}}{2}\right)}{\sin\left(\omega\,\dfrac{T_{Abt}}{2}\right)}\right| \qquad (1.35)$$

Dies läßt sich als Quotient zweier Spaltfunktionen ausdrücken:

$$\left|X_{(j\omega)}\right| = U_0\, K \left|\frac{Si\left(\omega K\,\dfrac{T_{Abt}}{2}\right)}{Si\left(\omega\,\dfrac{T_{Abt}}{2}\right)}\right| \qquad (1.36)$$

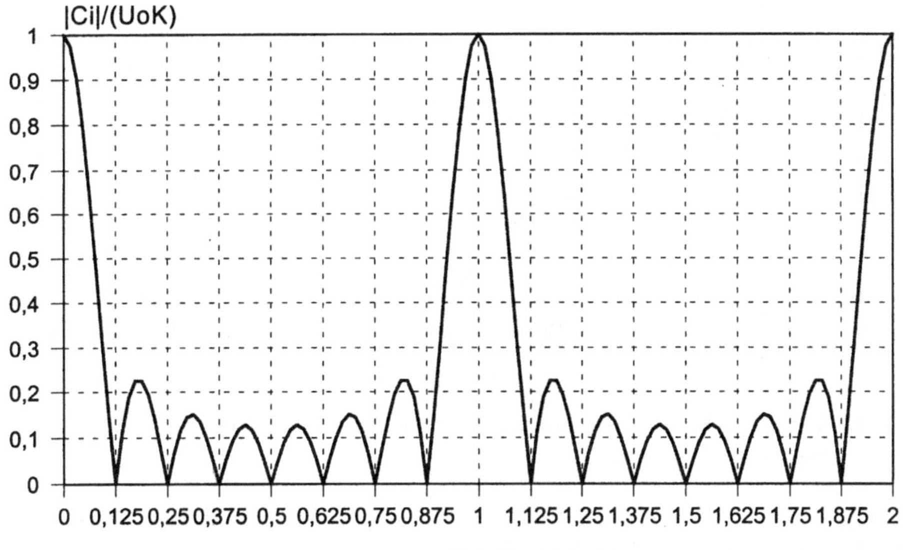

Bild 1.6: Betragsspektrum des getasteten, aperiodischen Rechteckimpulses

Das Spektrum des getasteten, aperiodischen Rechteckimpulses ist in Bild 1.6 für $K = 8$ aufgetragen. Durch die Tastung mit der Abtastfrequenz ergibt sich eine Spiegelung des Spektrums bei der Abtastfrequenz und bei deren ganzzahligen Vielfachen. Dieser theoretisch unendlich weit ausgedehnte Vorgang ist in Bild 1.6 nur bis zur doppelten Abtastfrequenz dargestellt.

Offensichtlich ist dieser Vorgang eine zwangsläufige Folge der Tastung des ursprünglich kontinuierlichen Signals mit der Abtastfrequenz. Eine Verfälschung des Originalspektrums durch die Spiegelung und die daraus resultierende Überlappung der Spektren kann dabei nur dann vermieden werden, wenn die Abtastfrequenz mindestens doppelt so hoch ist wie die höchste Signalfrequenz. Das ist der Inhalt des sogenannten Abtast-Kriteriums (Shannon-Kriterium [30], Nyquist-Kriterium [23]):

$$f_{Abt} \geq 2\,f_{max} \tag{1.37}$$

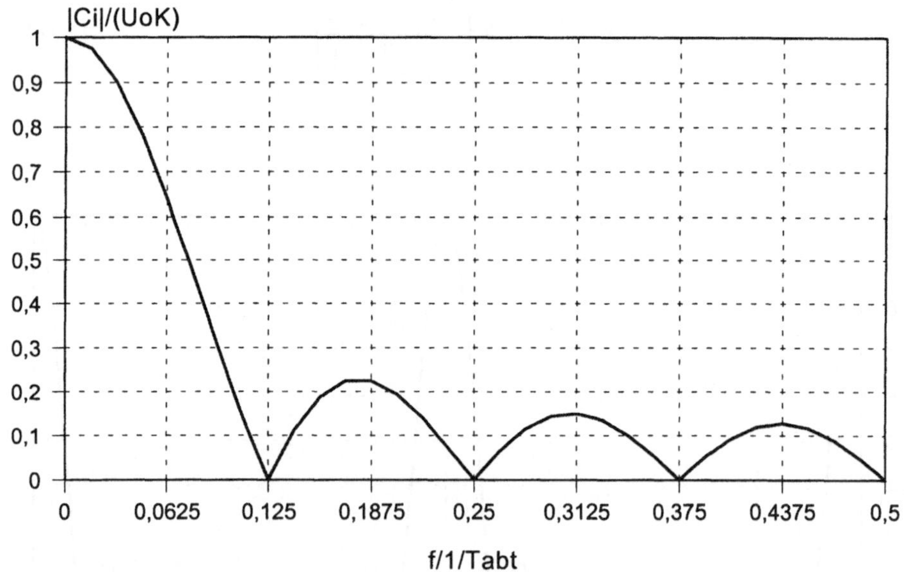

Bild 1.7: Betragsspektrum des getasteten, aperiodischen Rechteckimpulses, Ausschnitt bis zur halben Abtastfrequenz

Da das Spektrum des kontinuierlichen, aperiodischen Rechteckimpulses, das in Bild 1.4 zwar nur bis zur halben Abtastfrequenz dargestellt ist, theoretisch bis zu beliebig hohen Frequenzen ausgedehnt ist, kommt es bei der Spiegelung des Spektrums zwangsläufig zu einer Überlagerung mit dem

Originalspektrum. Das ist durch Vergleich der Bilder 1.4 und 1.7 mit zunehmender Annäherung an die halbe Abtastfrequenz immer deutlicher zu erkennen. Das Abtast-Kriterium ist also im vorliegenden Beispiel nicht erfüllt und es tritt Aliasing auf. Eine strenge Erfüllung des Abtast-Kriteriums ist im übrigen auch gar nicht möglich, da die Abtastfrequenz ebenfalls gegen unendlich gehen müßte. Die praktische Lösung dieses Problems liegt darin, daß das Spektrum durch Tiefpaßfilterung auf den Wert der halben Abtastfrequenz nach oben begrenzt wird.

1.1.4
Getastete periodische Signale

Das Abtastintervall beträgt T_{Abt} Es werden N Werte ermittelt, so daß sich die Periodendauer zu $N \cdot T_{Abt}$ ergibt. Die abgetasteten Werte sind X_0, X_1, ..., X_{N-1}.

Da das vorliegende Signal periodisch ist, kann es als Fourier-Reihe geschrieben werden. Entsprechend dieser Eigenschaft, erhält man ein diskretes Spektrum, welches für die Kreisfrequenzen 0, ω_0, $2 \cdot \omega_0$, usw. Linien aufweist. Die Grundkreisfrequenz des Spektrums beträgt:

$$\omega_0 = \frac{2\pi}{N T_{Abt}} \tag{1.38}$$

Da das Signal getastet ist, ist dieses periodisch in ω mit der Periode:

$$\omega_{Abt} = \frac{2\pi}{T_{Abt}} \tag{1.39}$$

Im vorliegenden Fall sind also sowohl die abgetasteten Werte im Zeitbereich als auch die zu bestimmenden Spektrallinien im Frequenzbereich eine endliche Anzahl diskreter Einzelwerte. Dies ermöglicht nunmehr eine Bearbeitung auf dem Digitalrechner. Darauf basiert die nachfolgend beschriebene Diskrete-Fourier-Transformation (DFT). Die entsprechenden Anforderungen sind:

- Das Signal ist periodisch, d. h. das Frequenzspektrum ist diskret, es gilt die Fourier-Reihe:

$$c_i = \frac{1}{N T_{Abt}} \int_0^{(N-1)T_{Abt}} x_{(t)} e^{-ji\omega_0 t} \, dt \qquad \text{mit} \qquad \omega_0 = \frac{2\pi}{N T_{Abt}} \tag{1.40}$$

- Das Signal besteht aus diskreten Werten, es setzt sich also aus gegeneinander verschobenen Dirac-Impulsen zusammen:

$$x(t) = x(0)\,\delta(t) + x(1)\,\delta(t - T_{Abt}) + \ldots + x(N-1)\,\delta(t - (N-1)T_{Abt}) = \sum_{n=0}^{N-1} x(n)\,\delta(t - nT_{Abt}) \qquad (1.41)$$

Dies ergibt, eingesetzt in obige Fourier-Reihe, durch Vertauschung von Summe und Integral und Benennung der Spektralamplituden mit X_i folgendes Ergebnis:

$$X_{(i)} = \frac{1}{N} \sum_{n=0}^{N-1} x(n)\, e^{-j\,i\,n\frac{2\pi}{N}} \qquad \text{mit} \qquad n = 0,1,\ldots,N-1 \qquad (1.42)$$

Die inverse Fourier-Transformation erhält man in analoger Weise durch Einsetzen der Fourier-Koeffizienten in Gl. 1.11:

$$x(n) = \sum_{i=0}^{N-1} X_{(i)}\, e^{j\,i\,n\frac{2\pi}{N}} \qquad \text{mit} \qquad i = 0,1,\ldots,N-1 \qquad (1.43)$$

Dabei schreibt man in der Regel den Faktor $1/N$ statt in Gl. 1.42 in Gl. 1.43 vor die Summe, was aber nur die absolute Größe der Spektralbeträge ändert.

Bild 1.8: Getasteter, periodischer Rechteckimpuls

Als Beispiel soll der in Bild 1.8 dargestellte getastete, periodische Rechteckimpuls betrachtet werden. Die Zeitfunktion lautet

$$x(t) = U_0 \sum_{n=0}^{K-1} \delta(t - nT_{Abt}) \qquad \text{periodisch in } NT_{Abt} \qquad (1.44)$$

und das Spektrum ist:

$$X_{(i)} = U_0 \sum_{n=0}^{K-1} e^{-jin\frac{2\pi}{N}} \tag{1.45}$$

Dessen Betrag ergibt sich mit den gleichen mathematischen Methoden wie im vorigen Beispiel zu:

$$|X_{(i)}| = U_0\,K\,\frac{\left|\mathrm{Si}\!\left(\pi i\,\dfrac{K}{N}\right)\right|}{\left|\mathrm{Si}\!\left(\pi i\,\dfrac{1}{N}\right)\right|} \tag{1.46}$$

Das Spektrum des getasteten, periodischen Rechteckimpulses ist im Bild 1.9 für $K = 8$ und $N/K = 8$ aufgetragen. Durch die Tastung mit der Abtastfrequenz ergibt sich eine Spiegelung des nunmehr diskreten Spektrums bei dieser Frequenz und deren Vielfachen. Für die dabei auftretenden Fehler gelten ebenfalls die in Abschnitt 1.1.3 angestellten Überlegungen.

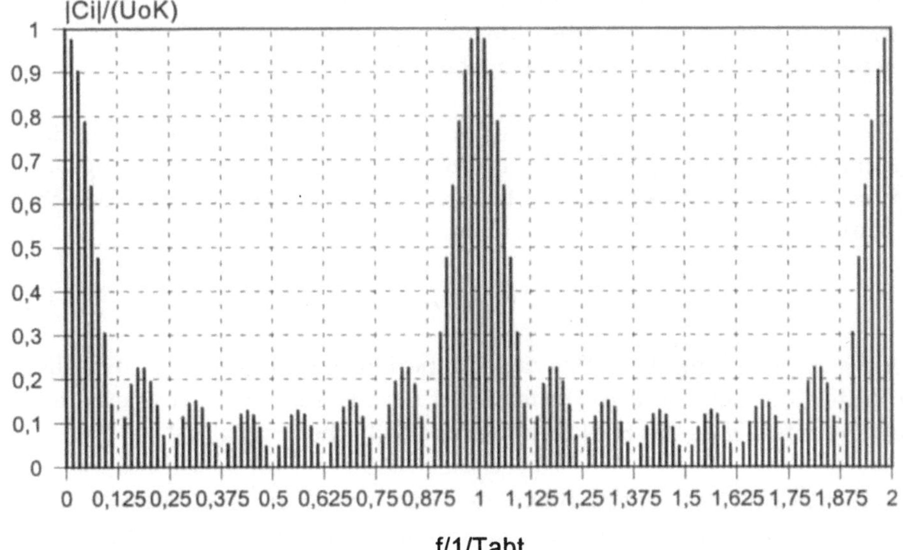

Bild 1.9: Betragsspektrum des getasteten, periodischen Rechteckimpulses

Durch Vergleich der angeführten Beispiele kann man den Zusammenhang zwischen den Spektren periodischer und denen aperiodischer Signale sehr gut erkennen. Das Spektrum der aperiodischen Signale bildet jeweils die

Einhüllende der Spektrallinien der periodischen Signale, sei es getastet oder kontinuierlich. Durch die Tastung ergibt sich zusätzlich eine Spiegelung der Spektren bei der Abtastfrequenz und bei deren Vielfachen. Diese Zusammenhänge gelten für jedes beliebige Signal.

Um die Diskrete-Fourier-Transformation (DFT) einsetzen zu können, ist, wie gezeigt, ein getastetes, periodisches Signal erforderlich, wobei die N Abtastwerte genau eine Periode umfassen müssen.

Tatsächlich wird die DFT jedoch auf beliebige periodische und aperiodische Signale angewandt. Die dadurch gegebenen Besonderheiten und die möglichen Fehlerquellen sollen im nächsten Abschnitt grundsätzlich dargelegt werden. Die praktische Anwendung dieser Überlegungen findet sich in Abschnitt 7.

1.2
Diskrete-Fourier-Transformation

Durch die Anwendung der DFT bei einem aperiodischen Signal, wird ein Fenster mit N Abtastwerten aus dem Signal herausgeschnitten und dieses periodisch fortgesetzt. Darüber hinaus wird das Signal diskretisiert. Ein Beispiel hierfür ist in Bild 1.10 angegeben.

Dabei wird das aperiodische Signal in Bild 1.10a mit der Fensterfunktion $F_{(t)}$ in Bild 1.10b multipliziert. Diese Fensterfunktion ergibt sich zwangsläufig durch die Abtastung mit N Abtastwerten. Die entstehende aperiodische Funktion diskreter Werte $x^*_{(t)}$ ist in Bild 1.10c aufgetragen.

$$x^*{}_{(t)} = x_{(t)}\,F_{(t)} \tag{1.47}$$

Bei der Anwendung der DFT wird $x^*_{(t)}$ periodisch fortgesetzt, so wie dies in Bild 1.10d dargestellt ist. Damit wird ein diskretes Spektrum erhalten, dessen Einhüllende das Spektrum des aperiodischen Signals ist.

Bereits aus Bild 1.10 ist ersichtlich, daß durch die Fensterfunktion ein Teil des Signals unterdrückt wird. Darüber hinaus entstehen durch die periodische Fortsetzung des Signals Sprung- bzw. Knickstellen im Signalverlauf, die ebenfalls Fehler verursachen. Dies kann wesentlich gravierendere Dimensionen annehmen, als das dargestellte Beispiel beinhaltet. Eine ausführliche Beschreibung dieser Problematik mit numerischen Mitteln befindet sich in Abschnitt 7.4.

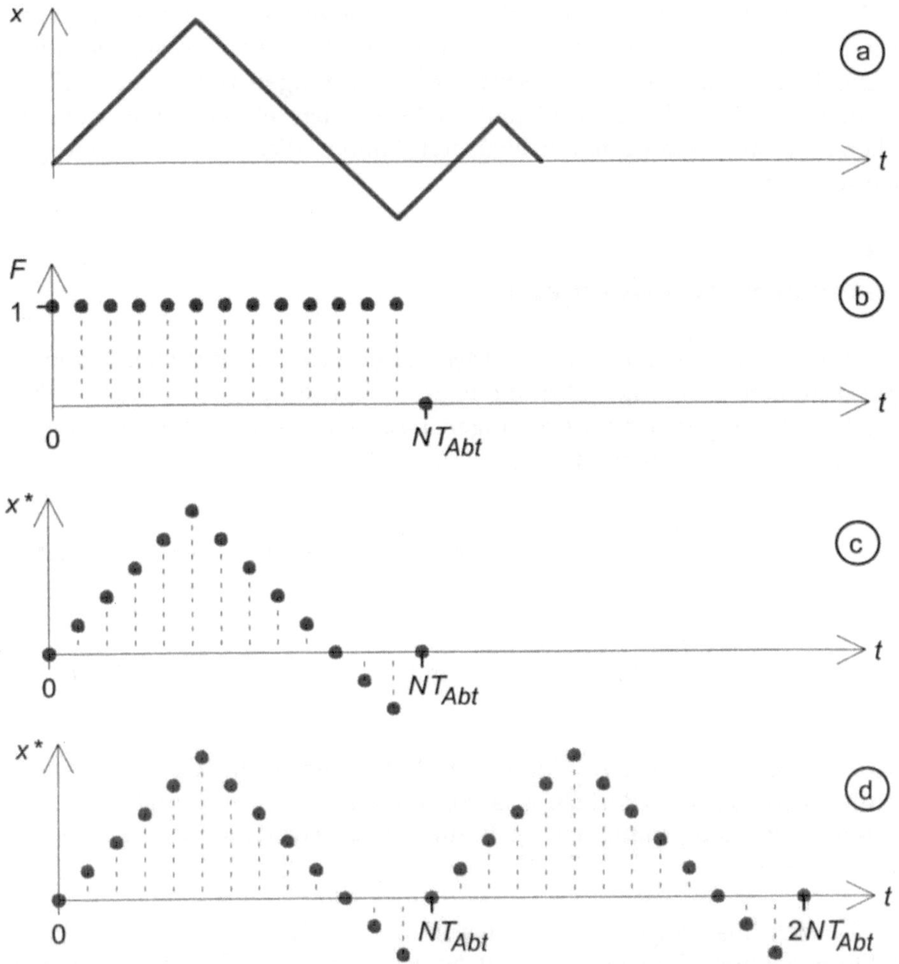

Bild 1.10: Anwendung der DFT auf ein aperiodisches Zeitsignal; **a** - Signal, **b** - Fensterfunktion $F(t)$, **c** - gefenstertes Signal, **d** - periodisch wiederholtes, gefenstertes Signal

Um die entstehenden Fehler beurteilen zu können, muß die Auswirkung der in Gl. 1.47 erfolgenden Multiplikation mit der Fensterfunktion auf den Frequenzbereich beurteilt werden. Grundsätzlich entspricht eine Multiplikation im Zeitbereich einer Faltung im Frequenzbereich. Das bedeutet im vorliegenden Fall:

$$X^*{}_{(j\omega)} = \int\limits_{-\infty}^{+\infty} x^*{}_{(t)}\, e^{-j\omega t}\, \mathrm{d}t = \int\limits_{-\infty}^{+\infty} x_{(t)}\, F_{(t)}\, e^{-j\omega t}\, \mathrm{d}t = \frac{1}{2\pi}\, X_{(j\omega)} * F_{(j\omega)} \qquad (1.48)$$

Welche Änderungen (Fehler) sich dabei für verschiedene Spektren ergeben, läßt sich am besten anhand der in Abschnitt 7.3 und 7.4 angegebenen Beispiele aus entsprechenden Simulationsrechnungen zeigen. Eine allgemeine Darstellung dieser Problematik würde einen sehr hohen mathematischen Aufwand erfordern, der über den Rahmen dieses Buches hinausgehen würde [27].

1.3
Fast-Fourier-Transformation

Für die Transformation getasteter Meßwerte in den Frequenzbereich muß grundsätzlich also die Diskrete-Fourier-Transformation durchgeführt werden. Dafür gelten die Gleichungen 1.42 bzw. 1.43, die, wie bereits gesagt, auf $1/N$ bezogen werden.

$$X_{(i)} = \sum_{n=0}^{N-1} x_{(n)}\, e^{-j\,i\,n\,\frac{2\pi}{N}} \qquad \text{mit} \qquad n = 0,1,\ldots\ldots,N-1 \qquad (1.49)$$

$$x_{(n)} = \frac{1}{N} \sum_{i=0}^{N-1} X_{(i)}\, e^{j\,i\,n\,\frac{2\pi}{N}} \qquad \text{mit} \qquad i = 0,1,\ldots\ldots,N-1 \qquad (1.50)$$

Danach wären also bei N Meßwerten N komplexe und damit N^2 reelle Multiplikationen erforderlich, was vermutlich weder im Hinblick auf die erzielbare Rechengenauigkeit, noch auf die zu erwartende Rechenzeit akzeptabel wäre.

Es läßt sich aber zeigen, daß hierbei immer wieder die gleichen Teilprodukte entstehen, die jeweils erneut berechnet werden. Diese Redundanz soll durch Einführung der Fast-Fourier-Transformation (FFT) vermieden werden [25].

Für eine übersichtlichere Darstellung wird die Abkürzung

$$W_N = e^{-j\,\frac{2\pi}{N}} \qquad (1.51)$$

eingeführt, wobei diese W_N komplexe Zahlen mit dem Betrag 1 sind. Diese lassen sich als Zeiger in der komplexen Ebene darstellen und unterteilen dabei, so wie es in Bild 1.11 dargestellt ist, den Einheitskreis in N Kreissegmente.

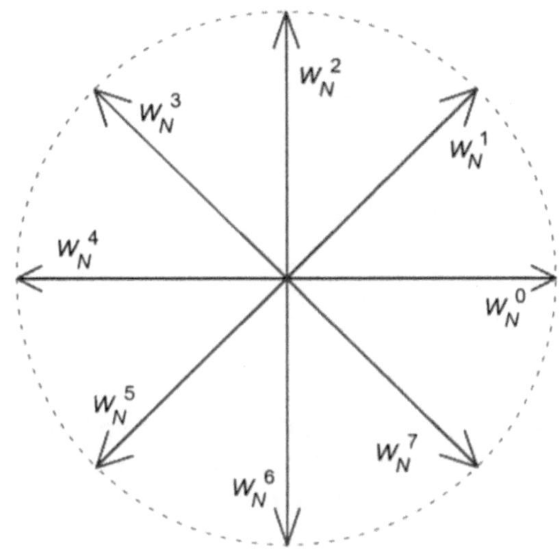

Bild 1.11: Unterteilung des Einheitskreises

Um die Erklärung einfach zu halten, wird wieder von einem Beispiel mit N = 8 Abtastwerten ausgegangen (Bilder 1.12 und 1.13). Die DFT läßt sich für diesen Fall folgendermaßen schreiben:

$$X_{(i)} = \sum_{n=0}^{7} x_{(n)} e^{-j i n \frac{2\pi}{8}} = \sum_{n=0}^{7} x_{(n)} W_8^{ni} \tag{1.52}$$

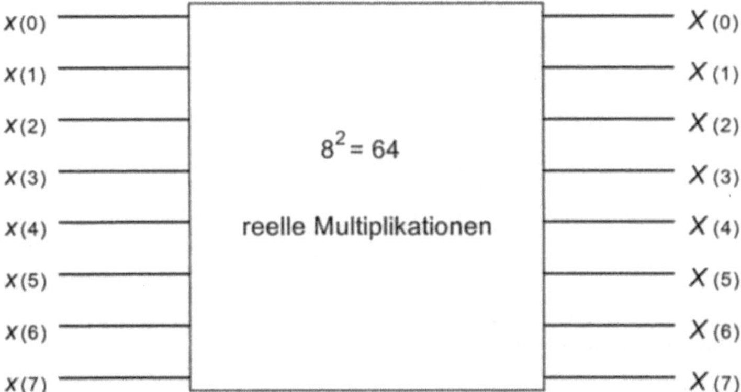

Bild 1.12: Funktionsschema der Diskreten-Fourier-Transformation

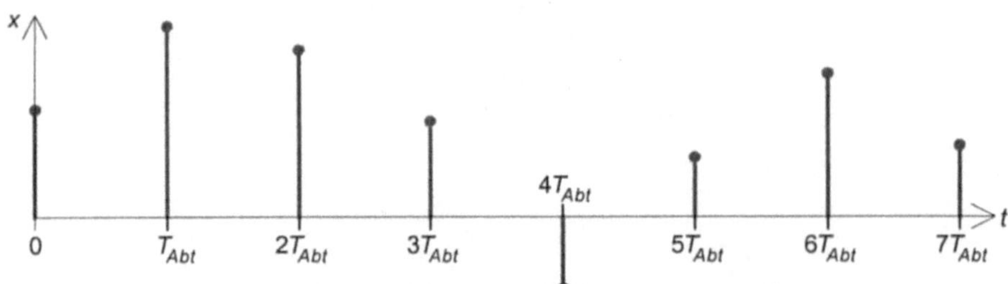

Bild 1.13: Beispiel mit acht Abtastwerten

Man kann sich diese Meßwertreihe aus der Überlagerung zweier Vierer-reihen vorstellen und zwar besteht die eine aus den geraden Abtastwerten $x(0)$, $x(2)$, $x(4)$ und $x(6)$, die andere aus den ungeraden Abtastwerten $x(1)$, $x(3)$, $x(5)$ und $x(7)$ (Bild 1.14 bzw. 1.15).

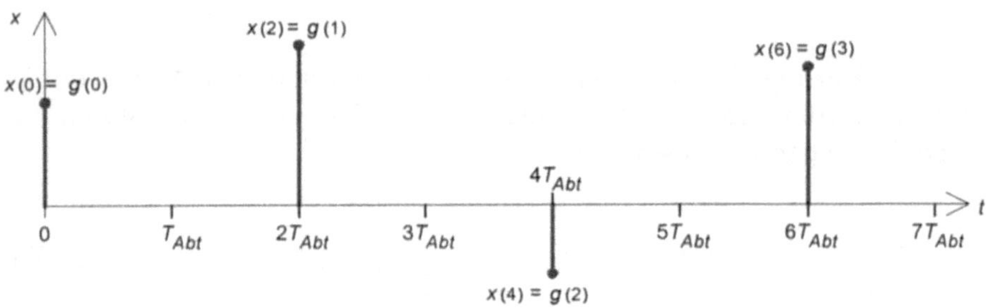

Bild 1.14: Gerade Abtastwerte

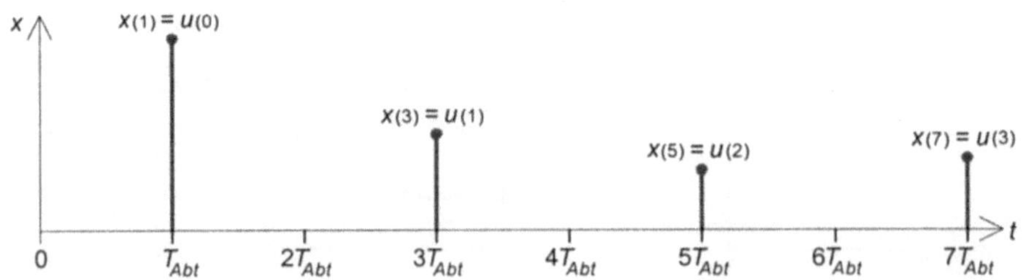

Bild 1.15: Ungerade Abtastwerte

Allgemein läßt sich diese Überlagerung in die geraden und ungeraden Anteile wie folgt darstellen:

$$x(n) = g(n) + u(n) \tag{1.53}$$

Da die Fourier-Transformation eine lineare Operation ist, ergibt sich auch das zugehörige Spektrum als Summe der einzelnen Spektren:

$$X_{(i)} = G_{(i)} + U_{(i)} \tag{1.54}$$

Beide Reihen bestehen nun aus vier Meßwerten mit dem Abstand $2T_{Abt}$ und sind deshalb nicht mehr mit der Abtastkreisfrequenz ω_{Abt} sondern nur mit der Hälfte hiervon periodisch:

$$\frac{\omega_{Abt}}{2} = \frac{\pi}{T_{Abt}} \tag{1.55}$$

Die Periodendauer ist mit $N \cdot T_{Abt} = 8T_{Abt}$ die gleiche wie bei der ursprünglichen Meßreihe, so daß der Kreisfrequenzabstand der Spektrallinien beider Reihen gleich dem Kreisfrequenzabstand der vollständigen Reihe $2\pi/(N \cdot T_{Abt})$ ist.

Für die geraden Abtastwerte kann die Formel für die DFT direkt angewandt werden (Gl. 1.52), mit dem Unterschied, daß N nicht mehr 8 sondern 4 beträgt. Dies muß bei W_N berücksichtigt werden:

$$W_{N/2} = e^{-j\frac{2\pi}{N/2}} = W_N^2 \tag{1.56}$$

Im Beispiel ist daher: $\qquad W_4 = W_8^2 \tag{1.57}$

Für die geraden Spektrallinien gilt:

$$G_{(i)} = \sum_{n=0}^{3} g(n) W_4^{ni} \qquad \text{mit} \qquad i = 0,1,2,3 \tag{1.58}$$

Bei Anwendung von Gl. 1.58 auf die ungeraden Anteile ist zu beachten, daß der Zeitbereich um T_{Abt} verzögert ist, was im Frequenzbereich eine Multiplikation mit $e^{-j\omega T_{Abt}}$ ergibt.

Das berechnete Spektrum $U'_{(i)}$

$$U'_{(i)} = \sum_{n=0}^{3} u(n) W_4^{ni} \qquad \text{mit} \qquad i = 0,1,2,3 \tag{1.59}$$

muß daher mit

$$e^{-ji\frac{2\pi}{N}} = W_N{}^i \tag{1.60}$$

multipliziert werden, um das gewünschte Spektrum $U_{(i)}$ zu erhalten:

$$U_{(i)} = U'_{(i)}\, W_8{}^i \tag{1.61}$$

Aus der Periodizität mit der halben Abtastkreisfrequenz (Gl. 1.55) ergibt sich die Tatsache, daß jeweils zwei Perioden der Teilspektren $G_{(i)}$ und $U'_{(i)}$ auf eine Periode des Spektrums $X_{(i)}$ fallen.

Dies bedeutet:

$$
\begin{aligned}
G_{(4)} &= G_{(0)} & U'_{(4)} &= U'_{(0)} \\
G_{(5)} &= G_{(1)} & U'_{(5)} &= U'_{(1)}
\end{aligned}
\tag{1.62}
$$

Das Spektrum $X_{(i)}$ läßt sich nun schreiben

$$X_{(i)} = G_{(i)} + U_{(i)} = G_{(i)} + U'_{(i)}\, W_8{}^i \qquad i = 0,1,.....7 \tag{1.63}$$

und man erhält den in Bild 1.16 dargestellten Signalflußplan.

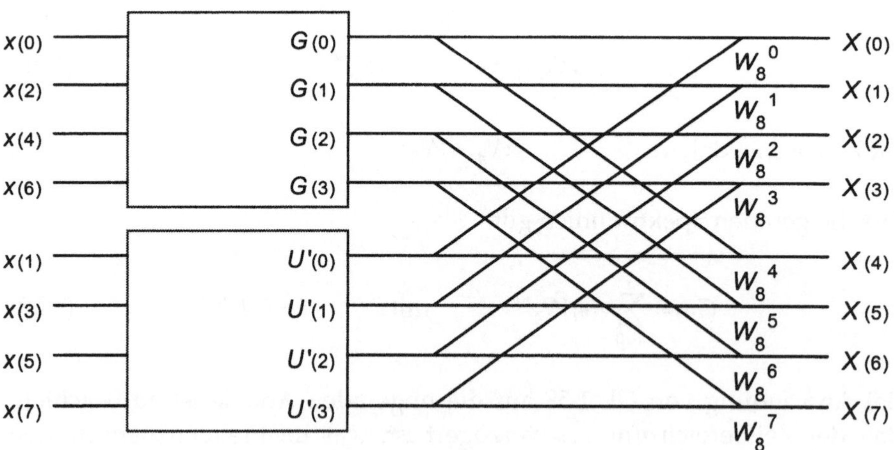

Bild 1.16: Reduzierung einer 8-Punkte-DFT auf zwei 4-Punkte-DFT

Dieser Signalflußplan läßt sich aber noch weiter vereinfachen (Bild 1.17) wenn man die folgenden Zusammenhänge zwischen den einzelnen Faktoren W erkennt:

$$W_8{}^4 = -W_8{}^0 \qquad W_8{}^5 = -W_8{}^1 \qquad \text{usw.} \qquad (1.64)$$

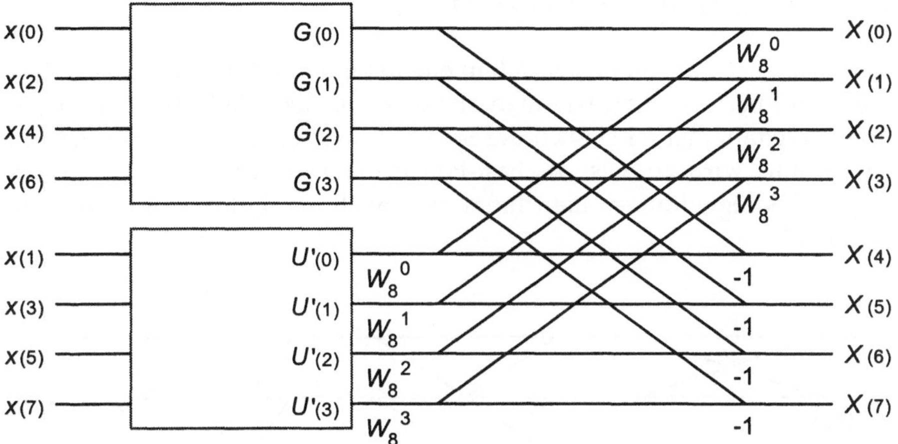

Bild 1.17: Weitere Vereinfachung der 4-Punkte-DFT

Es sind in dieser Stufe also nur vier Multiplikationen nötig, viermal muß eine Addition durch eine Subtraktion ersetzt werden.

Die ursprüngliche 8-Punkte-DFT wurde also zu zwei 4-Punkte-DFT geändert und dabei die Anzahl der komplexen Multiplikationen von $8^2 = 64$ auf $2 \cdot 4^2 + 4 = 36$ reduziert.

Diese Zerlegung läßt sich nun auch bei jeder der beiden 4-Punkte-DFT vornehmen, die als Summe von zwei 2-Punkte-DFT berechnet werden. Man erhält auch hier wieder die gleichen Ergebnisse, mit dem einzigen Unterschied:

$$U_{(i)} = U'_{(i)} \, W_8{}^{2i} \qquad (1.65)$$

Das liegt daran, daß die ungeraden Abtastwerte nun um $2T_{Abt}$ gegenüber den geraden verschoben sind.

$$X_{(i)} = G_{(i)} + U'_{(i)} \, W_8{}^{2i} \qquad (1.66)$$

Auch hier gelten wieder die Beziehungen:

$$W_8{}^4 = -W_8{}^0 \qquad W_8{}^6 = -W_8{}^2 \qquad (1.67)$$

Diesen Algorithmus kann man erneut anwenden und kommt so zur 1-Punkte-DFT, die den gleichen Gesetzen folgt. Dabei muß $U'_{(i)}$ nun mit W_8^4 = $-W_8^0$ multipliziert werden, da die ungeraden Abtastwerte um $4T_{Abt}$ gegenüber den geraden verschoben sind.

Diese drei Zerlegungen lassen sich in einem Signalflußplan (Bild 1.18) darstellen und man erkennt, wie man aus den einzelnen Abtastwerten durch diese Berechnungen schließlich die Spektralwerte erhält. Der beschriebene Algorithmus wird zumeist als Fast-Fourier-Transformation (FFT), wegen der Art des Signalflusses manchmal aber auch als Butterfly-Algorithmus bezeichnet.

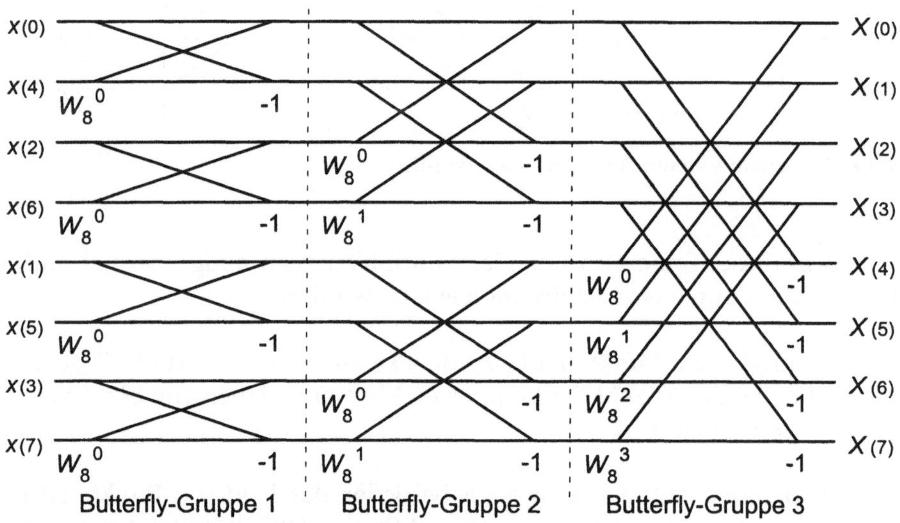

Bild 1.18: FFT-Algorithmus

Die Anwendung des FFT-Algorithmus setzt voraus, daß die Anzahl N der Abtastwerte eine ganzzahlige Zweierpotenz ist. Betrachtet man den Rechenaufwand, so zeigt sich, daß die Anzahl der erforderlichen Multiplikationen wesentlich geringer ist, als bei der DFT. Der Vorteil der FFT gegenüber der DFT wird mit wachsendem N immer deutlicher.

In jeder Butterfly-Gruppe sind $N/2$ reelle Multiplikationen durchzuführen und die Anzahl der Gruppen ergibt sich zu $ld(N)$. Die Gesamtzahl der reellen Multiplikationen beträgt also:

$$\frac{N}{2}\,\mathrm{ld}(N) \tag{1.68}$$

Der Rechenaufwand ist für Datensätze unterschiedlicher Größe in Tabelle 1.2 vergleichsweise dargestellt. Auch die Zahl der Additionen bzw. Subtraktionen vermindert sich bei der FFT auf $N\cdot\mathrm{ld}(N)$ verglichen mit $N\cdot(N\text{-}1)$ bei der DFT.

Tabelle 1.2: Rechenaufwand von DFT und FFT im Vergleich

N	Anzahl reeller Multiplikationen	
	DFT	FFT
8	64	12
32	1024	80
128	16384	448
256	65536	1024
512	262144	2304
1024	1048576	5120
2048	4194304	11264
4096	16777216	24576

2 Analog-Digital-Wandler

2.1
Übersicht

Die im folgenden beschriebenen Schaltungen von Analog-Digital-Wandlern (A/D-Wandlern) gliedern sich in drei verschiedene Gruppen.

Mechanische Größen wie Wegstrecken und Winkel werden oft direkt durch Codelineale und Codescheiben digitalisiert. Dadurch entfallen die durch die Verwendung von elektrischen Zwischengrößen möglichen Meßfehler.

Die überwiegende Mehrzahl der Analog-Digital-Wandler verfügt über einen analogen Spannungseingang [29]. Dies kann in einigen Fällen auch ein analoger Stromeingang sein. Bei der Messung mechanischer Größen muß die elektrische Eingangsgröße des A/D-Wandlers daher erst durch einen Meßwertumformer erzeugt werden [36].

Diese A/D-Wandler können wieder in zwei Gruppen unterteilt werden. Die erste Gruppe der Wandler für elektrische Eingangsgrößen wandelt Gleichgrößen oder zeitlich sehr langsam veränderliche Meßgrößen um. Ein typischer Anwendungsfall ist das Digitalvoltmeter. Dabei soll nicht der Augenblickswert der Eingangsspannung sondern deren Mittelwert über einen bestimmten Zeitraum gemessen werden. Diese Aufgabe können die A/D-Wandler mit integrierendem Verhalten unmittelbar lösen. Gleichzeitig verfügen solche A/D-Wandler auch über eine sehr hohe Störsignalunterdrückung.

Die Umwandlung zeitlich rasch veränderlicher Meßgrößen mit dem Ziel der Ermittlung des Momentanwerts zu einem bestimmten Zeitpunkt erfordert A/D-Wandler mit hoher Wandlungsgeschwindigkeit. Ein typischer Anwendungsfall ist die Digitalisierung von Videosignalen, die Wandlungsfrequenzen von größenordnungsmäßig mindestens 20 MHz erfordert. In diesen Fällen ist es meist auch notwendig, die Eingangsgröße während des Wandlungszeitraums konstant zu halten. Das erfolgt in der

Regel durch die Verwendung von sogenannten Abtast- und Halteschaltungen (Sample/Hold-Schaltungen).

Die folgende Tabelle gibt einen Überblick über einige der bei A/D-Wandlern eingesetzten Meßverfahren sowie deren wesentliche Eigenschaften und Leistungsfähigkeit. Dabei handelt es sich um n-Bit-Wandler, die gegebenenfalls in N Stufen kaskadiert ausgeführt sind. Als Maß der Leistungsfähigkeit wird die erzielbare Auflösung und die minimale Wandlungszeit T_c (Konversionszeit) angesehen.

Tabelle 2.1: Verfahren der Analog-Digital-Wandlung

Verfahren	Zahl der Takte	Zahl der Komparatoren	Leistungsfähigkeit
Stufenkompensator	n	1	$n = 8...16$; $T_c = 0{,}5...10\ \mu s$
Nachlaufender Wandler	2^n	1	$n = 8...24$; $T_c > 1\ ms$
Integrierender Wandler	$>2^n$	1	$n = 10...24$; $T_c > 10\ ms$
Delta-Sigma-Wandler	$f_{Abt} \gg f_{max}$	1	$n = 10...24$; $T_c > 100\ \mu s$
Parallelwandler	1	2^n-1	$n = 6...10$; $T_c = 2\ ns...20\ ns$
Kaskadenwandler	N	$2^{n/N}-1$	$n = 8...16$; $T_c = 10\ ns...1\ \mu s$

2.2
Direktcodierung

Im einfachsten Fall kann die Umsetzung von Wegstrecken inkremental durch Zählung von entsprechend erzeugten Impulsen (Strichlineal) erfolgen. Das Problem ist dabei jedoch eine mögliche Fehlersummation, da jeweils nur die Differenzwerte zur vorigen Position gemessen werden (inkrementale Verfahren).

Bild 2.1: Codelineal im Dualcode

Dies wird durch den Einsatz codierter Lineale (Wegmessung) oder Scheiben (Winkelmessung) vermieden, wobei jeweils Absolutwerte gemessen werden. Dies soll am Beispiel des Codelineals für Wegmessungen näher betrachtet werden. Im einfachsten Fall enthält dieses Lineal Hell-/Dunkelmarkierungen, die den Dualcode nachbilden. Dieser Fall ist im Bild 2.1 dargestellt.

Dabei entspricht hier und in den folgenden Bildern die weiße Markierung der logischen Null und die schwarze Markierung der logischen Eins. Die Abtastung erfolgt durch Beleuchtung von einer Seite z. B. mit LED und durch Empfang der durchtretenden Strahlung auf der anderen Seite z. B. mit Photodioden.

Die im Bild 2.1 eingetragene Abtaststellung (Übergang von 7 auf 8) ist dahingehend besonders kritisch, als sich hier in allen Spuren gleichzeitig eine Änderung des logischen Zustands ergeben müßte. Bereits eine geringfügige Fehljustage der Abtasteinrichtung kann hierbei jedoch zu sehr großen Fehlern führen. So tritt in den beiden in Bild 2.2 gezeigten Fällen entweder kurzzeitig eine falsche Codierung von 0 (oben) oder eine solche von 15 (unten) auf, was insgesamt einem möglichen Fehler in Höhe des gesamten Meßbereichs entspricht.

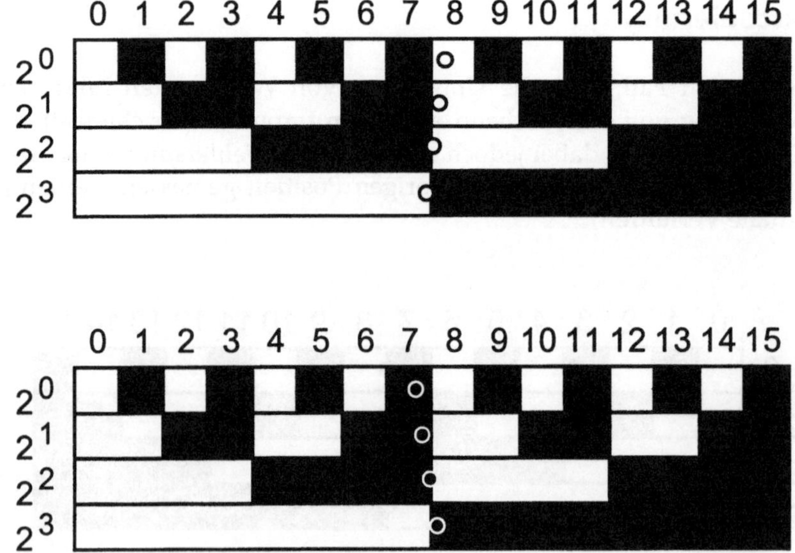

Bild 2.2: Codelineal im Dualcode; mögliche Fehljustage der Abtasteinrichtung

Derartige Abtastfehler können durch zwei verschiedene Maßnahmen grundsätzlich vermieden werden. Entweder muß durch eine Mehrfachabtastung für ein eindeutiges Ergebnis gesorgt werden, oder es muß ein sogenannter einschrittiger Code verwandt werden.

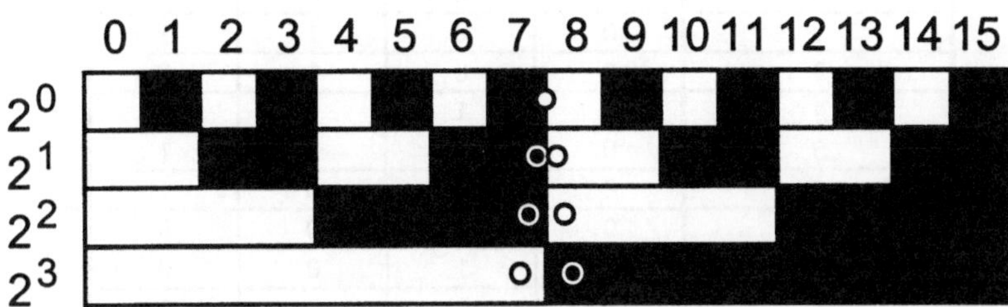

Bild 2.3: Codelineal im Dualcode mit V-Abtastung

Den ersten Fall zeigt Bild 2.3 am Beispiel der V-Abtastung. Bei der V-Abtastung werden für alle Spuren außer der feinsten Spur jeweils zwei Abtaster je Codespur verwandt. Diese sind in V-Form angeordnet, wobei der Abstand zwischen den Abtastern von Spur zu Spur in Potenzen von zwei auf maximal eine Abstandseinheit zunimmt. Die Abtastung wird nun dadurch eindeutig, daß entsprechend der in der feinsten Spur abgetasteten Wertigkeit entschieden wird, ob die linke oder die rechte Diodenreihe ausgewertet wird. Wird daher eine 1 gelesen (schwarze Markierung), dann muß entsprechend dem Bildungsgesetz des Dualcodes die linke Diodenreihe ausgewertet werden und umgekehrt.

Derartige Abtastfehler treten grundsätzlich nicht auf, wenn ein einschrittiger Code verwendet wird. Dabei darf sich bei jeder Änderung der Codierung jeweils nur eine Binärstelle des Codes ändern. Der bekannteste einschrittige Code ist der in Tabelle 2.2 angegebene Gray-Code. Den einzelnen Stellen dieses binären Codes kann allerdings keine Wertigkeit mehr zugeordnet werden.

Bei einem nach dem Gray-Code aufgebauten Codelineal (Bild 2.4) können grundsätzlich keine mehrdeutigen Zustände auftreten, da sich bei jeder Codeänderung jeweils nur ein Bit ändert. Das gilt aber nur dann, wenn der reine Binärcode verwandt wird. Bei der BCD-Codierung (Binär codiertes Dezimalsystem) tritt auch bei Verwendung des Gray-Code zur Verschlüsselung jeder der Dekaden beim Übergang von 9 auf 10 eine Änderung von insgesamt 3 Bits auf. Dies läßt sich jedoch durch Verwendung eines einschrittigen BCD-Code wie z. B. des Glixon-Code oder des reflektierten Exzeß-3-Code vermeiden.

Tabelle 2.2: Gray-Code (4 Bit)

Dezimalzahl	Wertigkeiten			
	keine	keine	keine	keine
0	0	0	0	0
1	0	0	0	1
2	0	0	1	1
3	0	0	1	0
4	0	1	1	0
5	0	1	1	1
6	0	1	0	1
7	0	1	0	0
8	1	1	0	0
9	1	1	0	1
10	1	1	1	1
11	1	1	1	0
12	1	0	1	0
13	1	0	1	1
14	1	0	0	1
15	1	0	0	0

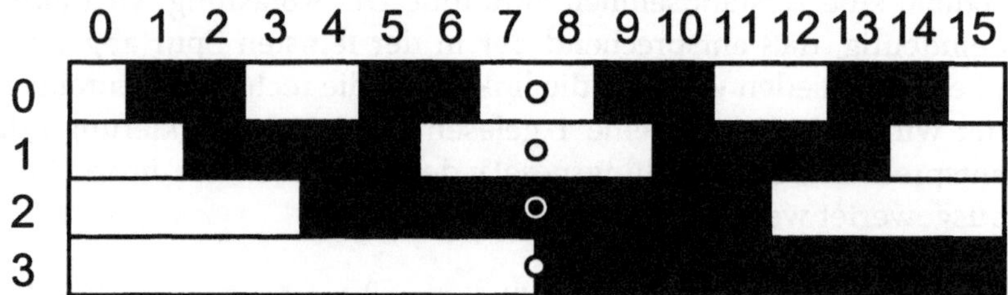

Bild 2.4: Codelineal im Gray-Code

Der in Tabelle 2.3 angegebene Glixon-Code ist als BCD-Code zwar in jeder Dekade allein gesehen einschrittig. Über mehrere Dekaden gesehen ist jedoch auch dieser nicht einschrittig. Dies ist im linken Teil der Tabelle 2.4 auszugsweise dargestellt.

Ein durchgehend einschrittiger Aufbau läßt sich aber durch den reflektierten Exzeß-3-Code erreichen, der in Tabelle 2.5 angegeben ist. Dabei müssen die einzelnen Dekaden abwechselnd jeweils in aufsteigender bzw. absteigender Reihenfolge besetzt werden, so wie dies im rechten Teil der Tabelle 2.4 auszugsweise angegeben ist.

Tabelle 2.3: Glixon-Code

Dezimalzahl	Glixon-Code			
0	0	0	0	0
1	0	0	0	1
2	0	0	1	1
3	0	0	1	0
4	0	1	1	0
5	0	1	1	1
6	0	1	0	1
7	0	1	0	0
8	1	1	0	0
9	1	0	0	0

Tabelle 2.4: Codierung von zweistelligen Dezimalzahlen mit dem Glixon-Code bzw. dem reflektierten Exzeß-3-Code (in aufsteigender und absteigender Folge)

Dezimalzahl	Glixon-Code		reflektierter Exzeß-3-Code	
00	0000	0000	0010	0010
09	0000	1000	0010	1010
10	0001	0000	0110	1010
19	0001	1000	0110	0010
20	0011	0000	0111	0010
29	0011	1000	0111	1010
30	0010	0000	0101	1010
99	1000	1000	1010	0010

Tabelle 2.5: Reflektierter Exzeß-3-Code

Dezimalzahl	reflektierter Exzeß-3-Code			
0	0	0	1	0
1	0	1	1	0
2	0	1	1	1
3	0	1	0	1
4	0	1	0	0
5	1	1	0	0
6	1	1	0	1
7	1	1	1	1
8	1	1	1	0
9	1	0	1	0

Der reflektierte Exzeß-3-Code weist darüber hinaus noch den Vorteil auf, daß das sogenannte Null-Wort (0000) sowie das Eins-Wort (1111) nicht vorkommen. Diese Codierungen können nämlich durch Fehler leicht vorgetäuscht werden.

Weitere Anforderungen an Codes ergeben sich z. B. aus der Rechenfähigkeit. Da die Subtraktion durch Addition des Komplementwerts erfolgt, muß eine einfache Komplementbildung möglich sein. Auf Gesichtspunkte der Codesicherung und auf prüfbare Codes wird bei den Bussystemen eingegangen (Abschnitt 8.4.4.2), da diese Gesichtspunkte bei der Übertragung von Daten eine wesentliche Rolle spielen.

2.3
Stufenkompensator

Eine naheliegende Möglichkeit, eine elektrische Eingangsgröße zu digitalisieren, ist der Aufbau eines Stufenkompensators. Dabei wird eine analoge Eingangsspannung oder ein Eingangsstrom sukzessive durch binär (in der Regel dual) abgestufte Vergleichsspannungen oder Vergleichsströme kompensiert. Das Verfahren wird auch als sukzessive Approximation bezeichnet.

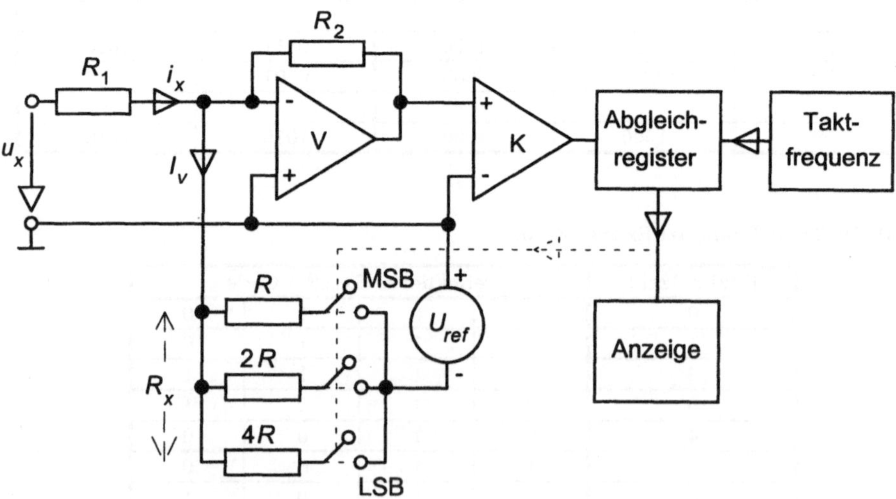

Bild 2.5: 3-Bit-Stufenkompensator

Die Schaltung eines 3-Bit-Stufenkompensators ist in Bild 2.5 wiedergegeben. Die Widerstände R_x, die durch das mit der Taktfrequenz f_T betriebene Abgleichregister zwischen die Referenzspannungsquelle und den Eingang des Operationsverstärkers geschaltet werden, sind dual abgestuft. Durch den Nullkomparator wird bewirkt, daß der Abgleichvorgang solange fortgesetzt wird, bis die Ausgangsspannung des Operationsverstärkers entsprechend der möglichen Auflösung näherungsweise zu Null geworden ist. Am Eingang des nunmehr als ideal angenommenen Verstärkers gilt bei erfolgtem Abgleich:

$$i_x - I_v = 0 \qquad \frac{u_x}{R_1} = \frac{U_{ref}}{R_x} \tag{2.1}$$

$$\frac{1}{R_x} = G_x = \frac{u_x}{R_1\, U_{ref}} \tag{2.2}$$

Der Leitwert G_x der insgesamt eingeschalteten Widerstände ist also der Eingangsspannung u_x proportional. Die erhaltenen Schalterstellungen entsprechen daher der dualen Codierung von u_x.

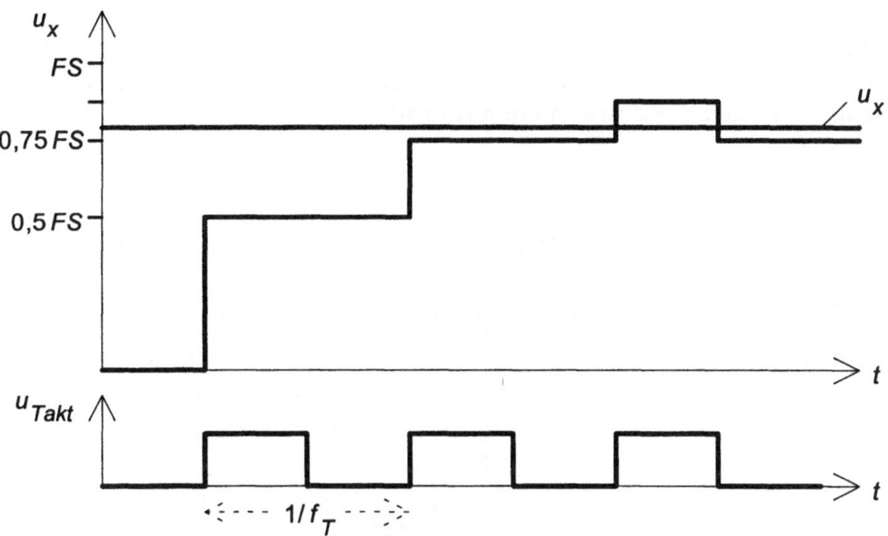

Bild 2.6: Abgleichvorgang des 3-Bit-Stufenkompensators

Der im Bild 2.6 als Beispiel dargestellte Abgleichvorgang konvergiert aber nur dann, wenn dieser mit dem höchstwertigen Bit (MSB) beginnend bis zum niedrigstwertigen Bit (LSB) kontinuierlich erfolgt. Der Inhalt des Abgleichregisters, hier ergibt sich 110, stellt den dual verschlüsselten Meßwert u_x dar.

Der Meßbereichsendwert des A/D-Wandlers wird in der Regel als *FS* (full scale) bezeichnet. Das *LSB* beträgt dann bei einem A/D-Wandler mit Verschlüsselung im Dualcode bei n Bit Auflösung:

$$LSB = \frac{FS}{2^n} \tag{2.3}$$

Dementsprechend beträgt das *MSB*:

$$MSB = \frac{FS}{2} \tag{2.4}$$

Die maximale Eingangsspannung des A/D-Wandlers wird dann erreicht, wenn alle Bits gesetzt sind und diese beträgt:

$$\frac{FS}{2^n} + \frac{FS}{2^{n-1}} + \frac{FS}{2^{n-2}} + \ldots + \frac{FS}{2} = FS\,\frac{2^n - 1}{2^n} = FS - LSB \tag{2.5}$$

In Realität kann also nur der Wert *FS* abzüglich dem *LSB* erreicht werden, ein Unterschied der allerdings mit zunehmender Auflösung des A/D-Wandlers immer mehr in den Hintergrund tritt.

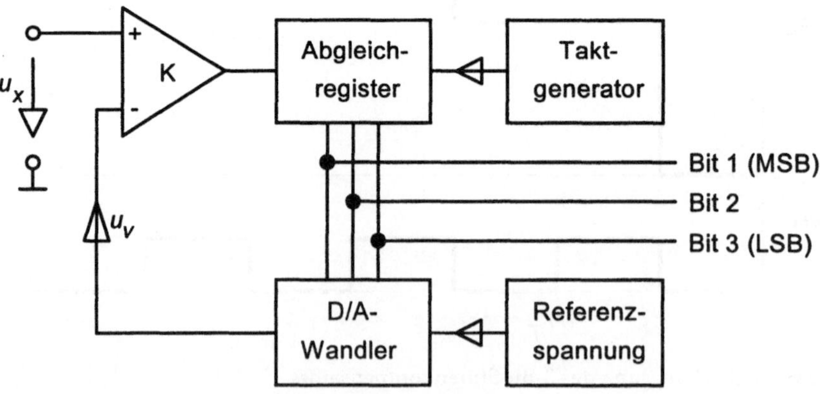

Bild 2.7: Blockschaltbild des 3-Bit-Stufenkompensators

Im Blockschaltbild (Bild 2.7) wird der Stufenkompensator in der Regel dadurch dargestellt, daß die analoge Eingangsspannung u_x mit dem über einen Digital-Analog-Wandler zurückgewandelten Ausgangscode u_v verglichen wird.

Direkt kann der Stufenkompensator nur bei sehr langsam veränderlichen Meßgrößen eingesetzt werden, da sich die Meßspannung während des Abgleichvorgangs um nicht mehr als ein halbes LSB ändern darf. Bei Verwendung für zeitlich schneller veränderliche Meßgrößen muß die im folgenden Abschnitt behandelte Abtast- und Halteschaltung (Sample/Hold-Schaltung) vor den Wandler geschaltet werden.

Je Bit des Wandlers wird für den Abgleich eine Taktperiode benötigt. Bei n Bit Auflösung sind n Vergleichsvorgänge erforderlich. Hinzu kommt in der Regel noch ein Start- und ein Stop-Takt. Damit beträgt die Wandlungszeit T_c des n-Bit-Wandlers:

$$T_c = \frac{1}{f_{Takt}}(n + 2) \tag{2.6}$$

Bei Taktfrequenzen bis zu mehr als 10 MHz werden Wandlungszeiten bis unterhalb des Mikrosekundenbereichs erreicht. Die entscheidende Begrenzung für die Höhe der Taktfrequenz ist die Ansprechzeit bzw. die Einschwingzeit des Nullkomparators. Dies wird beim Parallelwandler noch näher erläutert werden.

Da dieser A/D-Wandler grundsätzlich auf Augenblickswerte der Eingangsspannung anspricht, ist er relativ störempfindlich. Dies kann eine Tiefpaßfilterung des Eingangssignals erfordern.

Die Meßgenauigkeit hängt einerseits von der Genauigkeit des D/A-Wandlers bzw. der Vergleichsspannungsquelle ab. Eine wesentliche Rolle spielt jedoch auch der Nullkomparator, der über eine möglichst große Verstärkung verfügen muß. Da dieser am Ausgang den logischen Pegel von in der Regel 5 V liefern muß, und die Eingangsspannungsdifferenz kleiner als 0,5 LSB werden muß, ist die benötigte Verstärkung:

$$V = \frac{5\,\text{V}}{0{,}5\,U_{LSB}} = \frac{5\,\text{V}}{0{,}5\,U_{FS}}\,2^n \tag{2.7}$$

Bei einem 10-Bit-Wandler und einem Meßbereichsendwert U_{FS} von 1 V beträgt die erforderliche Verstärkung bereits etwa 10^4. In Verbindung mit dem erforderlichen schnellen Einschwingverhalten ist dies eine außerordentlich hohe Anforderung an eine Verstärkerschaltung. Als Komparatoren kommen daher nur speziell ausgelegte Verstärker mit definiertem Schaltverhalten (Übergangszeit) in Frage.

2.4
Abtast- und Halteschaltung

Aufgabe der Abtast- und Halteschaltung (S/H - Sample/Hold-Schaltung) ist es, die analoge Eingangsspannung während der Wandlungszeit eines nachfolgenden A/D-Wandlers konstant zu halten. Die grundsätzlich hierzu verwandte Anordnung zeigt Bild 2.8.

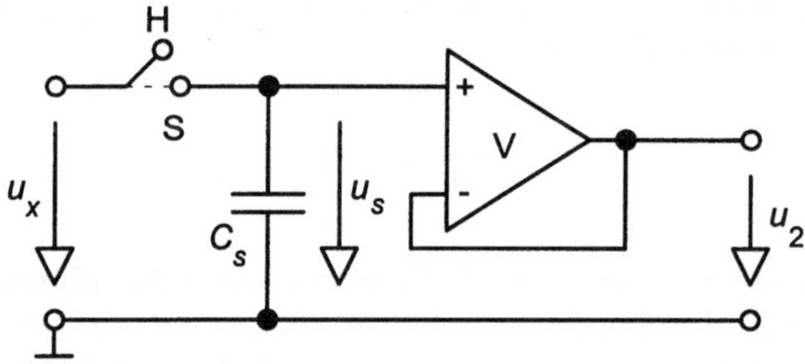

Bild 2.8: Abtast- und Halteschaltung, prinzipielle Anordnung

Dabei wird in der Schalterstellung S (Sample) der Speicherkondensator C_s auf die Meßspannung u_x aufgeladen. Die Aufladegeschwindigkeit hängt vom Innenwiderstand des Schalters R_d im geschlossenen Zustand und der Größe der Speicherkapazität ab. Bei einer als konstant angenommenen Eingangsspannung u_x ergibt sich folgender der Spannungsverlauf u_s am vorher nicht geladenen Speicherkondensator:

$$u_s = u_x \left(1 - e^{-t/\tau_L} \right) \qquad \text{mit} \qquad \tau_L = R_d\, C_s \qquad (2.8)$$

Eine Aufladung auf z. B. 99,9 % des tatsächlichen Werts der Eingangsspannung erreicht man dabei erst nach 6,9 Ladezeitkonstanten τ_L.

In der Schalterstellung H (Hold) kann die gespeicherte Meßspannung über den nicht invertierenden Verstärker ($V = 1$) am Ausgang praktisch rückwirkungsfrei zur Wandlung abgegriffen werden. Durch den hohen Eingangswiderstand des Verstärkers wird eine Entladung von C_s während der Wandlungszeit T_c des A/D-Wandlers weitgehend vermieden. Einschließlich des Sperrwiderstands des geöffneten Schalters beträgt der gesamte Entladewiderstand R_e und der Spannungsverlauf am Speicherkondensator ist:

$$u_s = u_x\, e^{-t/\tau_E} \qquad \text{mit} \qquad \tau_E = R_e\, C_s \qquad (2.9)$$

Diese Abläufe sind zusammen mit den Abtast- und Haltebefehlen im Bild 2.9 skizziert (Effekte stark vergrößert). Die wahren Abtastwerte sind als Kreise eingetragen.

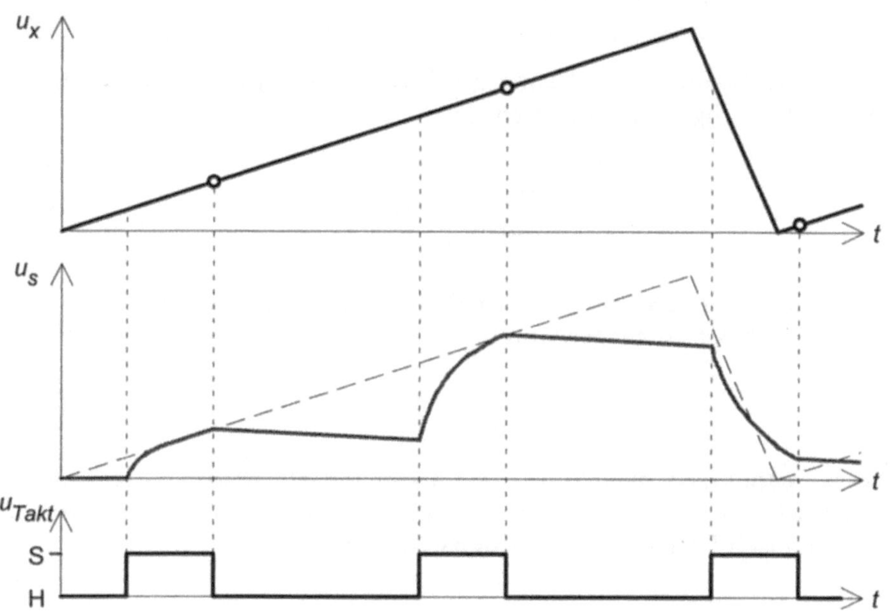

Bild 2.9: Abtastverlauf bei der Abtast- und Halteschaltung

Außer dem Lade- und dem Entladefehler, deren Einfluß in Praxis in der Regel klein gehalten werden kann, spielen jedoch noch andere Effekte eine wesentliche Rolle. Der Schalter ist in der Regel ein Feldeffekttransistor [32]. Dabei ist eine Verzugszeit zwischen dem Haltebefehl (negative Flanke des Taktsignals) und dem tatsächlichen Öffnen des Schalters nicht zu vermeiden. Diese wird als Aperturzeit (aperture time) bezeichnet. Solange diese konstant ist, entsteht dadurch jedoch kein Meßfehler, sondern diese Zeit geht in die Verzögerungszeit des A/D-Wandlers mit ein. Praktisch wird dadurch bei periodischen Signalen nur eine Phasenverschiebung der gemessenen Spannung bewirkt.

Es muß jedoch auch mit einer gewissen Schwankung der Aperturzeit gerechnet werden. Diese Aperturunsicherheit (aperture time uncertainty) ist der Unterschied zwischen Größtwert und Kleinstwert der Aperturzeit bei aufeinanderfolgenden Abtastungen. Es ist sofort sichtbar, daß bei mehrfacher Abtastung eines periodischen Signals am gleichen Punkt durch die Aperturunsicherheit ein echter Meßfehler entsteht. Der Maximalwert dieses Fehlers läßt sich für eine sinusförmige Eingangsspannung leicht abschätzen. Die Änderungsgeschwindigkeit der Eingangsspannung ist:

$$u_x(t) = \hat{u}_x \sin(\omega\, t) \quad \Rightarrow \quad \frac{d\,u_x}{d\,t} = \omega\, \hat{u}_x \cos(\omega\, t) \qquad (2.10)$$

Die größte Spannungsänderungsgeschwindigkeit tritt jeweils im Spannungsnulldurchgang auf und beträgt:

$$\left.\frac{d\,u_x}{d\,t}\right|_{max} = \omega\, \hat{u}_x \qquad (2.11)$$

Durch die Aperturunsicherheit Δt ergibt sich damit folgende maximale Schwankung der Eingangsspannung:

$$\left.\Delta u_x\right|_{max} = \omega\, \hat{u}_x\, \Delta t \qquad (2.12)$$

Diese Spannungsschwankung bei aufeinanderfolgenden Abtastungen macht sich wie ein zusätzliches Rauschen bemerkbar. Das entsprechende Signal-Rausch-Verhältnis (SNR - signal to noise ratio)

$$SNR = 20 \log\left(\frac{u_{xeff}}{\Delta u_{xeff}}\right) dB \qquad (2.13)$$

beträgt damit unabhängig von der Aussteuerung der Schaltung:

$$SNR = 20 \log\left(\frac{1}{\omega\, \Delta t}\right) dB \qquad (2.14)$$

Damit durch diesen Effekt die Auflösung des nachfolgenden A/D-Wandlers nicht verringert wird, darf die durch die Aperturunsicherheit maximal mögliche Spannungsschwankung nicht mehr als $\pm0{,}5$ LSB betragen. Daraus ergibt sich dann die maximal zulässige Aperturunsicherheit zu:

$$\Delta t_{\max} = \pm \frac{0,5\, U_{LSB}}{\omega\, \hat{u}_x} \tag{2.15}$$

Mit wachsender Spannungsänderungsgeschwindigkeit und damit auch mit steigender Aussteuerung des A/D-Wandlers nimmt dieser Wert ab. Bei Vollaussteuerung des A/D-Wandlers mit dem Scheitel-Scheitelwert der Eingangsspannung ist der Scheitelwert $\hat{u}_x$ gleich $0,5 \cdot U_{FS}$ und man erhält:

$$\Delta t_{\max} = \pm \frac{0,5}{\omega\, \hat{u}_x}\, \frac{U_{FS}}{2^n} = \pm \frac{1}{2^n\,\omega} \tag{2.16}$$

Das folgende Beispiel zeigt, daß sich daraus gravierende Anforderungen ergeben können. Bei einem 8-Bit-Wandler und bei einer Frequenz der sinusförmigen Eingangsspannung von 50 MHz beträgt die maximal zulässige Aperturunsicherheit nur:

$$\Delta t_{\max} = \pm \frac{1}{256 \cdot 6,28 \cdot 50 \cdot 10^6} = \pm 12,44\,\text{ps} \tag{2.17}$$

Die praktische Ausführung der Abtast- und Halteschaltung ergibt sich aus Bild 2.10. Durch den zusätzlich verwendeten Verstärker V_1 wird das Aufladeverhalten des Speicherkondensators wesentlich verbessert, da bei einer Spannungsdifferenz zwischen u_x und u_2 zunächst dessen hohe Leerlaufverstärkung wirksam wird. Außerdem wird durch den Verstärker der Eingangswiderstand der Schaltung erhöht bzw. eine Entkopplung des Feldeffekttransistorschalters erreicht.

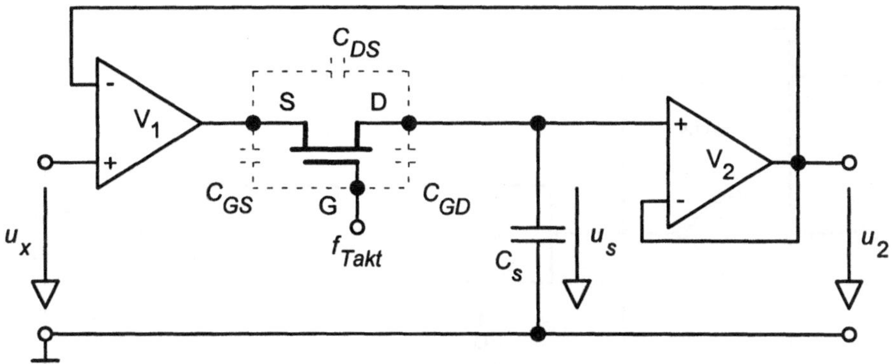

Bild 2.10: Abtast- und Halteschaltung, praktische Anordnung

Der Feldeffekttransistorschalter wird am Gate (G) mit der Taktfrequenz angesteuert. Dabei werden die Flanken des Taktsignals (Schaltstoß) jedoch über die parasitären Kapazitäten C_{GD} und C_{GS} auch auf Drain (D) und Source (S) übergekoppelt [18]. Besonders störend ist die Kopplung auf Drain, da dabei entsprechend dem kapazitiven Teilerverhältnis:

$$\Delta u_{sk} = \frac{C_{GD}}{C_{GD}+C_s}\, u_{Takt} \qquad (2.18)$$

die abgetastete Spannung um Δu_{sk} verändert wird. Da die gekoppelte Spannung von der Größe der Eingangsspannung unabhängig ist, macht sich dieser Fehler bei kleinen Eingangsspannungen relativ besonders stark bemerkbar, da dann die Amplitude des Taktsignals um Größenordnungen über der Eingangsspannung liegen kann. Da die Gate-Drain-Kapazität C_{GD} mehr oder weniger festliegt, kann dieser Effekt nur durch Vergrößerung der Speicherkapazität C_s reduziert werden. Dadurch wird jedoch gleichzeitig das Aufladeverhalten verlangsamt.

Aber auch die Eingangsspannung kann bei entsprechend raschen Spannungsänderungen trotz geöffnetem Schalter über die Drain-Source-Kapazität C_{DS} gekoppelt werden. Die Amplitude dieses sogenannten Übersprechens beträgt:

$$\Delta u_{sü} = \frac{C_{DS}}{C_{DS}+C_s}\, u_x \qquad (2.19)$$

Auch in dieser Hinsicht darf die Speicherkapazität C_s nicht zu klein dimensioniert werden.

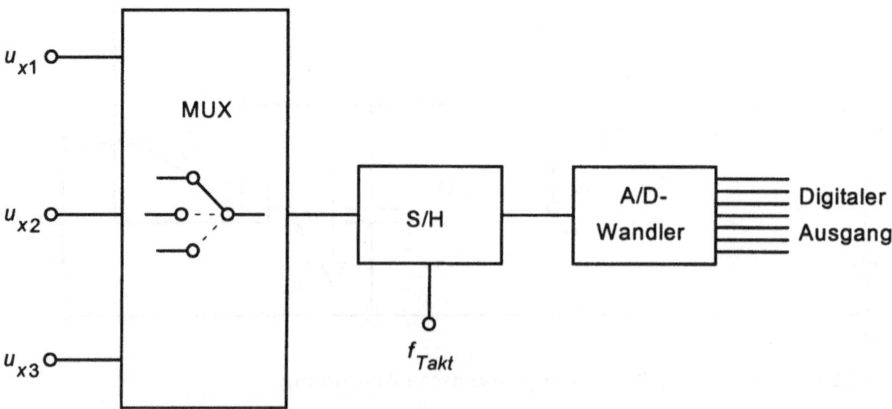

Bild 2.11: Blockschaltbild eines Analogmultiplexers mit Zeitversatz

Ähnliche Probleme wie bei Abtast- und Haltestufen treten auch bei analogen Mehrkanalschaltern (MUX - Analogmultiplexer) auf. Durch Feldeffekttransistorschalter wird hier zwischen mehreren Kanälen des analogen Eingangs fortlaufend umgeschaltet. Die grundsätzliche Anordnung eines solchen Meßsystems ist im Bild 2.11 dargestellt. Die analogen Eingangsspannungen werden über den Analogmultiplexer (MUX) nacheinander auf die Abtast- und Haltestufe (S/H) geschaltet und dort für die Dauer der nachfolgenden Analog-Digital-Wandlung zwischengespeichert. Durch die Kanalumschaltung entsteht allerdings außer dem unvermeidlichen Informationsverlust auch noch ein zeitlicher Versatz zwischen den abgetasteten Werten. Dies läßt sich durch die im Bild 2.12 angegebene Schaltungsvariante vermeiden.

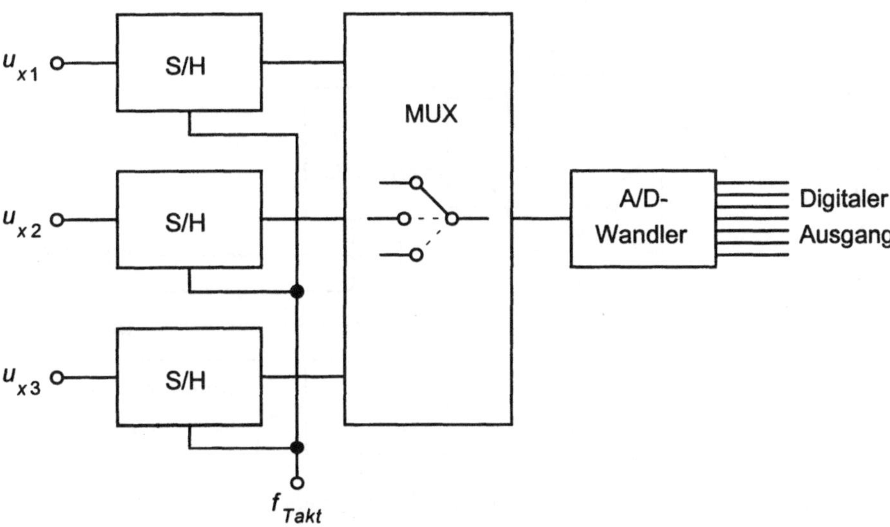

Bild 2.12: Blockschaltbild eines Analogmultiplexers ohne Zeitversatz

Angesichts des verhältnismäßig hohen Durchlaßwiderstands R_d der Feldeffekttransistoren im eingeschalteten Zustand, der im Extremfall bis zu 1 kΩ betragen kann, und des relativ geringen Eingangswiderstands verschiedener A/D-Wandler, kann die Verwendung eines Pufferverstärkers notwendig werden.

Außer den hier beschriebenen Schaltungen mit erdunsymmetrischem Eingang werden in der Praxis häufig auch solche mit erdsymmetrischem Eingang (Differenzeingang) eingesetzt. Dadurch läßt sich vor allem eine höhere Störsicherheit erreichen, da sich auf beiden Differenzeingängen gleichermaßen auftretende Störsignale (Gleichtaktstörungen) aufheben. Der Schaltungsaufwand erhöht sich allerdings auch erheblich.

2.5
Nachlaufender Wandler

Der nachlaufende (tracking) A/D-Wandler läuft der Eingangsspannung in Schritten von jeweils 1 LSB nach. Die Blockschaltung ist im Bild 2.13 angegeben.

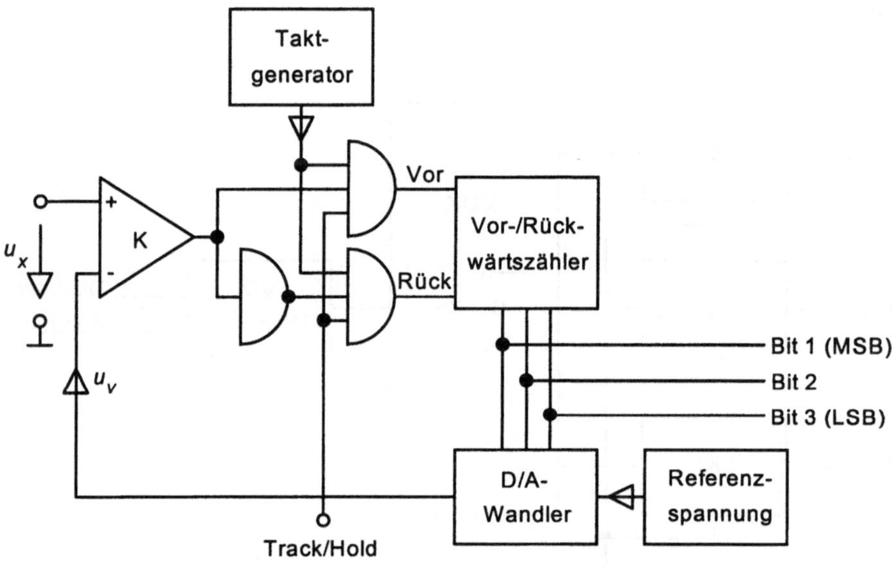

Bild 2.13: Blockschaltbild des nachlaufenden A/D-Wandlers

Durch den Track-Befehl wird die Wandlung gestartet und je nach Ausgangssignal des Komparators (1 oder 0) zählt der Zähler in Vorwärts- oder Rückwärtsbetrieb die Taktfrequenzflanken. Das Zählergebnis wird über den D/A-Wandler zurückgewandelt und mit der analogen Eingangsspannung verglichen. Dabei wird am Abgleichpunkt jeweils von der einen Zählrichtung in die andere umgeschaltet, so daß die Schaltung dann abwechselnd das niedrigstwertige Bit setzt und löscht. Ein Stillstand kann jedoch durch den Hold-Befehl erreicht werden. Abgesehen davon, daß das LSB damit nicht verwertbar ist, ist die Wandlungszeit dieser Schaltung direkt von der Höhe der analogen Eingangsspannung bzw. von deren Änderung zwischen aufeinanderfolgenden Messungen abhängig. Dabei muß man in der Praxis jedoch vom ungünstigsten Fall ausgehen, der beim einem Nachlauf des Wandlers über den gesamten Meßbereich gegeben ist. Diese maximale Wandlungszeit beträgt damit:

$$T_{c\,\text{max}} = \frac{2^n}{f_{Takt}}$$

(2.20)

Auch mit Taktfrequenzen im Bereich von Megahertz erreicht man damit aber nur Wandlungszeiten im Millisekundenbereich. Die Schaltung zählt daher zu den langsamen A/D-Wandlern. Das Wandlungsergebnis ist dem Augenblickswert der Eingangsspannung proportional, insoweit als der Wandler den Änderungen der Eingangsspannung folgen kann. Damit ist im Prinzip keine Abtast- und Halteschaltung notwendig.

Es gibt auch eine vereinfachte Variante des nachlaufenden A/D-Wandlers, bei der immer nur in Vorwärtsrichtung gezählt wird. Dazu muß jedoch vor jeder Zählung eine Rückstellung auf Null erfolgen, was im Mittel gesehen zu einer Erhöhung der Wandlungszeit führt.

2.6
Sägezahnwandler

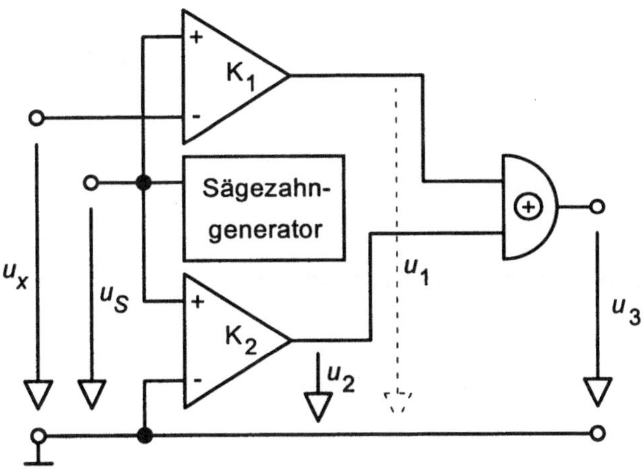

Bild 2.14: Sägezahnwandler

Der Sägezahnwandler gehört zur Gruppe der indirekten A/D-Wandler. Die Eingangsspannung wird hier zunächst in eine analoge Zwischengröße umgesetzt, die man dann einfach digitalisieren kann. Hier ist die Zwischengröße die Zeitspanne t_x (Bild 2.15).

Die Schaltung ist im Bild 2.14 dargestellt. Die linear ansteigende Spannung eines Sägezahngenerators wird durch den Nullkomparator K_2 mit der Spannung Null und durch den Meßkomparator K_1 mit der Eingangsspannung u_x verglichen. Dieser Vorgang ist in Bild 2.15 dargestellt. Die Zeitspanne t_x zwischen den Ansprechzeitpunkten der Komparatoren ist dem Augenblickswert von u_x proportional. Diese wird dann durch Zählung digitalisiert [21, 26].

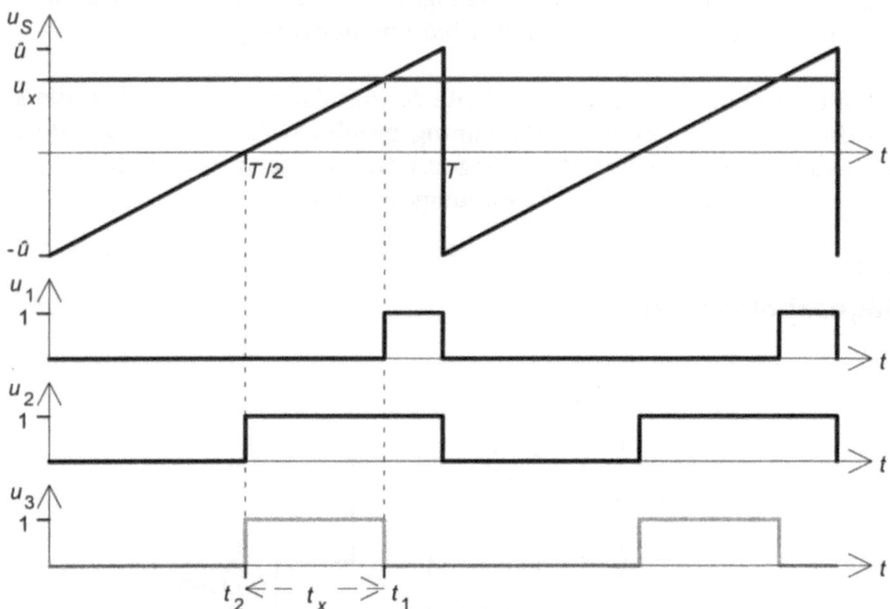

Bild 2.15: Impulsdiagramm des Sägezahnwandlers

Aus dem Verlauf der Sägezahnspannung $u_{S(t)}$

$$u_S(t) = 2\,\hat{u}\,\frac{t}{T} - \hat{u} \tag{2.21}$$

erhält man die Ansprechzeitpunkte der beiden Komparatoren wie folgt:

$$0\,\mathrm{V} = 2\,\hat{u}\,\frac{t_2}{T} - \hat{u} \quad \Rightarrow \quad t_2 = \frac{T}{2} \tag{2.22}$$

$$u_x = 2\,\hat{u}\,\frac{t_1}{T} - \hat{u} \quad \Rightarrow \quad t_1 = \frac{u_x + \hat{u}}{\hat{u}}\,\frac{T}{2} \tag{2.23}$$

$$t_x = t_1 - t_2 = \frac{u_x}{\hat{u}}\,\frac{T}{2} \tag{2.24}$$

Durch Zählung von t_x mit Hilfe eines Periodendauerzählers kann also der Augenblickswert von u_x zum Zeitpunkt t_2 bestimmt werden. Die Wandlungszeit wird sowohl durch die Schwierigkeiten bei der Erzeugung schnell ansteigender und ausreichend linearer Sägezahnspannungen als auch durch die zur Zählung benötigten Zeitspanne auf ähnlich große Werte wie beim nachlaufenden Wandler festgelegt.

Das Verfahren ist damit grundsätzlich für Digitalvoltmeter geeignet. Da keine Mittelwertbildung erfolgt, machen sich allerdings eventuelle Störspannungen sehr stark bemerkbar. Andererseits können ohne Umschaltung Gleichspannungen beider Polaritäten gemessen werden, die Polaritätserkennnung erfolgt anhand der Reihenfolge des Ansprechens der beiden Komparatoren. In der Praxis haben sich in Digitalvoltmetern jedoch die nachfolgend beschriebenen integrierenden A/D-Wandler weitgehend durchgesetzt.

2.7
Integrierende Wandler

Die hier beschriebenen Wandler haben integrierendes Verhalten. Das Wandlungsergebnis ist dem Mittelwert der Eingangsspannung während des Wandlungszeitraums proportional [4]. Dadurch kann insbesondere bei periodischen Störsignalen eine sehr hohe Störsignalunterdrückung erzielt werden. Betrachtet man eine zu messende Gleichspannung U_{x0} und eine überlagerte sinusförmige Störspannung u_{xst}, dann ergibt sich am Eingang des A/D-Wandlers folgender Spannungsverlauf:

$$u_x(t) = U_{x0} + \hat{u}_{xst}\cos\left(\omega_{st}\,t\right) \tag{2.25}$$

Zwischen der Integrationszeit T_0 des A/D-Wandlers und dem zeitlichen Verlauf der Störspannung besteht allerdings in der Regel keine definierte bzw. bekannte Phasenbeziehung. Man muß daher bei der Berechnung des maximal möglichen Meßfehlers vom ungünstigsten Fall ausgehen und über das Intervall von $-T_0/2$ bis $+T_0/2$ integrieren:

$$\overline{u}_x = \frac{1}{T_0} \int_{-T_0/2}^{+T_0/2} \left[U_{x0} + \hat{u}_{xst} \cos\left(\omega_{st}\, t\right) \right] \mathrm{d}t = U_{x0} + \frac{2\,\hat{u}_{xst}}{\omega_{st}\, T_0} \sin\left(\omega_{st}\, \frac{T_0}{2} \right) \quad (2.26)$$

Da das Ergebnis der A/D-Wandlung diesem Mittelwert proportional ist, beträgt der durch die Störspannung hervorgerufene relative Meßfehler f bei der Messung von U_{x0} maximal:

$$f_{\max} = \frac{A - W}{W} = \frac{\overline{u}_x - U_{x0}}{U_{x0}} = \frac{U_{x0} + \dfrac{2\,\hat{u}_{xst}}{\omega_{st}\, T_0} \sin\left(\omega_{st}\, \dfrac{T_0}{2} \right) - U_{x0}}{U_{x0}} \quad (2.27)$$

$$f_{\max} = \frac{\hat{u}_{xst}}{U_{x0}} \frac{2 \sin\left(\omega_{st}\, \dfrac{T_0}{2} \right)}{\omega_{st}\, T_0} = \frac{\hat{u}_{xst}}{U_{x0}} \frac{\sin\left(\pi\, f_{st}\, T_0 \right)}{\pi\, f_{st}\, T_0} \quad (2.28)$$

Grundsätzlich nimmt der Meßfehler also mit der Integrationszeit T_0 ab. Eine vollständige Störsignalunterdrückung kann aber nur dann erreicht werden, wenn die Integrationszeit gleich einem ganzzahligen Vielfachen der Periodendauer der Störspannung T_{st} gewählt wird. Dazu muß dann folgendes gelten:

$$T_0 = n\, T_{st} = \frac{n}{f_{st}} = \frac{2\pi\, n}{\omega_{st}} \quad (2.29)$$

Die häufigsten Störquellen sind netzfrequenter Art und liegen damit in der Frequenz genau fest. Damit weltweit (50 Hz bzw. 60 Hz) eine Unterdrückung dieser netzfrequenten Störungen erreicht werden kann, muß T_0 mindestens

$$T_0 = n_1\, T_1 = n_2\, T_2 \quad (2.30)$$

betragen. Dabei ist n_1 die Zahl der Perioden bei 50 Hz Netzwechselspannung und T_1 deren Periodendauer bzw. n_2 die Zahl der Perioden bei 60 Hz Netzwechselspannung und T_2 deren Periodendauer. Daraus ergibt sich folgendes Verhältnis der Zahl der Perioden:

$$n_1 = n_2\, \frac{T_2}{T_1} = n_2\, \frac{5}{6} \quad (2.31)$$

Das erste ganzzahlige Vielfache der Periodendauer, bei dem sich für beide Frequenzen die gleiche Integrationszeit ergibt, wird mit $n_1 = 5$ und $n_2 = 6$ erreicht. Damit ergibt sich eine Integrationszeit von 0,1 s oder ein ganzzahliges Vielfaches hiervon. Während netzfrequente Störer damit zumindest theoretisch vollständig unterdrückt werden, wird auch für andere Störfrequenzen eine allerdings von der jeweiligen Frequenz abhängige Störsignalunterdrückung erreicht. Erst wenn die Integration mindestens 10 Perioden des Störsignals umfaßt, wird eine Störsignalunterdrückung von minimal 30 dB erreicht. Unter diesem Gesichtspunkt sind längere Integrationszeiten von Vorteil. Andererseits wird man die Integrationszeit kaum länger als 1 s wählen, damit Änderungen der Meßgröße rechtzeitig erkannt werden können.

Wegen der langen Integrationszeit haben diese A/D-Wandler ähnliche Eigenschaften wie das Drehspulmeßgerät. Zunächst kommen diese daher für die Messung von Gleichspannungen in Frage. Bei sinusförmigen Meßgrößen höherer Frequenz wird man dagegen keine Anzeige erhalten (siehe Störsignalunterdrückung). Es muß daher zumindest ein Gleichrichter vorgeschaltet werden, damit der sogenannte Gleichrichtwert gemessen werden kann. Bei der Bestimmung des in der Regel gesuchten Effektivwerts treten die bekannten Probleme (Kurvenformfehler) auf. Es gibt jedoch zunehmend auch Umsetzermodule, die aufgrund ihrer quadratischen Kennlinie den echten Effektivwert (true RMS) messen.

2.7.1
Spannungsfrequenzwandler

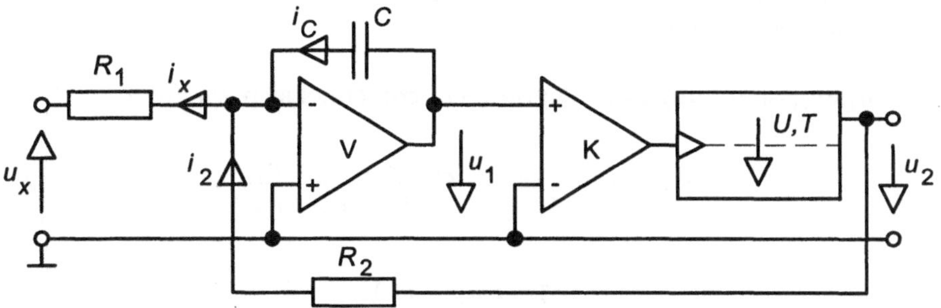

Bild 2.16: Spannungsfrequenzwandler

Beim Spannungsfrequenzwandler dient die Frequenz als analoge Zwischengröße, die eigentliche Digitalisierung wird danach durch eine Frequenzzählung erreicht. Einige Varianten dieser Schaltung werden auch als Charge-Balancing-Wandler bezeichnet. Eine Schaltung, die nur für Eingangsspannungen mit negativer Polarität geeignet ist, ist im Bild 2.16 angegeben.

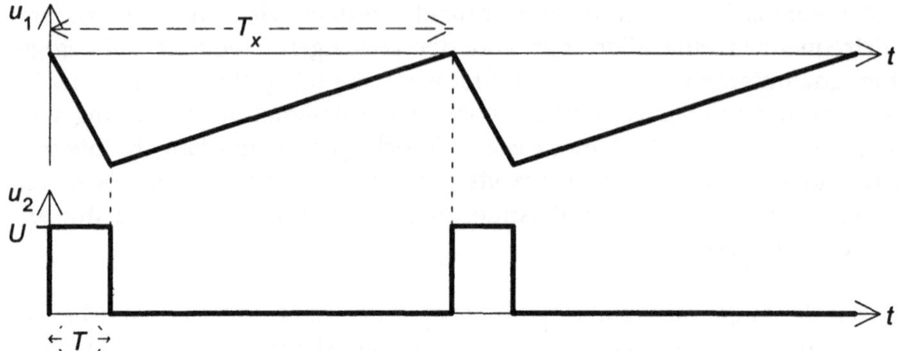

Bild 2.17: Impulsdiagramm des Spannungsfrequenzwandlers

In dem Impulsdiagramm in Bild 2.17 beginnt die Betrachtung mit der Triggerung der monostabilen Kippstufe beim Ansprechen des Nullkomparators im Nulldurchgang von u_1. Der Integrator integriert die Differenz von i_x und i_2, wobei i_2 überwiegen muß, damit sich ein positiver Gesamtstrom ergibt. Die Ausgangsspannung des Integrators läuft solange ins Negative, bis der Impuls der monostabilen Kippstufe nach deren Eigenverweilzeit T beendet ist. Danach wird nur noch der negative Strom i_x integriert und die Ausgangsspannung des Integrators geht ins Positive, bis wieder der Nulldurchgang erfolgt. Durch die dabei erfolgende erneute Triggerung der monostabilen Kippstufe wiederholt sich darauf dieser Zyklus mit der Periodendauer T_x.

Die Ausgangsspannung des Integrators u_1 berechnet sich wie folgt:

$$i_C = i_x - i_2 \quad \Rightarrow \quad C\frac{du_1}{dt} = \frac{u_x}{R_1} - \frac{u_2}{R_2} \tag{2.32}$$

$$u_1(t) = \frac{1}{C}\int_0^t \left(\frac{u_x}{R_1} - \frac{U}{R_2}\right) dt \tag{2.33}$$

Durch den Nullkomparator ist festgelegt, daß am Ende der Periodendauer T_x der Sägezahnschwingung $u_1(t)$ zu Null wird:

$$\int_0^{T_x} \frac{u_x}{R_1}\, dt = \frac{U}{R_2}\, T \tag{2.34}$$

Für den Mittelwert der Eingangsspannung während der Periodendauer T_x ergibt sich damit:

$$\overline{u}_x = \frac{1}{T_x} \int_0^{T_x} u_x(t)\,\mathrm{d}t = \frac{R_1}{R_2}\, U\, \frac{T}{T_x} \tag{2.35}$$

Damit gilt für die Frequenz f_x der am Ausgang entstehenden Rechteckimpulsfolge:

$$f_x = \frac{R_2}{R_1}\, \frac{1}{U\,T}\, \overline{u}_x \tag{2.36}$$

Die Frequenz ist damit dem Mittelwert der Eingangsspannung während T_x proportional. Durch Anschluß eines Frequenzzählers am Ausgang der Schaltung entsteht ein Digitalvoltmeter. Das Verfahren erfordert aber zwei Präzisionswiderstände R_1 und R_2 sowie eine monostabile Kippstufe mit konstanten Parametern U und T.

Ein wesentlicher Vorteil der Schaltung ist, daß im Eingang keine Umschalter benötigt werden und damit auch keine Schaltstöße auftreten können. Bei einer praktischen Realisierung muß die monostabile Kippstufe aber durch einen stabileren Impulsgenerator ersetzt werden. Eine Verarbeitung von Gleichspannungen beider Polaritäten kann einfach durch eine Offsetspannung am Eingang erreicht werden. Der dem Offset entsprechende Zählerstand muß dann allerdings vom Zählergebnis abgezogen werden.

Da die Integrationsdauer beim Spannungsfrequenzwandler der entstehenden Periodendauer T_x entspricht und damit nicht konstant ist, läßt sich auch keine vollständige Unterdrückung periodischer Störsignale erzielen. Dies ist der entscheidende Nachteil der Schaltung und hat dazu geführt, daß sich zumindest in Digitalvoltmetern die Zwei- und Mehrflankenwandler durchgesetzt haben.

2.7.2
Dual-Slope-Wandler

Der Dual-Slope-Wandler (Zweiflanken-Wandler) gehört zur Gruppe der Spannungszeitwandler. Bei diesen Wandlern dient die Zeit als analoge Zwischengröße, die Digitalisierung erfolgt anschließend durch eine Periodendauermessung. Eine Schaltung für positive Eingangsspannungen ist im Bild 2.18 angegeben.

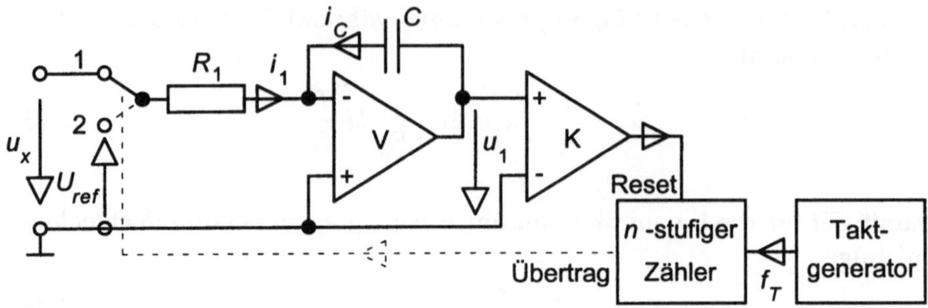

Bild 2.18: Dual-Slope-Wandler

Das Impulsdiagramm ist in Bild 2.19 dargestellt. Die positive Eingangs-spannung u_x liegt solange über den vom Übertragsimpuls des Zählers ge-steuerten Schalter am Integrator an, bis der Zähler überläuft. Während dieser konstanten Zeit T_0 erreicht der Ausgang des Integrators eine der Höhe der Eingangsspannung proportionale negative Ausgangsspannung u_1. Danach liegt die Referenzspannung U_{ref} solange am Integrator an, bis die Spannung u_1 wieder zu Null wird, der Nullkomparator anspricht und der Zähler anschließend auf 0 zurückgestellt wird. Der vor der Rückstel-lung erreichte Zählerstand z_x ist der Eingangsspannung u_x proportional.

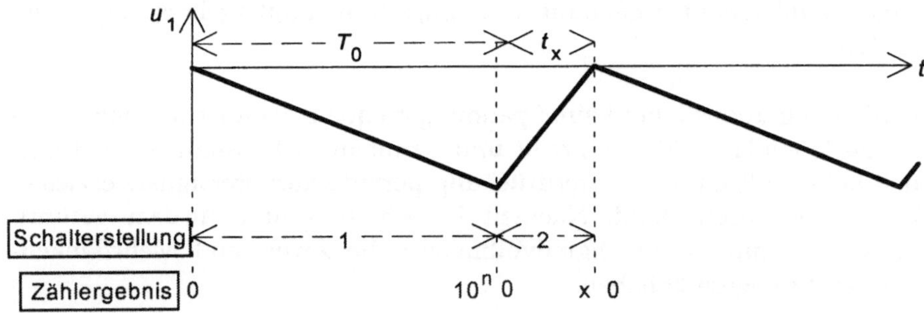

Bild 2.19: Impulsdiagramm des Dual-Slope-Wandlers

Die Zählerstände des n-stelligen dekadischen Zählers berechnen sich wie folgt:

$$z_0 = f_T \, T_0 = 10^n \qquad (2.37)$$

$$z_x = f_T \, t_x \qquad (2.38)$$

Am Ende einer Integrationsperiode T_0+t_x wird die Ausgangsspannung des Integrators jeweils wieder zu Null:

$$u_1(T_0+t_x) = -\frac{1}{R_1 C} \int_0^{T_0} u_x \, dt + \frac{1}{R_1 C} \int_{T_0}^{T_0+t_x} U_{ref} \, dt = 0 \qquad (2.39)$$

$$\frac{1}{T_0} \int_0^{T_0} u_x \, dt = U_{ref} \, t_x \, \frac{1}{T_0} \qquad (2.40)$$

Damit ist t_x dem Mittelwert von u_x während der konstanten Zeit T_0 proportional:

$$t_x = \frac{T_0}{U_{ref}} \, \frac{1}{T_0} \int_0^{T_0} u_x \, dt = \frac{T_0}{U_{ref}} \, \overline{u}_x \qquad (2.41)$$

Daraus ergibt sich für den Zählerstand z_x unter Berücksichtigung von z_0:

$$z_x = \frac{f_T \, T_0}{U_{ref}} \, \overline{u}_x = \frac{10^n}{U_{ref}} \, \overline{u}_x \qquad (2.42)$$

Zur Erzielung einer hohen Genauigkeit ist also lediglich eine entsprechend genaue Vergleichsspannungsquelle notwendig. Darüber hinaus kann die konstante Integrationszeit T_0 der Eingangsspannung so gewählt werden, daß netzfrequente Störungen aus dem Meßergebnis ganz herausfallen. Mit steigender Integrationszeit werden aber auch andere periodische Störspannungen immer besser unterdrückt.

Da die Schaltung im Eingang einen Umschalter benötigt, können Schaltstöße das Meßergebnis beeinträchtigen. Darüber hinaus kann die Schaltung in der vorliegenden Ausführung nur Gleichspannungen positiver Polarität verarbeiten.

Infolge der hohen möglichen Auflösung von Dual-Slope-Wandlern müssen alle denkbaren Fehlerquellen in Betracht gezogen werden. Neben der bereits erwähnten Genauigkeit der Referenzspannungsquelle und den möglichen Schaltstößen sind dies die Nichtlinearität des Integrators sowie die Ansprechgenauigkeit des Nullkomparators. Hinzu kommen aber auch nicht ideale Eigenschaften des Integrationskondensators wie z. B. dessen dielektrischen Verluste. Diese Verluste können insbesondere bei kleinen Kapazitätswerten und langen Integrationszeiten zu einer meßbaren Selbstentladung des Integrationskondensators über den entsprechenden Verlustwiderstand R_{is} führen:

$$u_1(t) = u_{10}\, e^{-t/\tau_E} \qquad \text{mit} \qquad \tau_E = R_{is}\, C \qquad (2.43)$$

Keine Anforderungen werden dagegen an die Langzeitkonstanz der Kapazität des Integrationskondensators gestellt, lediglich während eines Wandlungszyklus darf keine Kapazitätsänderung auftreten. Das gleiche gilt sinngemäß für die Langzeitkonstanz der Taktfrequenz.

2.7.3
Multiple-Slope-Wandler

Wünschenswerte Erweiterungen des Dual-Slope-Wandlers sind ein Betrieb bei beiden Polaritäten der Eingangsgleichspannung und ein automatischer Nullpunktabgleich der Schaltung vor jeder Messung. Das wird neben anderen wesentlichen Vorteilen durch den Multiple-Slope-Wandler erreicht. Das Prinzip des Multiple-Slope-Wandlers wird durch den im Bild 2.20 auszugsweise dargestellten Eingangsteil der Schaltung verdeutlicht.

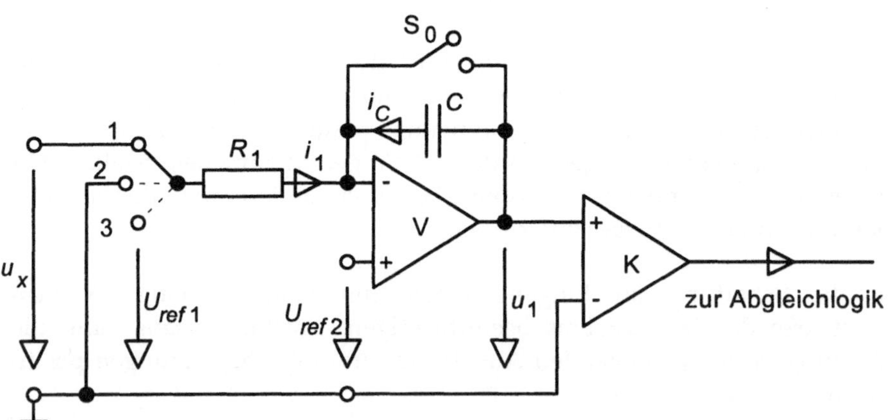

Bild 2.20: Multiple-Slope-Wandler, Eingangsschaltung

Zu Beginn des Wandlungsvorgangs wird der Schalter S_0 kurzzeitig geschlossen. Dadurch stellt sich unter Berücksichtigung der gewählten Höhe der beiden Referenzspannungen

$$U_{ref2} = \frac{U_{ref1}}{2} \qquad (2.44)$$

die folgende Ausgangsspannung des Integrators ein (clamping voltage):

$$u_1(0) = U_{ref2} = \frac{U_{ref1}}{2} \tag{2.45}$$

Der Wandlungsvorgang läuft nun in den folgenden Phasen ab, die zugehörige Stellung des Eingangswahlschalters ist jeweils angegeben, der Kurzschlußschalter S_0 ist immer offen.

Phase 0: Der Eingangswahlschalter steht in Stellung 3. Es wird daher über U_{ref1} abzüglich U_{ref2} integriert. Damit ergibt sich folgender Verlauf der Ausgangsspannung des Integrators:

$$u_1(t) = \frac{U_{ref1}}{2} - \frac{1}{R_1 C} \int_0^t \frac{U_{ref1}}{2} \mathrm{d}t \tag{2.46}$$

Beim Nulldurchgang von u_1 spricht der Komparator an und diese Phase endet nach der Zeitspanne T:

$$u_1(T) = \frac{U_{ref1}}{2} - \frac{1}{R_1 C} \int_0^T \frac{U_{ref1}}{2} \mathrm{d}t = 0 \quad \Rightarrow \quad T = R_1 C \tag{2.47}$$

Damit ist der Nullpunktabgleich des Multiple-Slope-Wandlers erreicht worden.

Phase 1: Der Eingangswahlschalter steht in Stellung 2. Es wird daher über U_{ref2} integriert. Damit ergibt sich folgender Verlauf der Ausgangsspannung des Integrators:

$$u_1(t) = \frac{1}{R_1 C} \int_T^{T+t} U_{ref2} \, \mathrm{d}t = \frac{1}{R_1 C} \int_T^{T+t} \frac{U_{ref1}}{2} \mathrm{d}t \tag{2.48}$$

Durch einen mit Beginn von Phase 1 gestarteten ersten Zähler wird erreicht, daß diese Phase genau für die Zeitspanne T andauert. Damit wird folgende Ausgangsspannung des Integrators erreicht:

$$u_1(2T) = \frac{1}{R_1 C} \int_T^{2T} \frac{U_{ref1}}{2} \mathrm{d}t = \frac{U_{ref1}}{2} \tag{2.49}$$

Phase 2: Der Eingangswahlschalter steht in Stellung 3. Es wird daher über U_{ref1} abzüglich von U_{ref2} integriert. Damit ergibt sich folgender Verlauf der Ausgangsspannung des Integrators:

$$u_1(t) = \frac{U_{ref1}}{2} - \frac{1}{R_1 C} \int_{2T}^{2T+t} \frac{U_{ref1}}{2} \, \mathrm{d}t \qquad (2.50)$$

Beim Nulldurchgang von u_1 spricht der Komparator an und diese Phase endet wiederum nach der Zeitspanne T:

$$u_1(3T) = \frac{U_{ref1}}{2} - \frac{1}{R_1 C} \int_{2T}^{2T+t_2} \frac{U_{ref1}}{2} \, \mathrm{d}t = 0 \quad \Rightarrow \quad t_2 = R_1 C = T \quad (2.51)$$

Phase 3: Der Eingangswahlschalter steht in Stellung 1. Es wird daher über die Eingangsspannung u_x abzüglich von U_{ref2} integriert. Als Ausgangsspannung des Integrators ergibt sich:

$$u_1(t) = \frac{1}{R_1 C} \int_{3T}^{3T+t} \left(-u_x + \frac{U_{ref1}}{2} \right) \mathrm{d}t \qquad (2.52)$$

Dabei wird je nach Polarität der Eingangsspannung der Anstieg der Ausgangsspannung entweder verlangsamt oder beschleunigt. Der Betrag von u_x darf allerdings nicht größer als u_{ref2} werden, da sich sonst die Polarität der Integratorspannung umkehren würde.

Die Phase 3 wird durch den ersten Zähler nach der Zeitspanne von genau $2T$ beendet. Damit wird folgende Ausgangsspannung des Integrators erreicht:

$$u_1(5T) = \frac{1}{R_1 C} \int_{3T}^{5T} \left(-u_x + \frac{U_{ref1}}{2} \right) \mathrm{d}t = -\frac{1}{R_1 C} \int_{3T}^{5T} u_x \, \mathrm{d}t + U_{ref1} \qquad (2.53)$$

Je nach Größe der Eingangsspannung liegt $u_1(5T)$ in dem Bereich, der durch die folgenden Grenzwerte gegeben ist:

$$u_{1\,\mathrm{max}} = 2U_{ref1} \qquad \text{für} \qquad u_x = -U_{ref2} \qquad (2.54)$$

$$u_{1\,\mathrm{min}} = 0 \qquad \text{für} \qquad u_x = +U_{ref2} \qquad (2.55)$$

In der Phase 3 beginnt auch der zweite Zähler zu zählen, jedoch von Null beginnend in Abwärtsrichtung, und dieser erreicht am Ende von Phase 3 den maximalen Zählerstand.

Phase 4: Der Eingangswahlschalter steht in Stellung 3. Es wird daher über U_{ref1} abzüglich U_{ref2} integriert. Damit ergibt sich folgender Verlauf der Ausgangsspannung des Integrators:

$$u_1(t) = -\frac{1}{R_1 C} \int\limits_{3T}^{5T} u_x \, dt + U_{ref1} - \frac{1}{R_1 C} \int\limits_{5T}^{5T+t} \frac{U_{ref1}}{2} \, dt \qquad (2.56)$$

Beim Nulldurchgang von u_1 spricht der Komparator an und diese Phase endet nach der Zeitspanne von $2T \pm t_x$:

$$u_1(7T \pm t_x) = -\frac{1}{R_1 C} \int\limits_{3T}^{5T} u_x \, dt + U_{ref1} - \frac{1}{R_1 C} \int\limits_{5T}^{7T \pm t_x} \frac{U_{ref1}}{2} \, dt = 0 \qquad (2.57)$$

$$-\frac{1}{R_1 C} \int\limits_{3T}^{5T} u_x \, dt + U_{ref1} = \frac{1}{R_1 C} \frac{U_{ref1}}{2} \left(2T \pm t_x\right) \qquad (2.58)$$

$$-\frac{1}{R_1 C} \int\limits_{3T}^{5T} u_x \, dt = \pm \frac{1}{R_1 C} \frac{U_{ref1}}{2} t_x \qquad (2.59)$$

$$t_x = \mp \frac{2}{U_{ref1}} \int\limits_{3T}^{5T} u_x \, dt = \mp \frac{4T}{U_{ref1}} \frac{1}{2T} \int\limits_{3T}^{5T} u_x \, dt = \mp \frac{4T}{U_{ref1}} \overline{u}_x \qquad (2.60)$$

Der vom zweiten Zähler in der Phase 4 erreichte Zählerstand ist Null, wenn keine Eingangsspannung vorhanden ist, da dann gerade wieder in Vorwärtsrichtung bis auf Null gezählt worden ist. Anderenfalls ergibt sich je nach Größe von t_x bzw. dem Mittelwert der Eingangsspannung ein dieser proportionaler negativer oder positiver Zählerstand.

Das Impulsdiagramm des Multiple-Slope-Wandlers ist im Bild 2.21 dargestellt. Die durchgezogenen Linien gelten für die Eingangsspannung Null, die gestrichelten für eine positive und die gepunkteten für eine negative Eingangsspannung. Die angegebenen Zählerstände sind als Beispiel zu verstehen, das die relativen Größenverhältnisse angibt.

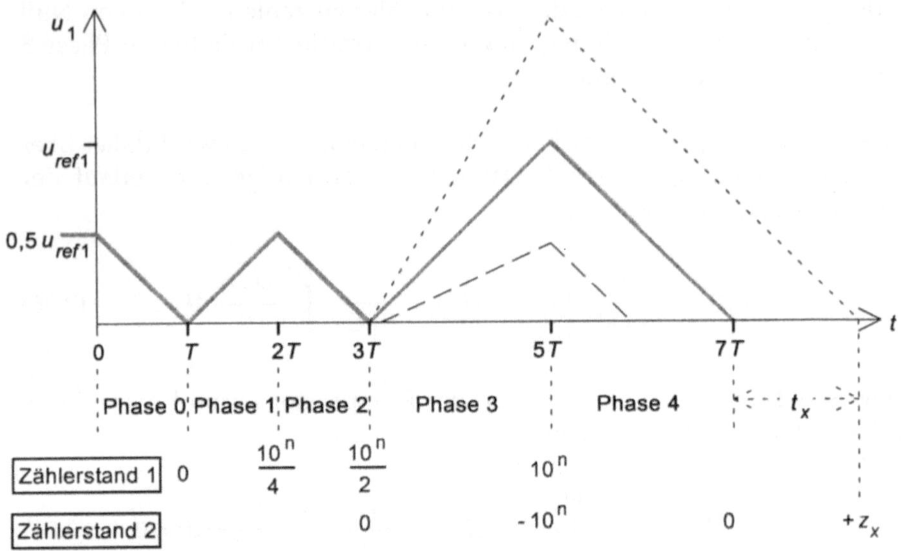

Bild 2.21: Impulsdiagramm des Multiple-Slope-Wandlers

Die hohe Genauigkeit der Multiple-Slope-Wandlers beruht einerseits auf dem automatischen Nullpunktabgleich vor jeder Messung und anderseits auf der Ausschaltung der Nullpunkthysterese des Komparators. Das wird dadurch bewirkt, daß der Nullabgleich immer aus der gleichen Richtung heraus und mit der gleichen Steilheit erfolgt. Hinzu kommt, daß das Ergebnis durch digitale Subtraktion gebildet wird, womit eine nahezu vollständige Fehlerkompensation erreicht wird. Ansonsten gelten die gleichen Überlegungen im Hinblick auf die Integrationsdauer wie beim Dual-Slope-Wandler.

2.8
Parallelwandler

Die kürzesten Wandlungszeiten werden dann erreicht, wenn alle Quantisierungsstufen am Eingang des Analog-Digital-Wandlers als Vergleichsstufen hardwaremäßig vorhanden sind. Das Eingangssignal wird bei einem solchen Parallelwandler (Flash-Wandler) in einem einzigen Schritt umgesetzt. Ein zweiter Schritt ist in der Regel für die Umcodierung des Ausgangssignals erforderlich. Ein n-Bit-Parallelwandler muß damit aber 2^n-1 Vergleichsstufen (Komparatoren) besitzen, wodurch ein gewaltiger Schaltungsaufwand entsteht. Das ist in der Regel nur für Auflösungen von 8 Bit (maximal 10 Bit) vertretbar. Im Bild 2.22 ist zur Begrenzung des Darstellungsaufwands lediglich die Schaltung eines 3-Bit-Parallelwandlers dargestellt.

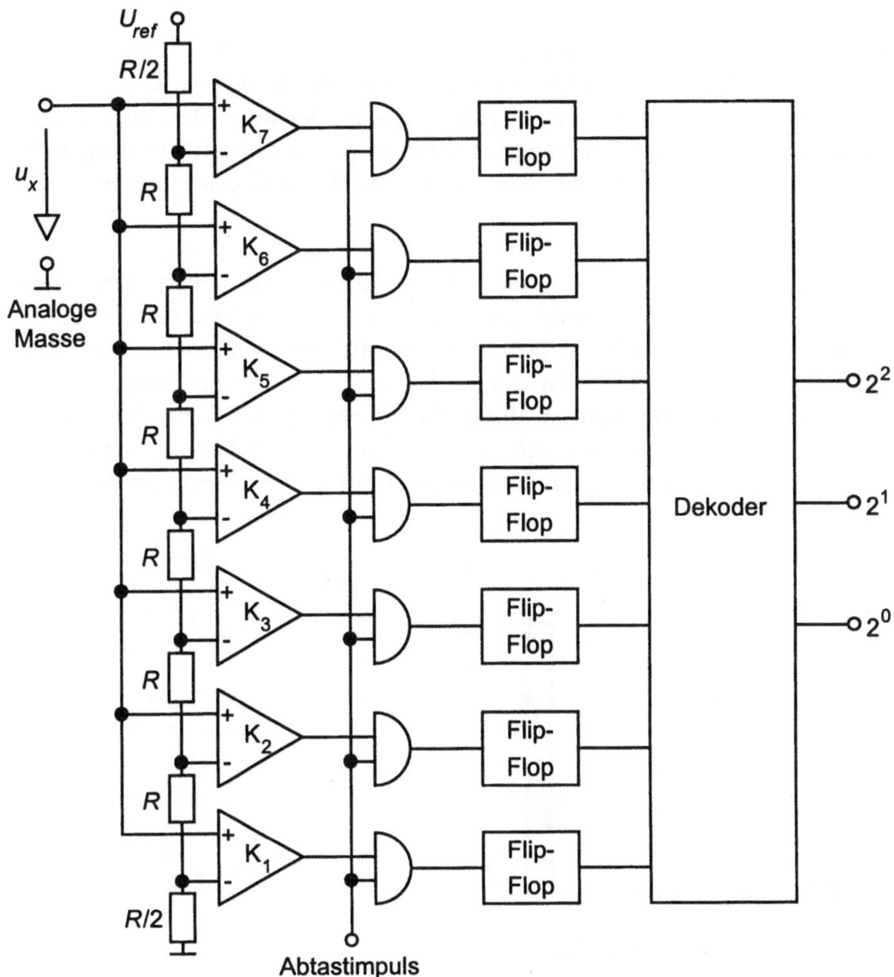

Bild 2.22: 3-Bit-Parallelwandler

Die zu digitalisierende Spannung u_x wird den nicht invertierenden Eingängen der hier 7 Komparatoren zugeführt. Die invertierenden Eingänge liegen über einen relativ niederohmigen, linear abgestuften Spannungsteiler an der Referenzspannung. Dabei beträgt die Spannungsdifferenz zwischen zwei aufeinanderfolgenden Komparatoren genau 1 LSB. Die Vergleichsspannung am untersten Komparator ist auf 0,5 LSB eingestellt, entsprechend der durch den Quantisierungsfehler entstehenden Unsicherheit von ±0,5 LSB. Definitionsgemäß geht man also davon aus, daß das korrekte Ansprechen des untersten Komparators bei einer analogen Eingangsspannung von 0,5 LSB erfolgen soll.

Je nach Höhe von u_x sprechen nun mehr oder weniger Komparatoren an. Der sich ergebende Zustand wird im Augenblick der A/D-Wandlung durch einen Abtastimpuls in den Flip-Flops gespeichert. Der am Ausgang erhaltene sogenannte Thermometer-Code muß über einen nachfolgenden Dekodierer in die benötigte Darstellung (z. B. Dualcode) umgewandelt werden.

Die Leistungsfähigkeit einer solchen Schaltung wird neben den Eigenschaften des Vergleichsspannungsteilers ganz wesentlichen von denen der verwendeten Komparatoren bestimmt. Darauf wird im folgenden näher eingegangen werden. Darüber hinaus führt die Parallelschaltung einer relativ großen Zahl von Komparatoren (Eingangskapazität) zu einer niedrigen Eingangsimpedanz der Schaltung. Diese muß daher aus einer sehr niederohmigen Spannungsquelle oder über einen Impedanzwandler angesteuert werden.

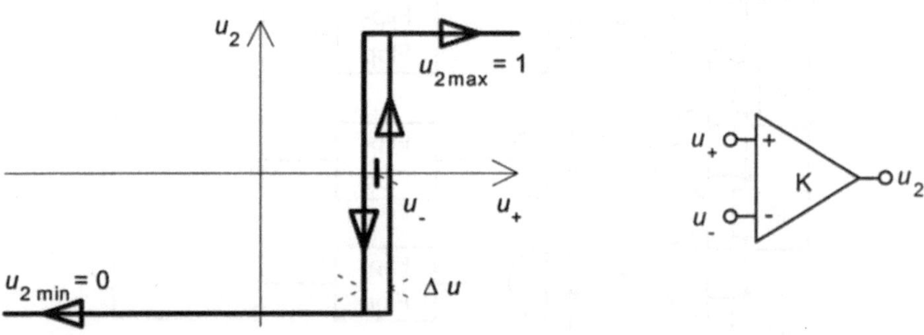

Bild 2.23: Kennlinie eines Komparators

Die Komparatoren sind leerlaufende Breitbandverstärker mit hoher Verstärkung. Wie aus der Kennlinie in Bild 2.23 ersichtlich ist, genügt bei diesen schon eine relativ geringe Differenz zwischen den beiden Eingangsspannungen u_+ und u_-, um den Ausgang entweder an den positiven Anschlag u_{2max} oder an den negativen Anschlag u_{2min} zu bringen. Bei den üblicherweise verwendeten Komparatoren mit Digitalausgang entspricht u_{2max} dem logischen Pegel 1 (etwa 5 V) und u_{2min} dem logischen Pegel 0 (etwa 0 V).

Die Umschalthysterese des Komparators Δu

$$\Delta u = \frac{u_{2max} - u_{2min}}{V} \tag{2.61}$$

hängt vom Ausgangsspannungshub und der Leerlaufverstärkung V des Komparators ab. Diese muß klein gegenüber dem LSB sein ($\leq 0{,}5$ LSB). Dadurch werden gerade bei hochauflösenden A/D-Wandlern sehr hohe Verstärkungen erforderlich.

Die Betriebsweise eines Komparators unterscheidet sich allerdings doch erheblich von der eines normalen Verstärkers. So sind in dem vorliegenden Parallelwandler die meisten der Komparatoren sehr stark übersteuert, da am Eingang eine Spannungsdifferenz bis maximal zur Höhe der Meßbereichs vorliegt. Lediglich die Komparatoren, deren Vergleichsspannung in der Größenordnung der gegenwärtigen Eingangsspannung des A/D-Wandlers liegt, sind kaum übersteuert bzw. arbeiten vielleicht sogar im linearen Verstärkerbereich.

Bei einem übersteuerten Verstärker sind jedoch die üblichen Angaben über Grenzfrequenz und Anstiegszeit unbrauchbar. Infolge des in der Regel vorliegenden Großsignalbetriebs (Vollaussteuerung) sind Angaben aus dem Kleinsignalbereich völlig sinnlos. Entscheidend ist vielmehr die sogenannte Übergangszeit, die der Komparator benötigt, um von der Vollaussteuerung in der einen Richtung auf den entsprechenden Wert in der anderen Richtung umzuschalten. Dieser Wert ist jedoch von der tatsächlich auftretenden Eingangsspannungsdifferenz abhängig und nimmt steigender Eingangsspannungsdifferenz grundsätzlich ab.

Für den Parallelwandler hat dies eine wichtige praktische Bedeutung. Die verschiedenen Komparatoren sprechen wegen dieses Effekts mit unterschiedlicher Geschwindigkeit an und die Taktfrequenz muß so bemessen werden, daß auch der Komparator mit der kleinsten Eingangsspannungsdifferenz mit Sicherheit noch ansprechen kann. Dementsprechend steht eine hohe Auflösung einer hohen Wandlungsgeschwindigkeit grundsätzlich entgegen.

Um die Anforderungen, die sich aus so großen Änderungen der Ausgangsspannung der Komparatoren innerhalb von im Extremfall nur wenigen Nanosekunden ergeben, zu verdeutlichen, soll folgendes Beispiel angegeben werden. Dieses basiert auf der Annahme, daß am Ausgang des Komparators eine Lastkapazität C_L (Eingangskapazität der nachfolgenden

Gatters, Streukapazitäten) umgeladen werden muß. Der dazu vom Komparator zu liefernde Ladestrom beträgt:

$$i_2 = C_L \frac{\mathrm{d}u_2}{\mathrm{d}t} \qquad (2.62)$$

Unter der Annahme eines konstanten Ausgangsstroms i_2 des Komparators ergibt sich eine lineare Änderung der Ausgangsspannung. Damit läßt sich die maximal mögliche Spannungsänderungsgeschwindigkeit (slew rate) am Ausgang des Komparators abschätzen:

$$\left. \frac{\Delta u_2}{\Delta t} \right|_{\mathrm{max}} = \frac{i_{2\,\mathrm{max}}}{C_L} \qquad (2.63)$$

Bei Annahme einer Lastkapazität von 10 pF und eines maximalen Ausgangsstroms des Komparators von 20 mA ergibt dies eine erreichbare Spannungsänderungsgeschwindigkeit von $2 \cdot 10^9$ V/s. Bei einem Spannungshub von etwa 4 V erscheint damit eine Umschaltung innerhalb von 2 ns möglich. Anhand dieses Beispiels sind die Grenzen der Geschwindigkeit solcher Schaltungen klar erkennbar.

Zu den größten Fehlern zählen bei Parallelwandlern die sogenannten sparkle-codes. Das sind zufällige Fehler, deren Größe den vollen Meßbereich erreichen kann. Ursache hierfür sind metastabile Zustände einzelner Komparatoren und Thermometer-Code-Blasen.

Im Falle eines metastabilen Komparators bewegt sich dessen Ausgang stochastisch zwischen logisch 0 und logisch 1. Die Größe des sparkle-code hängt von der Position des metastabilen Komparators in der Komparatorbank und insbesondere vom verwendeten Dekodierschema ab. Beispielsweise bestimmt bei einem 8-Bit-Parallelwandler mit binärer Dekodierlogik der 128. Komparator das höchstwertige Bit (MSB). Ist dieser metastabil, dann kann die Codierung 11111111 anstelle der Codierung 01111111 entstehen (bzw. 00000000 anstelle 10000000). Der Fehler entspricht damit dem halben Meßbereich.

Wenn jedoch der Ausgang der Komparatorbank (Thermometer-Code) zunächst in den Gray-Code dekodiert und dann erst in den Binärcode umgewandelt wird, dann reduziert sich dieser Fehler unabhängig von der Position des metastabilen Komparators auf 1 LSB. Davon wird allerdings nur selten Gebrauch gemacht, da die Wandlungszeit und der Schaltungsaufwand wesentlich ansteigen.

Die Wahrscheinlichkeit des Auftretens eines metastabilen Zustands ist um so höher je kürzer die zum Erreichen eines stabilen Zustands verfügbare Zeit ist. Diese Zeitspanne kann mit grob der Hälfte der Periodendauer der Taktfrequenz (Abtastfrequenz) abgeschätzt werden und liegt damit bei Wandlern hoher Wandlungsgeschwindigkeit im Bereich von nur wenigen Nanosekunden.

Thermometer-Code-Blasen können bei hohen Wandlungsgeschwindigkeiten durch die unterschiedlichen Schaltzeiten der Komparatoren entstehen. Abhilfe ist nur durch eine Erhöhung der Leistungsfähigkeit der Komparatoren oder durch eine verzögerte Übernahme der Ausgangszustände der Komparatoren möglich. Letzteres vermindert aber unmittelbar die maximal mögliche Wandlungsgeschwindigkeit.

Die genannten Fehlerquellen treten gerade bei schnellen Änderungen des Eingangssignals und bei hohen Abtastraten in Erscheinung. Es ist daher grob irreführend, wenn Fehlermessungen an Parallelwandlern z. B. im statischen Betrieb (bei Eingangsgleichspannung) durchgeführt werden. Realistische Messungen bei hohen Abtastraten sind allerdings sehr viel aufwendiger.

Ebenfalls kritisch ist bei schnellen Parallelwandlern die Übernahme der Daten in den Ausgang. Bei einem 100 MHz-Parallelwandler und einem Tastverhältnis von 50 % stehen z. B. nur 5 ns für das Ansprechen der Komparatoren und 5 ns für die Übernahme der Ausgangsdaten zur Verfügung. Durch ein Latch am Ausgang kann jedoch erreicht werden, daß die Daten nahezu 10 ns lang gültig sind. Wegen der bei Parallelwandlern entstehenden großen Datenmengen ist sowieso oft ein Pufferspeicher erforderlich. Eventuell kann man den Datenstrom auch auf mehrere Zweige multiplexen, um mit kostengünstigen Speichern geringerer Geschwindigkeit arbeiten zu können.

Es gibt aber auch andere Ansätze, wie eine parallele Wandlung von schnell veränderlichen Eingangssignalen unter Einsatz von relativ langsamen A/D-Wandlern erreicht werden kann. Eines dieser Prinzipien beruht auf der mehrfachen Abtastung des jeweils um die Zeitspanne Δt verzögerten Eingangssignals unter Zwischenschaltung von Abtast- und Halteschaltungen. Das Blockschaltbild einer solchen Schaltung ist in Bild 2.24 dargestellt.

Das Problem liegt hier weniger in der Erzielung einer hohen Auflösung als in der Zahl der benötigten Abtastwerte. Da jeder Abtastwert eine eigene Abtast- und Haltestufe erforderlich macht und auch der Aufwand im

Analogmultiplexer entsprechend zunimmt, stößt man hier sehr schnell an technische Grenzen. Darüber hinaus ist die praktische Realisierung der unterteilten analogen Verzögerungsleitung zumindest bei sehr hohen Frequenzen aufwendig.

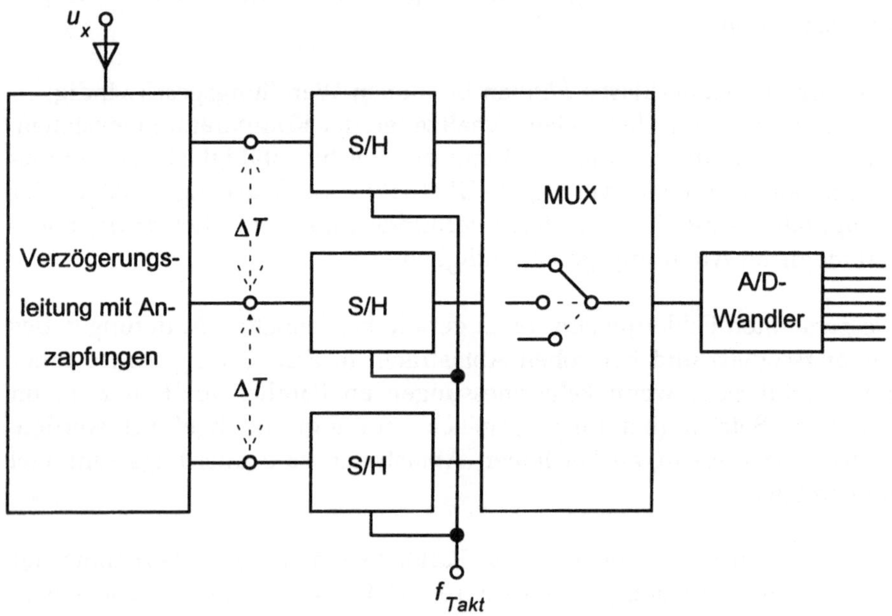

Bild 2.24: Parallele Mehrfachabtastung schnell veränderlicher Signale

2.9
Kaskadenwandler

Bei den Parallelwandlern stört vor allem der hohe Aufwand bedingt durch die große Zahl der Komparatoren. Es haben sich daher auch in gewissem Umfang Schaltungen durchgesetzt, die aus einer Kaskade von Parallelwandlern mit jeweils relativ niedriger Auflösung bestehen. Wenn eine solche Kaskade aus N Stufen besteht, dann sind bei einem n-Bit-Wandler nur noch

$$k = N\left(2^{n/N} - 1\right) \tag{2.64}$$

Komparatoren notwendig.

Wird ein 8-Bit-Kaskadenwandler daher aus zwei 4-Bit-Parallelwandlern in Kaskadenschaltung aufgebaut, dann werden nur noch 30 Komparatoren benötigt. Bei einem reinen Parallelwandler wären dagegen 255 Komparatoren erforderlich gewesen. Das Blockschaltbild eines zweistufigen Kaskadenwandlers mit 8 Bit Auflösung ist in Bild 2.25 angegeben.

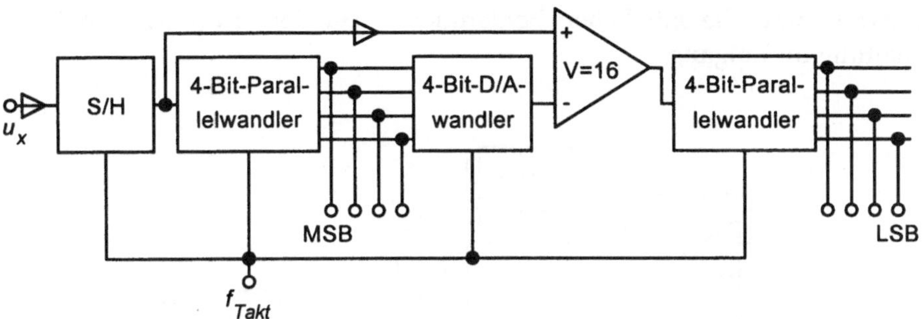

Bild 2.25: Zweistufiger 8-Bit-Kaskadenwandler

Dabei wird das Wandlungsergebnis des ersten 4-Bit-Parallelwandlers wieder analogisiert und von der analogen Eingangsspannung abgezogen. Das entspricht einer Division der Eingangsspannung durch 2^4. Der verbleibende Rest wird in dem zur Subtraktion verwendeten Differenzverstärker daher wieder 16-fach verstärkt und kann dann in einem zweiten 4-Bit-Parallelwandler mit gleichem Eingangsspannungsbereich digitalisiert werden.

Der geringere Aufwand an Komparatoren wird zunächst durch einen höheren Zeitaufwand für die Wandlung erkauft. Darüber hinaus müssen der erste 4-Bit-Parallelwandler und der 4-Bit-D/A-Wandler bezogen auf die gesamten 8-Bit genau sein, da sonst der bei der Subtraktion entstehende Rest zu stark fehlerbehaftet ist. Außerdem ist die Schaltung ohne Abtast- und Halteschaltung nicht funktionsfähig. Durch diesen Mehraufwand werden die Vorteile der Schaltung teilweise wieder kompensiert.

Der Kaskadenwandler wird auch noch in anderen Varianten ausgeführt. Eine davon ist das Subranging-Verfahren, bei dem der gleiche n-Bit-Parallelwandler zweimal verwendet wird. Die entsprechende Schaltung ist in Bild 2.26 angegeben.

Zuerst ist der Schalter S_1 geschlossen und S_2 geöffnet und es werden die höherwertigen n Bit digitalisiert. Das Ergebnis wird über den D/A-Wandler zurückgewandelt und von der Eingangsspannung abgezogen. Die Differenzspannung wird um 2^n verstärkt und anschließend bei geöffnetem S_1

und geschlossenem S_2 erneut digitalisiert. Als Ergebnis werden die niederwertigen n Bit erhalten. Beide Ergebnisse müssen addiert werden. Der Vorteil dieser Schaltung liegt im Vergleich zur vorigen darin, daß nur ein Parallelwandler erforderlich ist. Die zuvor genannten Einschränkungen betreffen jedoch auch diese Schaltung. Hinzu kommen der zusätzliche Aufwand und die möglichen Fehlerquellen bei der erforderlichen Umschaltung im Eingang.

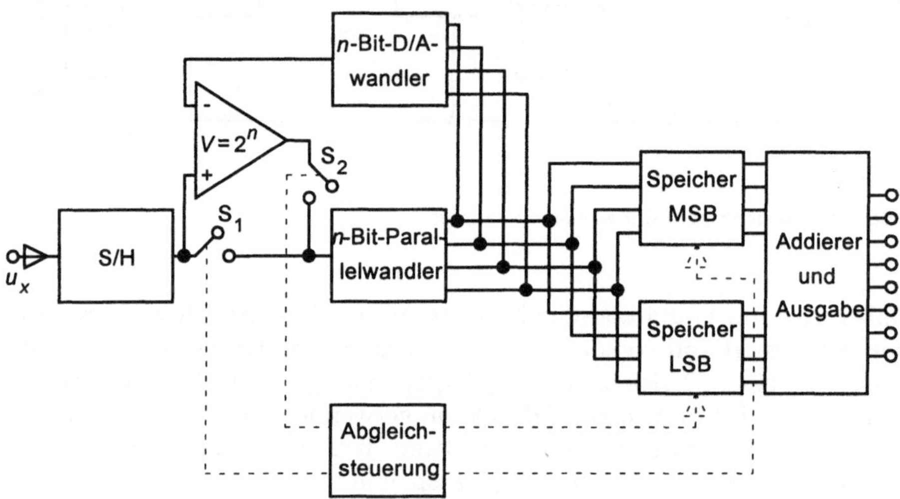

Bild 2.26: Kaskadenwandler nach dem Subranging-Verfahren

2.10
Delta-Sigma-Wandler

Der Delta-Sigma-Wandler geht auf den sogenannten Delta-Modulator zurück, dessen Arbeitsweise in Bild 2.27 erläutert wird [31]. Die Eingangsspannung u_x wird in dem Differenzverstärker mit der Vergleichsspannung u_k verglichen. Abhängig davon, ob die Eingangsspannung größer oder kleiner als die Vergleichsspannung ist, steuert der Nullkomparator das D-Flip-Flop entweder mit logisch 1 oder mit logisch 0 an. Durch Takten des D-Flip-Flops erhält man an dessen Ausgang zunächst eine unipolare Impulsfolge mit den entsprechenden logischen Zuständen und der gewählten Taktfrequenz. Durch eine Offsetspannung wird daraus eine bipolare Impulsfolge u_2 erzeugt und durch Integration wird deren Mittelwert gebildet. Dieser wird als Vergleichsspannung u_k von der Eingangsspannung abgezogen. Ohne eine Änderung der Eingangsspannung erhält man damit am

Ausgang eine abwechselnde Aufeinanderfolge positiver und negativer
Impulse mit dem Mittelwert Null. Bei einer Zunahme der Eingangsspan-
nung folgen am Ausgang nur positive Impulse aufeinander und bei einer
Abnahme nur negative.

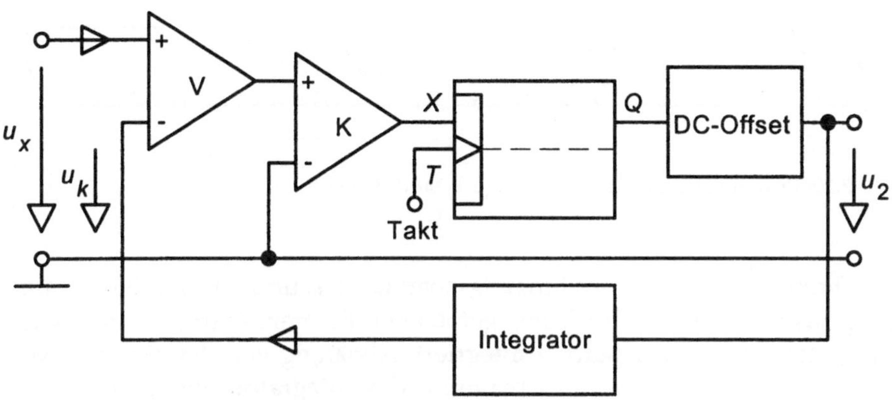

Bild 2.27: Prinzipschaltbild des Delta-Modulators

Ausgehend von einer konstanten Eingangsspannung ergibt sich damit bei
einer Änderung der Eingangsspannung der in Bild 2.28 dargestellte Verlauf der Ausgangsspannung des Delta-Modulators.

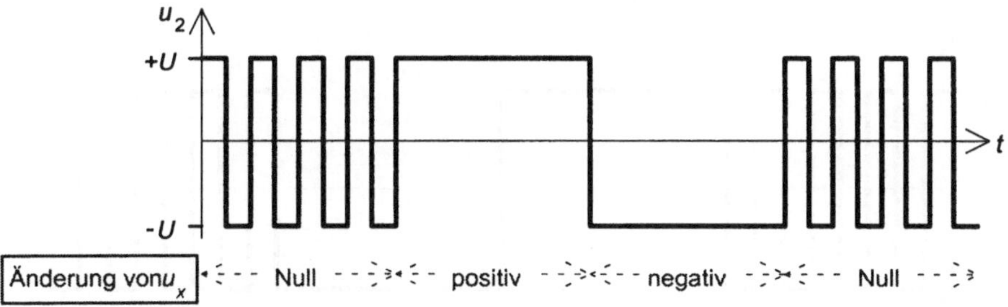

Bild 2.28: Ausgangsspannung des Delta-Modulators

Der Delta-Sigma-Modulator enthält noch einen weiteren Integrator zur
Integration der Eingangsspannung. Beide Integratoren sind in der in Bild
2.29 dargestellten Prinzipschaltung in einem Differenzverstärker zusammengefaßt.

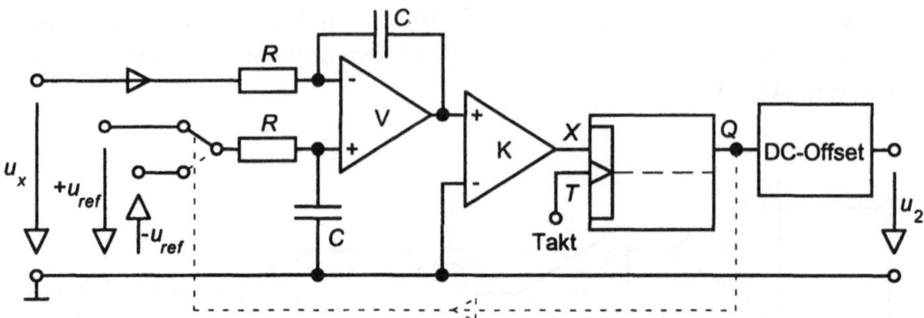

Bild 2.29: Prinzipschaltbild des Delta-Sigma-Modulators

Die Differenz zwischen der Eingangsspannung u_x und der durch den Ausgangszustand des D-Flip-Flops getakteten Referenzspannung u_{ref} wird durch den Differenzverstärker integriert. Abhängig von der sich ergebenden Änderung der Ausgangsspannung des Integrators nimmt der Ausgang des Nullkomparators entweder den Zustand logisch 1 oder logisch 0 an und setzt damit das D-Flip-Flop bzw. stellt dieses zurück.

Durch Takten des D-Flip-Flops erhält man an dessen Ausgang eine unipolare Impulsfolge mit den entsprechenden logischen Zuständen und der gewählten Taktfrequenz. Durch eine Offsetspannung wird daraus eine bipolare Impulsfolge u_2 erzeugt.

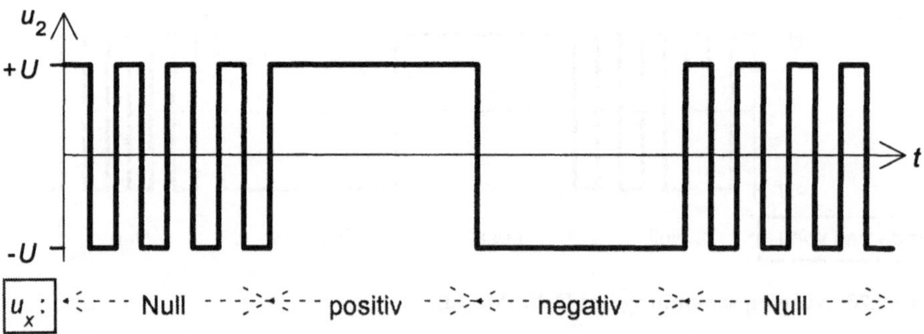

Bild 2.30: Ausgangsspannung des Delta-Sigma-Modulators

Ohne eine Eingangsspannung erhält man damit am Ausgang eine abwechselnde Aufeinanderfolge positiver und negativer Impulse mit dem Mittelwert Null. Bei einer positiven Eingangsspannung folgen am Ausgang positive Impulse aufeinander und umgekehrt. Der sich damit ergebende Verlauf der Ausgangsspannung des Delta-Sigma-Modulators ist in Bild 2.30 dargestellt.

Der Mittelwert der sich am Ausgang des Delta-Sigma-Modulators ergebenden 1 Bit Datenfolge ist der Eingangsspannung u_x proportional. Dieser Mittelwert wird durch nachfolgende digitale Filterung erhalten, womit sich der Delta-Sigma-Wandler ergibt.

Der Delta-Sigma-Wandler ist funktionell gesehen ein 1-Bit-Wandler, der aber mit hoher Überabtastung arbeitet. Während das in Abschnitt 1.1.3 erläuterte Abtast-Kriterium (Shannon-Kriterium [30], Nyquist-Kriterium [23]) fordert, daß die Abtastfrequenz f_{Abt} (entspricht der Taktfrequenz) mindestens doppelt so hoch wie die höchste Signalfrequenz f_{max} ist,

$$f_{Abt} \geq 2\, f_{max} \tag{2.65}$$

werden beim Delta-Sigma-Wandler wesentlich höhere Abtastfrequenzen eingesetzt (Überabtastung). Das kann allerdings nur dann verwirklicht werden, wenn die Anwendung auf den Kilohertzbereich (Tonfrequenz) beschränkt bleibt.

Durch die geringe Auflösung bei der Abtastung von nur 1 Bit entsteht zunächst ein sehr hohes Quantisierungsrauschen. Durch die Überabtastung und durch digitale Filterung kann jedoch der größte Teil dieses Quantisierungsrauschens unterdrückt werden.

Die im Delta-Sigma-Wandler prinzipiell im Frequenzbereich ablaufenden Vorgänge sind in Bild 2.31 skizziert. Der interessierende Signalfrequenzbereich endet, falls erforderlich durch Tiefpaßfilterung, bei f_{max} und die Abtastfrequenz liegt entsprechend der Überabtastung sehr viel höher. Das Spektrum des abgetasteten Signals u_1, das an der Abtastfrequenz und deren Vielfachen gespiegelt wird, enthält außerdem das sehr hohe Quantisierungsrauschen.

Durch die Überabtastung und eventuell auch durch entsprechende Formung der spektralen Verteilung des Rauschens muß nun erreicht werden, daß der größte Teil des Rauschsignals in den Frequenzbereich oberhalb der interessierenden Signalfrequenzen fällt. Durch digitale Filterung [3, 20] wird das Rauschen dann sehr stark reduziert und das dem ursprünglichen Signal sehr ähnliche Signal u_2 erhalten.

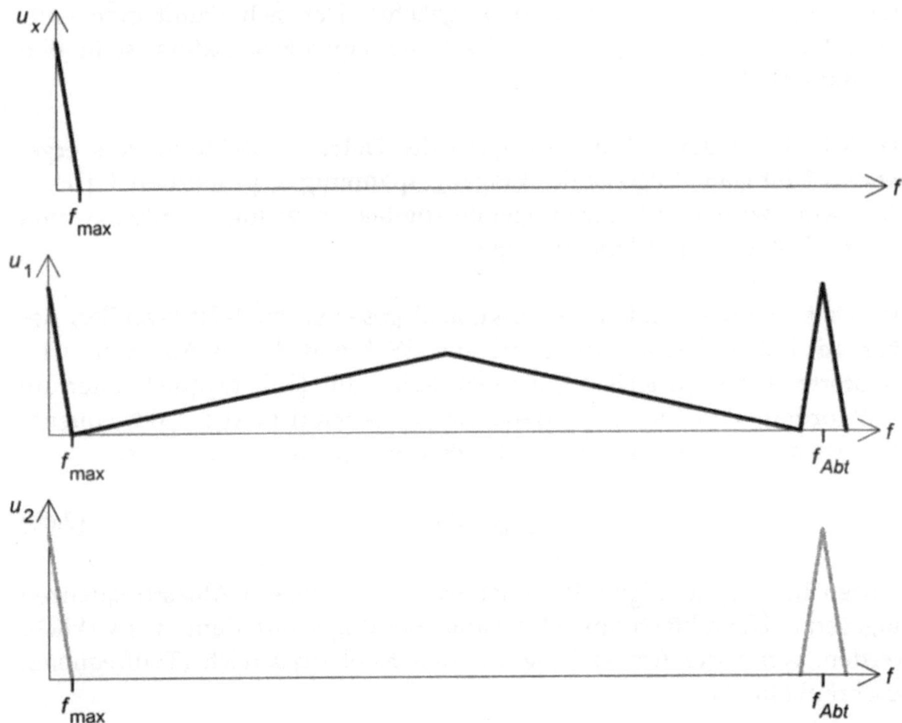

Bild 2.31: Grundsätzliche spektrale Signalverteilung beim Delta-Sigma-Wandler

Normalerweise beträgt bei einem 1-Bit-Wandler das maximal erreichbare Signal-Rausch-Verhältnis nur 7,78 dB. Dies leitet sich aus der folgenden zunächst ohne Begründung angegebenen Beziehung für das theoretisch mögliche Signal-Rausch-Verhältnis eines n-Bit-Wandlers ab:

$$\text{SNR} = \left(6{,}02\,n + 1{,}76\right)\,\text{dB} \tag{2.66}$$

Durch die Überabtastung wird das Quantisierungsrauschen jedoch über eine sehr große Bandbreite bis zur halben Abtastfrequenz hin verteilt. Das hochfrequente Rauschen wird danach durch digitale Filterung entfernt. Als Ergebnis ist bei einer Überabtastung um den Faktor M daher das folgende erhöhte Signal-Rausch-Verhältnis erreichbar:

$$\text{SNR} = \left[6{,}02\,n + 1{,}76 + 10\,\log(M)\right]\,\text{dB} \tag{2.67}$$

Bei zweifacher Überabtastung wird das Signal-Rausch-Verhältnis also um 3 dB erhöht. Durch die Überabtastung allein erreicht man aber noch keine ausreichende Verbesserung des Signal-Rausch-Verhältnisses. Das liegt daran, daß M auf unrealistisch hohe Werte erhöht werden müßte, wodurch der Wandler auch immer empfindlicher gegenüber einem Jitter des Taktsignals wird.

Zusätzlich ist in der Regel noch eine Formung des Rauschsignals erforderlich. Dadurch wird der normalerweise ausgeglichene Verlauf der Rauschspannung über der Frequenz mit steigender Frequenz immer mehr angehoben, so wie dies bereits in Bild 2.31 angedeutet war. Dies wird durch analoge Filterung erreicht. Dadurch verlagert man einen überproportionalen Anteil des Quantisierungsrauschens aus dem interessierenden Frequenzbereich in ein höheres Frequenzband. Um so effektiver ist dann das Ergebnis der nachfolgenden digitalen Filterung.

Eine weitere Verbesserung ist möglich, wenn der Delta-Sigma-Wandler in Multi-Bit-Technik ausgeführt wird. Damit ergibt sich dann eine in Bild 2.32 grundsätzlich dargestellte Struktur.

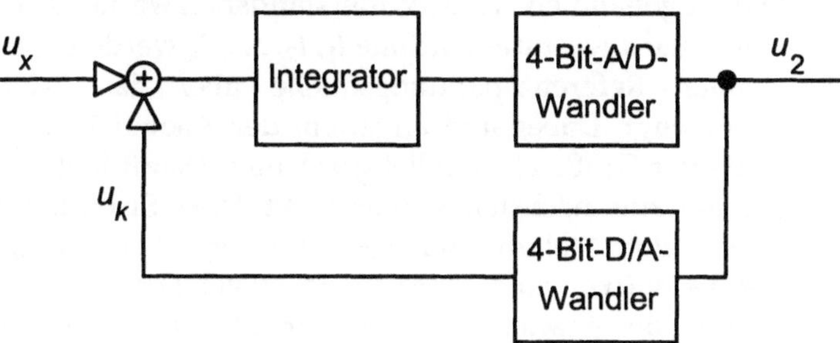

Bild 2.32: Delta-Sigma-Wandler in 4-Bit-Ausführung, grundsätzliche Darstellung

3 Digital-Analog-Wandler

Digital-Analog-Wandler (D/A-Wandler) wurden innerhalb der Mehrzahl der vorgestellten A/D-Wandler zur Rückwandlung des Ergebnisses zwecks Vergleich mit der analogen Eingangsgröße benötigt. Insofern bestimmen deren Eigenschaften wesentlich die Eigenschaften dieser A/D-Wandler mit. Eine andere noch offensichtlichere Anwendungsmöglichkeit von D/A-Wandlern ist die analogen Darstellung digitaler Werte auf analogen Sichtgeräten (Bildschirm).

Die Mehrzahl der D/A-Wandler basiert auf der in Bild 3.1 dargestellten Schaltung, dem sogenannten R-2R-Widerstandsnetzwerke zur dualen Stromteilung. Die dual abgestuften Ströme I_1, I_2, ..., I_n werden aus der entsprechend genauen Referenzspannungsquelle über das R-2R-Widerstandsnetzwerk erzeugt. Dabei sind an jedem der Knoten 1 bis n jeweils zwei Widerstände der Größe 2R parallel geschaltet. Damit halbiert sich jeweils der Strom, der zum nächsten Knoten fließt. Diese Stromteilung wird auch durch die jeweilige Stellung der n Schalter nicht beeinflußt, solange der verwendete Verstärker eine hinreichend große Leerlaufverstärkung aufweist ($u_e \approx 0$). In der gezeichneten Schalterstellung sind alle n Bit gesetzt.

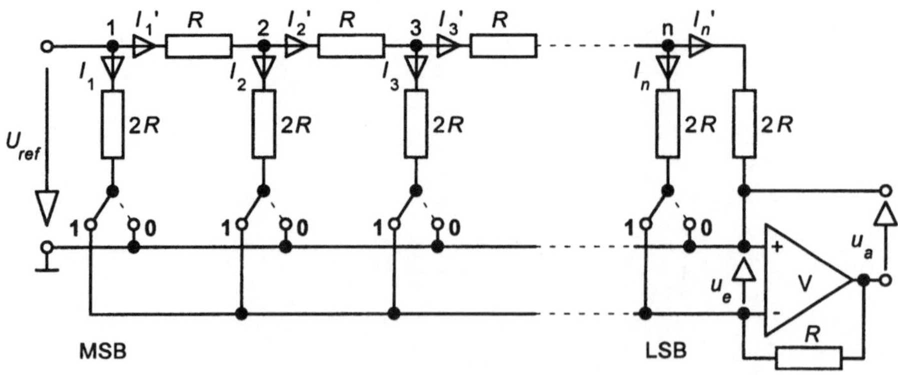

Bild 3.1: D/A-Wandler mit R-2R-Widerstandsnetzwerk

Für die dual abgestuften Ströme gilt:

$$I_1 = I_1' = \frac{U_{ref}}{2R} \qquad \text{bzw.} \qquad I_n = I_n' = \frac{U_{ref}}{2^n R} \tag{3.1}$$

Damit ergibt sich für die gezeichneten Schalterstellungen die folgende maximale Ausgangsspannung u_{amax} des D/A-Wandlers:

$$u_{a\,max} = -U_{ref}\left(\frac{1}{2} + \frac{1}{4} + \frac{1}{8} + \ldots + \frac{1}{2^n}\right) = -U_{ref}\left(1 - \frac{1}{2^n}\right) = -\frac{U_{ref}}{2^n}\left(2^n - 1\right) \tag{3.2}$$

Dabei sind auch zahlreiche andere Schaltungsvarianten denkbar. Der wesentliche Vorteil des R-$2R$-Netzwerks liegt jedoch darin, daß nur Widerstände der gleichen Größenordnung benötigt werden. Das erleichtert die Realisierung des Widerstandsnetzwerks als integrierte Schaltung.

Darüber hinaus stellt das R-$2R$-Netzwerk für die Referenzspannungsquelle unabhängig von den Schalterstellungen immer die gleiche Belastung mit dem Widerstand der Größe R dar. Da sich der Innenwiderstand der Referenzspannungsquelle in der Praxis nicht völlig vernachlässigen läßt, wird durch deren konstante Belastung trotzdem eine hohe Stabilität der Referenzspannung gewährleistet.

Die erreichbare Auflösung des D/A-Wandlers hängt grundsätzlich von der Stabilität der Referenzspannungsquelle ab. Darüber hinaus darf aber auch der dem LSB entsprechende Strom nicht in die Größenordnung der Leckströme der verwendeten FET-Schalter kommen. Dies muß über den gesamten spezifizierten Temperaturbereich der Schaltung gewährleistet sein. Damit ergeben sich entsprechend große Ströme für das MSB.

Bezüglich des transienten Verhaltens der D/A-Wandler ist zunächst von Interesse, nach welcher Zeitspanne die analoge Ausgangsspannung auf den richtigen Wert ($\pm 0{,}5$ LSB) eingeschwungen ist. Diese Einschwingzeit (settling time) ist neben der Spannungsanstiegsgeschwindigkeit des Ausgangsverstärkers von der Ausgangsimpedanz der Schaltung und der zulässigen Belastung abhängig.

Das transiente Verhalten solcher D/A-Wandler ist insofern nicht unproblematisch als sich bei hohen Wandlungsgeschwindigkeiten bereits kleine Zeitdifferenzen zwischen den Schaltzeiten der einzelnen Schalter immer stärker bemerkbar machen. Dadurch können kurzzeitig falsche Codierungen entstehen, die wesentliche Fehler der analogen Ausgangsspannung verursachen. Der ungünstigste Fall liegt dann vor, wenn die analoge Ausgangsspannung um 1 LSB auf die Höhe des halben Vollausschlags des D/A-Wandlers erhöht wird. Dieser Fall ist in Bild 3.2 prinzipiell für einen 3-Bit-D/A-Wandler dargestellt.

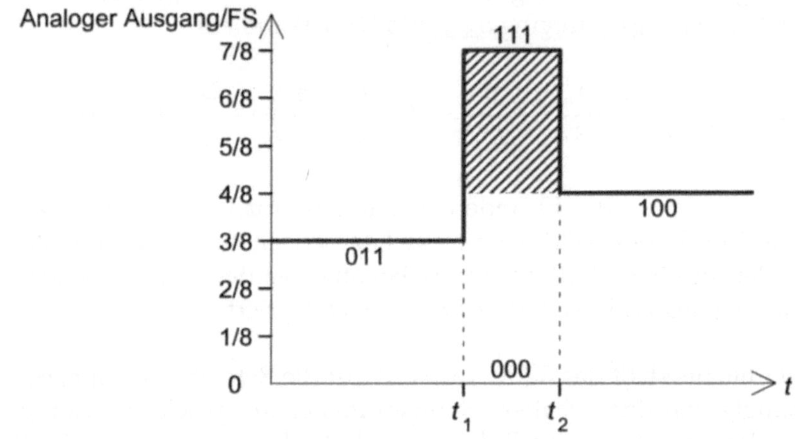

Bild 3.2: Auswirkung fehlerhafter Codierungen beim 3-Bit-D/A-Wandler

Als Ausgangspunkt der Betrachtung wird die Codierung 011 am Eingang des D/A-Wandlers angenommen. Bei einer Erhöhung der Codierung um 1 LSB auf 100 können durch zeitliche Unterschiede beim Schalten kurzzeitig die fehlerhaften Codierungen 111 und 000 auftreten. Die entsprechenden Fehler in der analogen Ausgangsspannung betragen damit, wenn man einmal von dem Unterschied zwischen dem theoretischen Meßbereichsendwert und dem praktisch erreichbaren absieht, genau +100 % bzw. -100 %. Auch wenn diese Fehler nur kurzzeitig auftreten, entstehen dadurch am Ausgang trotzdem hohe Spannungsspitzen (glitches). In der Regel wird dabei der Flächeninhalt der über der Zeit aufgetragenen Abweichung der Ausgangsspannung vom wahren Wert angegeben. Dieser ist für den Fall der Spannungsüberhöhung im Bild 3.2 schraffiert eingetragen.

Eine Beseitigung der Spannungsspitzen durch Tiefpaßfilterung ist nur eingeschränkt möglich. Grundsätzlich gilt nämlich, daß durch einen Tiefpaß ein Impuls zwar verformt wird und damit auch in der Amplitude reduziert werden kann, die Fläche des Impulses jedoch stets erhalten bleibt. Insofern ist auch einleuchtend, daß im Sinne einer objektiven Beurteilung nicht die Amplitude sondern der Flächeninhalt der Störimpulse angegeben werden muß. Größenordnungsmäßig sind hierfür in Realität etwa 100 nVs zu erwarten.

Eine Tiefpaßfilterung verlängert damit aber auch die Zeit, bis zu der die Störimpulse auf eine vernachlässigbar kleine Amplitude von unter 0,5 LSB abgeklungen sind. Darauf sollte daher besser verzichtet werden. Günstiger ist vielmehr eine verzögerte Übernahme der analogen Spannung in den Ausgang, womit der hohe aber nur kurz andauernde Störimpuls praktisch unwirksam bleibt. Die entsprechende Verzögerungszeit erhöht allerdings die effektive Wandlungszeit des D/A-Wandlers.

4 Fehler von Analog-Digital-Wandlern und deren Prüfung

4.1
Definitionen

Der theoretische Meßbereichsendwert des A/D-Wandlers wird, wie bereits in Abschnitt 2.3 dargestellt wurde, als *FS* (full scale) bezeichnet. Das *LSB* beträgt bei einem A/D-Wandler mit n Bit Auflösung:

$$LSB = \frac{FS}{2^n} \tag{4.1}$$

Dementsprechend beträgt das *MSB*:

$$MSB = \frac{FS}{2} \tag{4.2}$$

Die maximale Eingangsspannung des A/D-Wandlers wird dann erreicht, wenn alle Bits gesetzt sind, und diese beträgt damit:

$$\frac{FS}{2^n} + \frac{FS}{2^{n-1}} + \frac{FS}{2^{n-2}} + \ldots + \frac{FS}{2} = FS\frac{2^n - 1}{2^n} = FS - LSB \tag{4.3}$$

Der theoretische Meßbereichsendwert *FS* kann also nur abzüglich des *LSB* erreicht werden, ein Unterschied der aber mit zunehmender Auflösung des Wandlers an praktischer Bedeutung verliert.

Die Kennlinie eines idealen Wandlers ist eine Gerade zwischen dem Nullpunkt und dem theoretischen Meßbereichsendwert. Bei einem A/D-Wandler besteht allerdings das grundsätzliche Problem, daß bedingt durch den Quantisierungsfehler von ±0,5 LSB keine eindeutige Zuordnung der analogen Eingangsspannung und der entsprechenden Codierung am Ausgang möglich ist. Definitionsgemäß nimmt man an, daß bei einer analogen Eingangsspannung entsprechend 0,5 LSB die Codierung am Ausgang erstmalig erhöht wird und sich dann jeweils bei Änderungen der

Eingangsspannung entsprechend 1 LSB weiter erhöht. Damit erhält man als Kennlinie des idealen A/D-Wandlers die in Bild 4.1 dargestellte Treppenkurve.

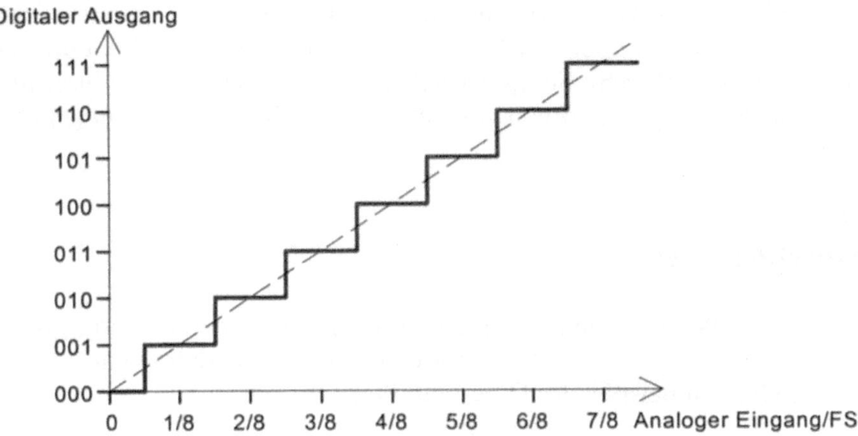

Bild 4.1: Kennlinie eines idealen 3-Bit-A/D-Wandlers

Um bei der Kennlinie eine eindeutige Zuordnung zu erhalten, ist es daher zumindest bei grundsätzlichen Betrachtungen sinnvoll, die analoge Spannung als Funktion der Codierung und damit die Kennlinie eines D/A-Wandlers aufzutragen.

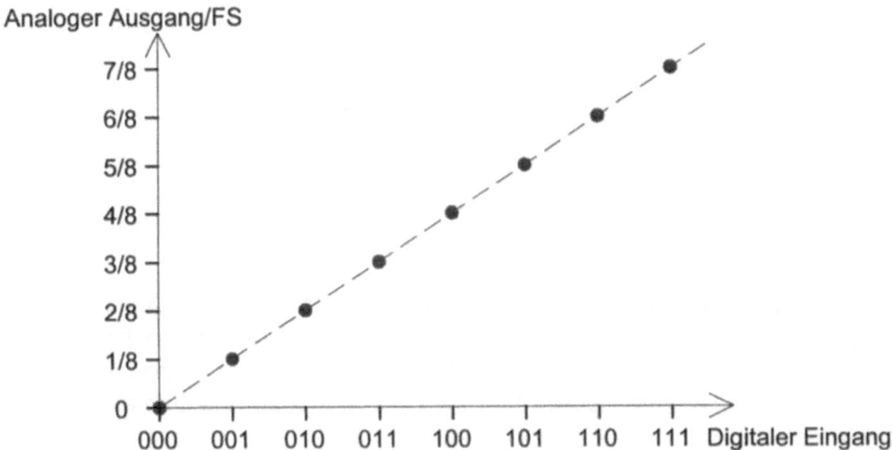

Bild 4.2: Kennlinie eines idealen 3-Bit-D/A-Wandlers

Die entsprechende Kennlinie eines idealen D/A-Wandlers ist in Bild 4.2 angegeben. Die Zuordnung zwischen der Codierung am Eingang und der analogen Ausgangsspannung ist nunmehr eindeutig, was die Betrachtung erheblich erleichtert. Dadurch lassen sich eventuell auftretende Fehler auch sehr viel deutlicher erkennen und einordnen. Demgegenüber steht der Nachteil, daß nur noch diskrete Punkte der eigentlichen Kennlinie erhalten werden. Durch die gestrichelt eingezeichnete Verbindungslinie kann jedoch wenigstens formal gesehen die gesuchte Kennlinie angegeben werden.

4.2
Statische Fehler

Die folgende Betrachtung der bei langsam veränderlichen Eingangsgrößen (statischer Betrieb) zu erwartenden Meßfehler soll aus den zuvor genannten Gründen am Beispiel des D/A-Wandlers erfolgen.

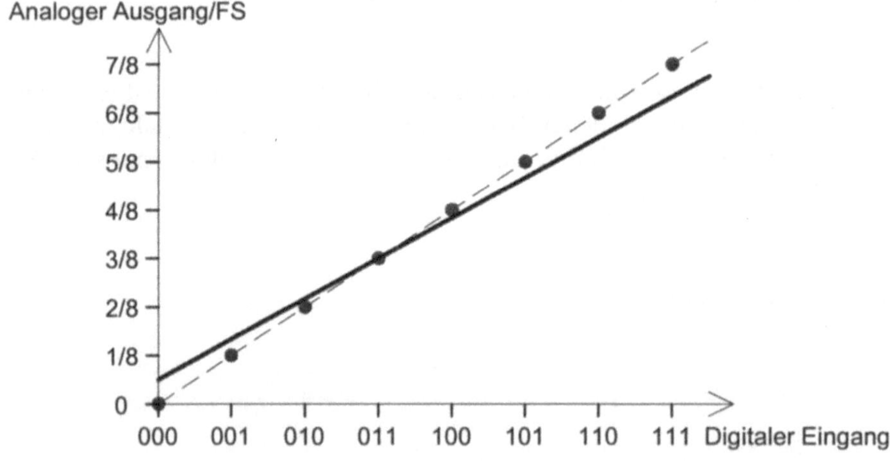

Bild 4.3: Kennlinie eines fehlerhaften, linearen 3-Bit-D/A-Wandlers

Nimmt man zunächst einmal an, daß der D/A-Wandler ein lineares Verhalten aufweist, dann ist im Gegensatz zu der in Bild 4.3 gestrichelt eingezeichneten idealen Kennlinie beispielsweise die durchgezogene fehlerhafte Kennlinie zu erwarten. Dabei läßt sich die auftretenden Fehler in zwei Komponenten unterteilen.

Die bei der Codierung 0000 am Eingang auftretende Ausgangsspannung stellt den sogenannten Offsetfehler dar. Dieser kann zumindest kurzzeitig durch einen Nullpunktabgleich des D/A-Wandlers beseitigt werden. Danach verbleibt noch eine fehlerhafte Steigung der Kennlinie, die als Skalenfaktorfehler bezeichnet wird. Da in den Wandlern in der Regel ein Verstärker enthalten ist, kann auch dieser Fehler durch Abgleich auf den richtigen Meßbereichsendwert korrigiert werden.

Nach diesem Abgleich ist ein Wandler mit linearem Verhalten abgesehen von Driftproblemen nur noch mit dem Quantisierungsfehler behaftet. Tatsächlich muß in der Regel aber auch mit einem nichtlinearen Verhalten der Wandler gerechnet werden. Ein nichtlineares Verhalten von A/D- bzw. D/A-Wandlern wird dahingehend unterschieden, daß man entweder von der absoluten Nichtlinearität oder von der differentiellen Nichtlinearität spricht.

Als absolute Nichtlinearität eines D/A-Wandlers wird die Differenz zwischen der tatsächlichen Ausgangsspannung und dem der idealen Kennlinie entsprechenden Wert bezeichnet. Diese wird in Bruchteilen oder Vielfachen des *LSB* angegeben. Die Auflösung eines n-Bit-D/A-Wandlers kann allerdings nur dann ausgeschöpft werden, wenn dessen absolute Nichtlinearität kleiner als ±0,5 LSB ist.

Als differentielle Nichtlinearität eines D/A-Wandlers bezeichnet man die Differenz zwischen der bei einer Erhöhung der Codierung tatsächlich auftretenden Änderung der Ausgangsspannung und der bei einem idealen Wandler zu erwartenden Änderung von 1 LSB. Da grundsätzlich von einem D/A-Wandler ein monotones Verhalten erwartet werden muß, das heißt bei einer Erhöhung der Codierung muß auch die Ausgangsspannung zunehmen, muß der Betrag der differentiellen Nichtlinearität kleiner als 1 LSB sein.

Tabelle 4.1: Nicht linearer und nicht monotoner 3-Bit-D/A-Wandler

Codierung	absolute Nichtlinearität	differentielle Nichtlinearität
000	0	-
001	+0,25 LSB	+0,25 LSB
010	+0,25 LSB	0
011	+0,5 LSB	+0,25 LSB
100	-0,5 LSB	-1 LSB
101	-0,25 LSB	+0,25 LSB
110	-0,25 LSB	0
111	0	+0,25 LSB

Diese Zusammenhänge sollen an dem in Tabelle 4.1 dargestellten Beispiel eines nichtlinearen und nicht monotonen 3-Bit-D/A-Wandlers erläutert werden. In dem Beispiel wird angenommen, daß das *LSB* einen Fehler von +0,25 LSB aufweist, das nächst höhere Bit hat ebenfalls einen Fehler von +0,25 LSB und das *MSB* hat einen Fehler von -0,5 LSB. Der Wandler ist also sowohl im Nullpunkt als auch beim Meßbereichsendwert fehlerfrei abgeglichen.

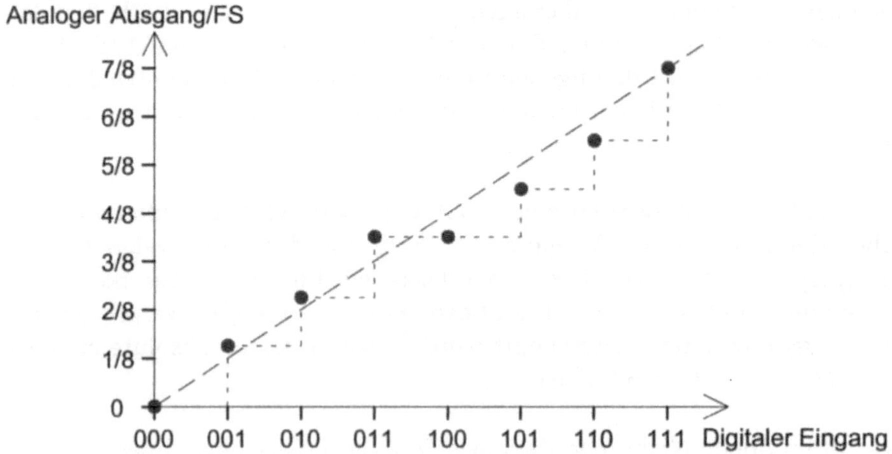

Bild 4.4: Kennlinie eines nichtlinearen und nicht monotonen 3-Bit-D/A-Wandlers

Trotz dieses Abgleichs treten erhebliche Nichtlinearitäten auf, wie die in Bild 4.4 angegebene Kennlinie zeigt. Allerdings überschreitet die absolute Nichtlinearität nicht den zulässigen Grenzwert von ±0,5 LSB. Trotzdem wird gerade der Grenzfall erreicht, wo nicht monotones Verhalten des Wandlers auftritt. Bei Erhöhung der Codierung von 011 auf 100 ändert sich nämlich die analoge Ausgangsspannung nicht, da die differentielle Nichtlinearität genau -1 LSB beträgt.

Wenn ein solcher nicht monotoner D/A-Wandler innerhalb eines A/D-Wandlers nach dem Prinzip des Stufenkompensators eingesetzt wird, dann kommt es zu fehlenden Codierungen (missing codes). Im konkreten Beispiel würde bei dem so aufgebauten A/D-Wandler die Codierung 100 nicht auftreten, da bei dieser Codierung mangels einer Erhöhung der Ausgangsspannung des D/A-Wandlers grundsätzlich kein Abgleich erreicht werden kann.

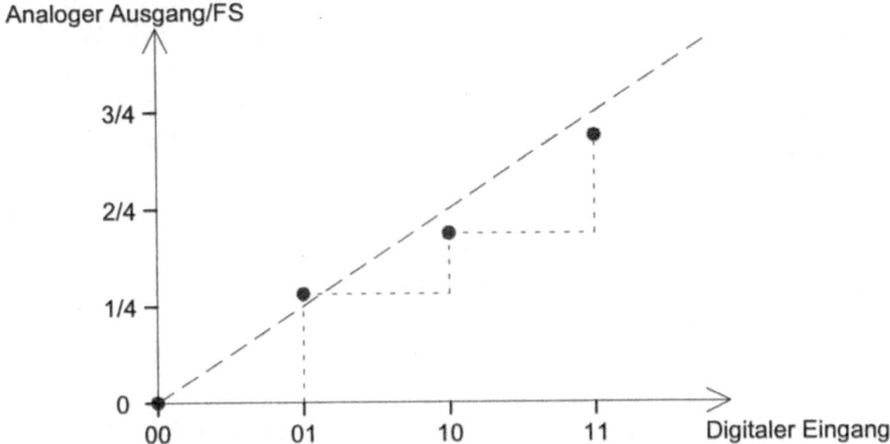

Bild 4.5: Kennlinie eines nichtlinearen, monotonen 2-Bit-D/A-Wandlers

Eine Verwendung nicht monotoner Wandler ist daher in der Regel nicht zulässig. Es ist jedoch möglich, einen nicht monotonen n-Bit-Wandler in einen monotonen $(n$-1)-Bit-Wandler zu überführen. Dazu wird einfach das *LSB* nicht angesteuert. Im vorliegenden Beispiel ergibt sich damit die in Bild 4.5 angegebene Kennlinie eines nichtlinearen, monotonen 2-Bit-D/A-Wandlers.

Die praktische Ausführung von A/D- bzw. D/A-Wandlern schließt Spannungen beider Polaritäten ein. Dies läßt sich leicht durch entsprechende Offsetspannungen erreichen.

4.3
Dynamische Fehler

Wenn zeitlich veränderliche Meßgrößen digitalisiert werden, muß grundsätzlich mit höheren Fehlern als im statischen Betrieb gerechnet werden. Dies soll am Beispiel sinusförmiger Meßgrößen unterschiedlicher Frequenz erläutert werden. Grundsätzlich muß das bereits erwähnte Abtast-Kriterium (Gl. 1.37):

$$f_{Abt} \geq 2\,f_{max} \tag{4.4}$$

erfüllt sein, damit bei der Abtastung eine Überlappung der Spektren (Aliasing) vermieden wird.

Der wesentliche verbleibende Fehleranteil beim dynamischen Betrieb ist die zeitliche Schwankung des Abtastzeitpunkts, so wie dies bereits am Beispiel der Abtast- und Halteschaltung ausführlich erläutert wurde. Was bei der Abtast- und Halteschaltung als Aperturunsicherheit angesehen wurde, muß nunmehr generell als Unsicherheit des Wandlungszeitpunkts Δt angesehen werden. Der hierdurch für eine sinusförmige Eingangsspannung u_x

$$u_x(t) = \hat{u}_x \sin(\omega\, t) \tag{4.5}$$

hervorgerufene maximale Meßfehler beträgt:

$$\Delta u_x\big|_{\max} = \omega\, \hat{u}_x\, \Delta t \tag{4.6}$$

Damit die Auflösung des A/D-Wandlers nicht beeinträchtigt wird, darf dieser Fehler maximal ±0,5 LSB betragen.

$$\omega\, \hat{u}_x\, \Delta t = \pm 0,5 U_{LSB} \tag{4.7}$$

Die höchste Spannungsänderungsgeschwindigkeit tritt bei voller Aussteuerung des A/D-Wandlers mit einem Scheitel-Scheitelwert der Eingangsspannung vom Meßbereichsendwert

$$2\hat{u}_x = U_{LSB}\left(2^n - 1\right) \approx U_{LSB}\, 2^n \tag{4.8}$$

auf. Die maximal zulässige Unsicherheit des Abtastzeitpunkts beträgt daher bei einem n-Bit-Wandler:

$$\Delta t\big|_{\max} = \pm\frac{U_{LSB}}{2\omega\, \hat{u}_x} = \pm\frac{1}{2^n\, \omega} \tag{4.9}$$

4.4
Effektive Auflösung

Durch die Quantisierung entsteht bei der Digitalisierung das Quantisierungsrauschen. Dadurch ergibt sich für alle A/D-Wandler ein höchster, im Idealfall erreichbarer Wert des Signal-Rausch-Verhältnisses $\text{SNR}_{\text{ideal}}$. Dieser beträgt wie bereits erwähnt und wie im folgenden auch noch näher begründet wird:

$$\text{SNR}_{\text{ideal}} = \left(6,02\,n + 1,76\right)\text{dB} \tag{4.10}$$

In Realität wird abhängig von der Höhe der Abtastfrequenz in der Regel nur ein kleinerer Wert erreicht. Dieser tatsächlich gemessene Wert SNR_{real} wird nun dazu herangezogen, um aus Gl. 4.10 eine sogenannte effektive Auflösung in effektiven Bit n_{eff} zu berechnen:

$$\text{SNR}_{real} = \left(6{,}02\, n_{eff} + 1{,}76\right)\text{dB} \tag{4.11}$$

$$n_{eff} = \frac{\text{SNR}_{real}/\text{dB} - 1{,}76}{6{,}02} \tag{4.12}$$

Das im Idealfall erreichbare Signal-Rausch-Verhältnis soll am Beispiel des D/A-Wandlers hergeleitet werden. Dazu wird angenommen, daß sich die Codierung am Eingang vom Nullpunkt beginnend stetig bis auf den Meßbereichsendwert hin erhöht. Am Ausgang entsteht dann durch die Quantisierung anstelle einer linear ansteigenden Spannung die in Bild 4.6 dargestellte Treppenspannung. Die Fehlerspannung ist die Abweichung zwischen der Treppenspannung und der idealen Kennlinie des D/A-Wandlers (gestrichelte Gerade), die ebenfalls in Bild 4.6 dargestellt ist.

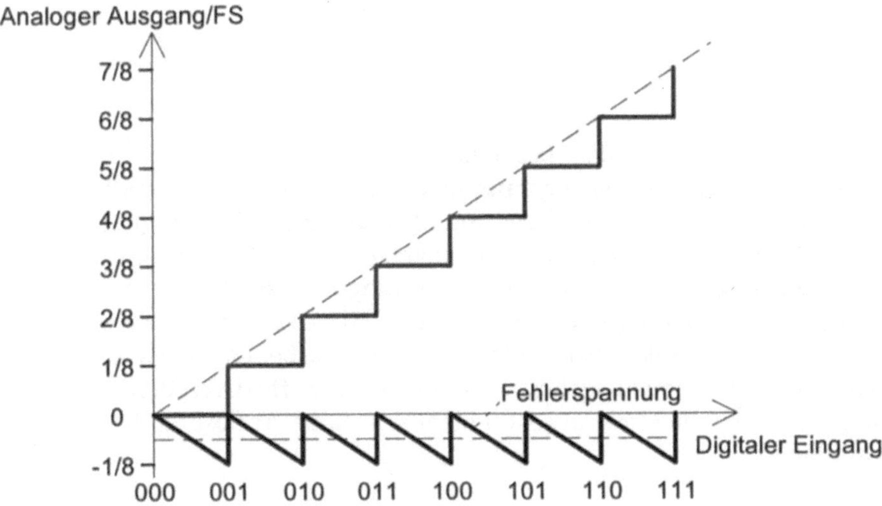

Bild 4.6: Ausgangsspannung und Fehlerspannung idealen 3-Bit-D/A-Wandlers

Diese Fehlerspannung mit dem Scheitelwert von -1 LSB setzt sich aus einem konstanten Anteil von -0,5 LSB und einer symmetrischen Sägezahnspannung mit einer Amplitude von ebenfalls 0,5 LSB zusammen. Der konstante Anteil kann als Offsetspannung angesehen werden und trägt nicht zum Quantisierungsrauschen bei. Das Quantisierungsrauschen entspricht daher dem Effektivwert der symmetrischen Sägezahnspannung mit einer Amplitude von 0,5 LSB und beträgt damit:

$$U_{Reff} = \frac{0,5\,U_{LSB}}{\sqrt{3}} \qquad (4.13)$$

Bezogen auf den Effektivwert der maximal möglichen sinusförmigen Ausgangsspannung (es muß wieder vom Scheitel-Scheitelwert der Ausgangsspannung ausgegangen werden) von

$$U_{aeff} = \frac{U_{LSB}\left(2^n - 1\right)}{2\sqrt{2}} \approx \frac{U_{LSB}\,2^n}{2\sqrt{2}} \qquad (4.14)$$

beträgt daher das Signal-Rausch-Verhältnis des idealen Wandlers:

$$SNR_{ideal} = 20\,\log\!\left(\frac{U_{aeff}}{U_{Reff}}\right) dB = 20\,\log\!\left(\frac{\sqrt{3}\,2^n}{\sqrt{2}}\right) dB \qquad (4.15)$$

$$SNR_{ideal} = \left[20\,n\,\log(2) + 10\,\log\!\left(\frac{3}{2}\right)\right] dB = \left(6{,}02\,n + 1{,}76\right) dB \qquad (4.16)$$

Abgesehen von den Fällen, bei denen das über einen weiten Frequenzbereich verteilte Quantisierungsrauschen durch Filterung wesentlich reduziert werden kann, wird dieses im Idealfall erreichbare Signal-Rausch-Verhältnis nur mehr oder weniger angenähert werden können. Die auftretende Differenz wird dann zur Ermittlung der effektiven Bits bei einer bestimmten Abtastfrequenz entsprechend Gl. 4.12 herangezogen. Insbesondere bei den mit hohen Abtastfrequenzen arbeitenden Parallelwandlern muß man davon ausgehen, daß die Zahl der effektiven Bits um 1 bis 2 Bit geringer als die ohnehin schon nicht sehr hohe Auflösung dieser A/D-Wandler ist.

4.5
Prüfung von Analog-Digital-Wandlern

Bei der Durchführung der Prüfung von A/D-Wandlern treten häufig erhebliche Schwierigkeiten auf. Da eine Prüfung mit langsam veränderlichen Eingangsgrößen bzw. bei niedrigen Abtastraten keine der Realität entsprechenden Ergebnisse erwarten läßt, muß der Wandler bei entsprechenden Prüfungen mit Eingangssignalen der höchsten interessierenden Frequenz und Amplitude und damit auch mit den höchsten in Frage kommenden Abtastfrequenzen betrieben werden. Dabei können allein schon anhand der auftretenden Datenraten erhebliche meßtechnische Schwierigkeiten auftreten [16, 17].

Darüber hinaus besteht aber auch die grundsätzliche Schwierigkeit, daß das Ergebnis der Prüfung ein nur punktweise definiertes Signal begrenzter zeitlicher Dauer ist. Wichtige Kenngrößen des A/D-Wandlers wie z. B. das Signal-Rausch-Verhältnis können daraus aber nur mit Hilfe einer Transformation des Datensatzes in den Frequenzbereich erhalten werden. Die Diskrete-Fourier-Transformation (DFT) ist daher ein unverzichtbares Hilfsmittel bei der Auswertung.

4.5.1
Messung der Aperturunsicherheit

Die in Bild 4.7 dargestellte Schaltung dient zur Messung der Aperturunsicherheit bzw. der Unsicherheit des Wandlungszeitpunkts von A/D-Wandlern. Dabei liefert der Funktionsgenerator sowohl die analoge Eingangsspannung des A/D-Wandlers als auch die Taktspannung für den A/D-Wandler. Dadurch wird jeder zusätzliche Jitter (Zeitschwankung) vermieden, der bei der Verwendung getrennter Signalquellen sicher zu erwarten wäre.

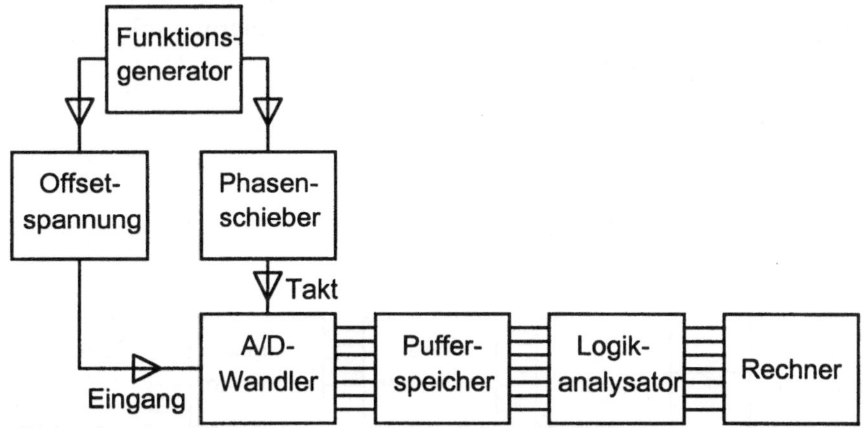

Bild 4.7: Schaltung zur Messung der Aperturunsicherheit

Der Phasenschieber wird so eingestellt, daß die sinusförmige Eingangsspannung im Bereich mit der größten Änderungsgeschwindigkeit (Nulldurchgang) abgetastet wird. Die Daten des A/D-Wandlers müssen insbesondere bei hohen Abtastfrequenzen zwischengespeichert werden, bevor
eine Signalverarbeitung durch den Logikanalysator und den mit diesem z.
B. über den IEC-Bus verbundenen Rechner erfolgen kann.

Im vorliegenden Fall wird ein Histogramm der auftretenden Codierungen
erstellt. Bei einem idealen Wandler würde nur ein Code entstehen. Die
statistische Verteilung der bei einem realen Wandler auftretenden Codes
wird durch eine Gaußsche Normalverteilung angenähert [6]. Die Streuung
σ der Verteilung entspricht der effektiven Fehlerspannung ΔU_{eff}, die durch
die effektive Aperturunsicherheit Δt_{eff} entstanden ist:

$$\Delta t_{eff} = \frac{\Delta U_{eff}}{du/dt} \qquad (4.17)$$

Durch die Offsetspannung kann die Eingangsspannung in Bezug auf den
Meßbereich des A/D-Wandlers beliebig verschoben werden. Dadurch
kann auch eine eventuelle Nichtlinearität der Aperturunsicherheit festgestellt werden.

4.5.2
Messung des Signal-Rausch-Verhältnisses

Eines der wichtigsten Ergebnisse der Prüfung von A/D-Wandlern ist die
Ermittlung des Signal-Rausch-Verhältnisses. Hierzu wird der Wandler in
der in Bild 4.8 angegebenen Schaltung bei Vollaussteuerung mit einer rein
sinusförmigen Eingangsspannung betrieben.

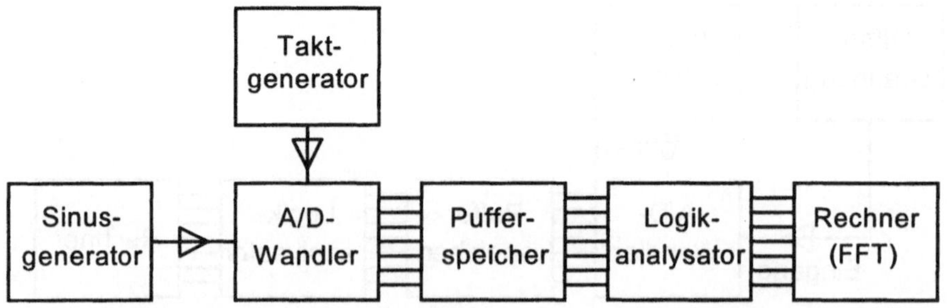

Bild 4.8: Schaltung zur Messung des Signal-Rausch-Verhältnisses

Die Frequenz der Eingangsspannung darf hierbei maximal die Hälfte der Abtastfrequenz betragen, da anderenfalls eine Rekonstruktion der Eingangsspannung aus den Abtastwerten nicht mehr möglich ist (Abtast-Kriterium). Daraus ergibt sich auch die Anforderung, daß die Eingangsspannung keine Oberschwingungen enthalten darf, da für diese das Abtast-Kriterium möglicherweise nicht mehr erfüllt wäre.

Grundsätzlich kommen sowohl eine kohärente als auch eine nicht kohärente Abtastung in Frage. Bei der kohärenten Abtastung umfaßt der gespeicherte Datensatz eine ganze Zahl von Perioden der sinusförmigen Eingangsspannung. Bei der nicht kohärenten Abtastung ist diese Zahl dagegen gebrochen. Auf die hiermit im Zusammenhang stehenden Probleme wird in Abschnitt 7.4 näher eingegangen.

Der Datensatz muß aus 2^n Werten bestehen, damit dieser mit Hilfe der Fast-Fourier-Transformation (FFT) in den Frequenzbereich transformiert werden kann. Auf die damit verbundenen Bedingungen und auf einige grundlegende Überlegungen zur FFT ist bereits in Abschnitt 1 eingegangen worden.

Dabei grundsätzlich zu beachten, daß die FFT auf einer periodischen Fortsetzung des Datensatzes beruht. Im Falle der kohärenten Abtastung ist dies unproblematisch. Bei der nicht kohärenten Abtastung treten dagegen bei der Wiederholung des Datensatzes unvermeidlich mehr oder weniger große Sprünge auf, was zu Nebenkeulen im berechneten Frequenzspektrum führt. Dies kann nur dadurch vermieden werden, daß der Datensatz durch eine geeignete Fensterfunktion bewertet wird, damit eben diese Sprungstellen vermieden werden.

Das Ergebnis der FFT ist ein Datensatz mit 2^{n-1} Spektrallinien, die mit einem Abstand von jeweils $f_{Abt}/2^{n-1}$ bis hin zur halben Abtastfrequenz verteilt sind. Zur Bestimmung des Signal-Rausch-Verhältnisses

$$\text{SNR} = 20\log\left(\frac{U_{Signaleff}}{U_{Störeff}}\right)\,\text{dB} \qquad (4.18)$$

müssen also die Effektivwerte aller Störspannungen aufsummiert und mit dem Effektivwert der Eingangsspannung verglichen werden. Das erhaltene Signal-Rausch-Verhältnis wird in der Regel deutlich unter dem in Gl. 4.16 angegebenen theoretischen Wert bleiben. Diese Differenz kann dann wie bereits erläutert zur Bestimmung der effektiven Bits des A/D-Wandlers herangezogen werden.

Dabei muß beachtet werden, ob durch Filterung z. B. mit einem Anti-Aliasing-Filter eine Begrenzung des Rauschens auf maximal die Hälfte der Abtastfrequenz stattfindet. Bei der Herleitung von Gl. 4.16 wurde eine solche Bandbegrenzung nicht berücksichtigt. Durch eine Bandbegrenzung des Rauschens kann der in Gl. 4.16 angegebene Wert des Signal-Rausch-Verhältnisses daher zumindest theoretisch auch übertroffen werden. In Praxis ist damit aber kaum zu rechnen, da zahlreiche andere Störsignalquellen noch hinzukommen (z. B. thermisches Rauschen).

4.5.3
Messung des Klirrfaktors

Vor allem bei großen Amplituden der sinusförmigen Meßgrößen ist der Klirrfaktor (THD, total harmonic distortion) eine wichtige Kenngröße zur Beurteilung des Übertragungsverhaltens von A/D-Wandlern. Dieser ist bei einer rein sinusförmigen Eingangsspannung U_1 wie folgt definiert:

$$\text{THD} = \frac{\sqrt{U_{2\text{eff}}^2 + U_{3\text{eff}}^2 + U_{4\text{eff}}^2 + \ldots + U_{n\text{eff}}^2}}{U_{1\text{eff}}} \qquad (4.19)$$

Dabei sind U_2 bis U_n die durch nichtlineare Verzerrungen im A/D-Wandler entstandenen Oberschwingungen. Diese können ebenfalls mit Hilfe der zuvor beschriebenen FFT berechnet werden.

4.5.4
Messung der Intermodulationsverzerrungen

Ein besonderes Problem tritt dann auf, wenn mehrere sinusförmige Eingangsspannungen mit nahezu gleicher Frequenz und mit vergleichbarer Amplitude im A/D-Wandler verarbeitet werden müssen. Dann sind die Intermodulationsverzerrungen (IMD, inter-modulation distortion) eine wesentliche Kenngröße.

Wenn die beiden dicht benachbarten Frequenzen f_1 und f_2 auf den A/D-Wandler gegeben werden, dann entstehen durch dessen nichtlineare Verzerrungen Summen und Differenzen dieser beiden Frequenzen. Besonders störend sind dabei die beiden folgenden Frequenzkomponenten der sogenannten 3. Ordnung

$$2f_1 - f_2 \qquad \text{und} \qquad 2f_2 - f_1 \qquad (4.20)$$

da diese wegen des geringen Abstands zwischen f_1 und f_2 auch wieder dicht benachbart liegen. Daher ist eine Filterung praktisch kaum durchführbar, so daß diese Verzerrungen grundsätzlich klein gehalten werden müssen.

Bei der Durchführung der Messung der Intermodulationsverzerrungen muß unbedingt darauf geachtet werden, daß der Verstärker durch die beiden hohen Amplituden von f_1 und f_2 nicht bereits übersteuert wird. Dazu muß jede der beiden Amplituden um 6 dB unter der Aussteuerungsgrenze des A/D-Wandlers liegen. Die Auswertung erfolgt wiederum mit Hilfe der Fast-Fourier-Transformation. Die Auswahl des Datensatzes muß dabei vor allem im Hinblick darauf erfolgen, daß ein hohes Frequenzauflösungsvermögen erreicht wird (siehe Abschnitt 7).

4.5.5
Messung der differentiellen Nichtlinearität

Zur Messung der differentiellen Nichtlinearität bzw. zur Ermittlung fehlender Codierungen muß ein sogenannter Histogrammtest durchgeführt werden. Dazu wird eine symmetrische dreiecksförmige Eingangsspannung oder ersatzweise eine sinusförmige Eingangsspannung an den Wandler angeschlossen. Diese wird bei Vollaussteuerung des Wandlers nicht kohärent abgetastet, bis eine sehr große Anzahl von Abtastwerten erhalten wird (etwa 10^5).

Die nicht kohärente Abtastung ist deswegen unbedingt erforderlich, damit das Signal nicht immer an den gleichen Punkten abgetastet wird. Die große Anzahl von Abtastwerten ist deswegen notwendig, damit die Häufigkeit des Auftretens der einzelnen Codierungen statistisch gesehen als hinreichend gleichmäßig verteilt angesehen werden kann.

Als Ergebnis wird die Häufigkeit des Auftretens (Häufigkeitsdichte) aller Codierungen ausgewertet. Bei einer dreiecksförmigen Eingangsspannung muß diese bei einem idealen Wandler konstant sein. Aus dem Verhältnis der Zahl der tatsächlich auftretenden Codierungen zu den durchschnittlich zu erwartenden Codierungen kann nun die differentielle Nichtlinearität bestimmt werden.

In der Regel sind hinreichend schnell veränderliche dreiecksförmige Eingangsspannungen mit ausreichender Linearität des Anstiegs bzw. Abfalls jedoch nicht verfügbar. Es müssen daher ersatzweise sinusförmige Eingangsspannungen verwendet werden.

Bei einer sinusförmigen Eingangsspannung ist allerdings auch bei einem idealem Wandler die Häufigkeit des Auftretens der einzelnen Codierungen nicht mehr konstant, sondern diese nimmt zu den Meßbereichsgrenzen hin stetig zu. Vor der Auswertung muß das Meßergebnis daher erst entsprechend dieses Verlaufs normiert werden, damit sich bei einem idealem Verhalten des Wandlers wieder eine konstante Häufigkeitsdichte ergibt. Danach kann die Auswertung wie bei einer Dreiecksspannung erfolgen.

5 Digitales Speicheroszilloskop

Mit A/D-Wandlern entsprechend kleiner Wandlungszeit T_c (z. B. Parallelwandler) lassen sich digitale Speicheroszilloskope aufbauen, die im Vergleich zu analogen Oszilloskopen erhebliche Vorteile aufweisen [21]. Neben der Möglichkeit der zeitlich unbegrenzten Speicherung der Meßwerte können diese Daten über eine geeignete Schnittstelle (z. B. IEC 625-Bus) direkt zu einem Digitalrechner übertragen werden.

Dadurch wird eine weitere Signalverarbeitung z. B. mit Hilfe der Fast-Fourier-Transformation (FFT) ermöglicht. Einfachere Signalauswertungen (Mittelwertbildung, Bestimmung des Scheitelwerts, der Anstiegszeit etc.) können durch den im digitalen Speicheroszilloskop in der Regel vorhandenen Mikroprozessor direkt erfolgen.

5.1 Abtast-Kriterium

Dabei ist jedoch zu beachten, daß durch den A/D-Wandler (bzw. durch die vorgeschaltete Abtast- und Haltestufe) eine zeitliche Diskretisierung der Meßgröße eintritt. Der dabei auftretende Informationsverlust hängt, abgesehen von der endlichen Breite der Abtastimpulse, von der Höhe der Abtastfrequenz f_{Abt} des A/D-Wandlers ab.

Auf den Einfluß der Breite der Abtastimpulse wird anhand der in Abschnitt 7.3 enthaltenen Simulationsbeispiele eingegangen werden. Hier kann zunächst festgehalten werden, daß dadurch ein Tießpaßverhalten entsteht, dessen Grenzfrequenz mit zunehmender Breite der Abtastimpulse abfällt.

Auf den Einfluß der Abtastfrequenz wurde in Abschnitt 1 (siehe Gl. 1.37) bereits ausführlich eingegangen. Bei der Anwendung im digitalen Speicheroszilloskop muß daher unbedingt das Abtast-Kriterium (Shannon-Kriterium [30], Nyquist-Kriterium [23]) erfüllt werden. Die höchste im Signal enthaltene Frequenz f_{max} darf daher auf keinen Fall die halbe Abtastfrequenz überschreiten [15].

$$f_{\max} \le \frac{1}{2} f_{Abt} \qquad (5.1)$$

da sonst das Signal nicht mehr eindeutig rekonstruiert werden kann (Aliasing). In der Regel ist $f_{\max}$ aber nicht genau bekannt, so daß dem A/D-Wandler ein steilflankiges Tiefpaßfilter (Anti-Aliasing-Filter) vorgeschaltet werden muß. Dessen Grenzfrequenz sollte dicht unterhalb der halben Abtastfrequenz liegen, damit der nutzbare Frequenzbereich möglichst wenig bedämpft wird. Andererseits muß bei der Abtastfrequenz die Dämpfung A_F dieses Filters so hoch sein, daß die Eingangsspannung auf Werte von weniger als 1 LSB entsprechend abgeschwächt wird. Bei einem digitalen Speicheroszilloskop mit n Bit Auflösung ist dazu die folgende Dämpfung erforderlich:

$$A_F \ge 20 \log\!\left(\frac{U_{FS}}{U_{LSB}}\right) dB = 20 \log\!\left(2^n - 1\right) dB \approx 6{,}02\, n\, dB \qquad (5.2)$$

Die tatsächlich mit einem digitalen Speicheroszilloskop (Abtastoszilloskop, Sampling-Oszilloskop) erreichbare Grenzfrequenz f_c liegt noch deutlich unterhalb der halben Abtastfrequenz. Diese läßt sich allerdings nicht exakt angeben, da das Signal und die Abtastung in der Regel nicht synchron verlaufen, so daß die zeitliche Lage der einzelnen Abtastungen im Signalverlauf nicht genau angegeben werden kann. Einen Anhaltspunkt liefert jedoch die in Bild 5.1 dargestellte Abschätzung anhand der Betrachtung des ungünstigsten möglichen Falles.

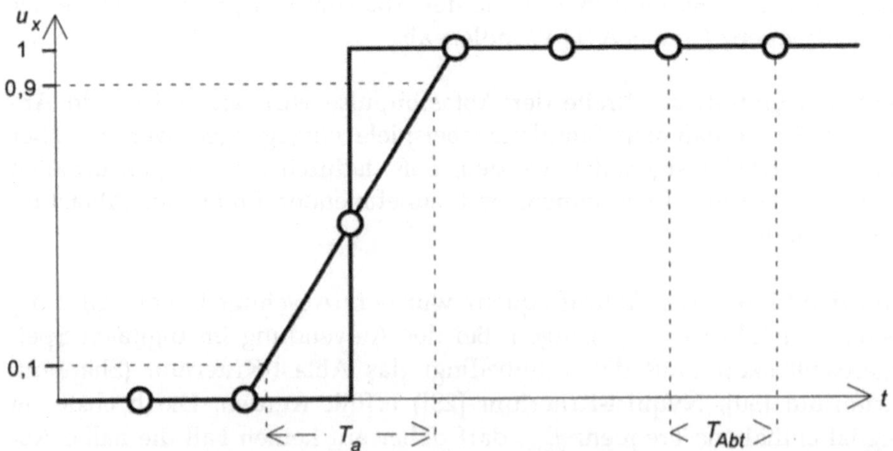

Bild 5.1: Abtastung eines Sprungimpulses, ungünstigster Fall

Hierzu wird angenommen, daß die Stirn eines als ideal angenommenen Sprungimpulses aus drei Abtastwerten durch lineare Interpolation rekonstruiert wird. Im günstigsten Fall ist dies jedoch auch mit nur zwei Abtastwerten möglich.

Die Anstiegszeit T_a des rekonstruierten Signals läßt sich damit wie folgt abschätzen:

$$T_a \leq 1{,}6\, T_{Abt} = \frac{1{,}6}{f_{Abt}} \tag{5.3}$$

Um eine einfache Umrechnung von Gl. 5.3 in den Frequenzbereich zu ermöglichen, wird angenommen, daß sich das Abtastoszilloskop bezüglich des Frequenzgangs näherungsweise wie ein RC-Tiefpaß 1. Ordnung verhalten soll. Die Anstiegszeit T_a eines solchen RC-Tiefpasses beträgt bekanntlich:

$$T_a = 2{,}2\, \tau = 2{,}2\, RC \tag{5.4}$$

und dessen Grenzfrequenz f_c ist:

$$f_c = \frac{1}{2\pi\tau} = \frac{1}{2\pi RC} \tag{5.5}$$

Daraus ergibt sich für den RC-Tiefpaß 1. Ordnung der folgende Zusammenhang zwischen der Grenzfrequenz und der Anstiegszeit:

$$f_c = \frac{0{,}35}{T_a} \tag{5.6}$$

Unter Anwendung dieser hier sicherlich nur näherungsweise gültigen Beziehung wird Gl. 5.3 in den Frequenzbereich umgerechnet:

$$f_c = \frac{0{,}35}{T_a} \geq 0{,}219\, f_{Abt} \tag{5.7}$$

Die Abtastfrequenz muß daher etwa das 4,6-fache der höchsten Signalfrequenz betragen, zumal der bei der Abtastung entstehende Fehler nicht korrigiert werden kann. Hinzu kommt noch die Dämpfung durch andere Komponenten des analogen Eingangs wie Anti-Aliasing-Filter, Spannungsteiler etc. (siehe Abschnitt 5.3).

5.2
Aufbau des digitalen Speicheroszilloskops

Das Blockschaltbild eines zweikanaligen digitalen Speicheroszilloskops mit allen wesentlichen Komponenten ist in Bild 5.2 angegeben.

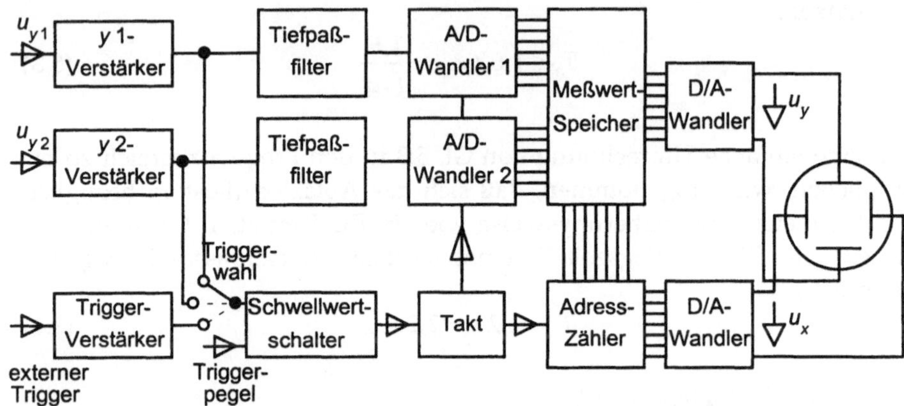

Bild 5.2: Blockschaltbild eines digitalen Zweikanal-Speicheroszilloskops

Theoretisch wäre es auch möglich, für beide Kanäle den gleichen A/D-Wandler im Zeitmultiplexbetrieb zu nutzen, dadurch würde jedoch die effektive Abtastfrequenz halbiert werden.

Die x-Koordinate wird einfach aus der Adresse des Meßwertspeichers entnommen. Da in der Regel eine analoge Darstellung auf einem Sichtgerät erwünscht ist, muß sowohl der jeweilige Speicherinhalt als auch die zugehörige Speicheradresse in eine entsprechende analoge Größe zurückgewandelt werden. Dazu sind die beiden Digital-Analog-Wandler (D/A-Wandler) am Ausgang des Geräts vorgesehen.

In der Regel wird das digitale Speicheroszilloskop so betrieben, daß die Meßgrößen ständig gewandelt und in den Speicher eingelesen werden. Durch die Triggerung wird die Wandlung angehalten, so daß im Speicher die vor der Triggerung liegenden Meßwerte enthalten sind (Pre-Trigger). Das Anhalten kann jedoch z. B. auch entsprechend der Hälfte des Speicherinhalts verzögert werden (Mid-Trigger), so daß eine Hälfte des Speicherinhalts noch nach der Triggerung eingelesen wird. Bei Verzögerung des Anhaltens entsprechend dem gesamten Speicherinhalt (Post-Trigger) wird der gesamte Speicherinhalt nach der Triggerung noch neu eingelesen.

Das entspricht in etwa der Betriebsweise eines analogen Oszilloskops. Die Möglichkeiten des Mid-Trigger und des Pre-Trigger machen das digitale Speicheroszilloskop für die Messung einmaliger Vorgänge, auf die nicht unmittelbar getriggert werden kann, besonders geeignet.

Beim praktischen Einsatz des digitalen Speicheroszilloskops ist zu beachten, daß die verwendete Abtastfrequenz abhängig vom Funktionsprinzip des Geräts wesentlich vom dargestellten Zeitbereich abhängen kann. Bei längeren Zeiten wird in solchen Geräten eventuell eine reduzierte Abtastfrequenz eingesetzt. Dabei muß sichergestellt werden, daß auch unter diesen Bedingungen das Abtast-Kriterium (Aliasing) erfüllt ist. Ein Anti-Aliasing-Filter mit konstanter Grenzfrequenz reicht daher in diesen Fällen nicht aus.

5.3
Leistungsvergleich mit dem analogen Oszilloskop

Zur Beurteilung der Leistungsfähigkeit eines digitalen Speicheroszilloskops für die Darstellung rasch veränderlicher, transienter Vorgänge kann dieses näherungsweise wie nachfolgend beschrieben mit einem analogen Oszilloskop verglichen werden. Dabei wird die Grenzfrequenz des analogen Oszilloskops als f_{c1} und die Grenzfrequenz des analogen Eingangsteils des digitalen Speicheroszilloskops als f_{c2} bezeichnet. Entsprechend Gl. 5.1 muß dann zur Vermeidung von Aliasing die Abtastfrequenz f_{Abt} des digitalen Speicheroszilloskops mindestens das Doppelte der Grenzfrequenz des analogen Eingangsteils f_{c2} betragen:

$$f_{Abt} \geq 2\, f_{c2} \tag{5.8}$$

Dieser Grenzwert soll für die folgende Betrachtung gerade erfüllt sein.

Näherungsweise wird angenommen, daß sich sowohl das analoge Oszilloskop als auch der analoge Eingangsteil des digitalen Speicheroszilloskops jeweils wie ein *RC*-Tiefpaß verhalten. Die Anstiegszeit der Sprungantwort beträgt dann entsprechend Gl. 5.6 beim analogen Oszilloskop

$$T_a = \frac{0{,}35}{f_{c1}} \tag{5.9}$$

Beim digitalen Speicheroszilloskop beträgt die Anstiegszeit bedingt durch die punktweise Rekonstruktion des Signals im ungünstigsten Fall (Gl. 5.3):

$$T_a = \frac{1{,}6}{f_{Abt}} \qquad (5.10)$$

Hinzu kommt aber noch ein Beitrag bedingt durch die Anstiegszeit des analogen Eingangsteils, der sich sinngemäß aus Gl. 5.9 ergibt. In grober Näherung können die beiden Komponenten gemäß der folgenden Gleichung zusammengefaßt werden:

$$T_a \approx \sqrt{T_{a1}^{\,2} + T_{a2}^{\,2}} = \sqrt{\left(\frac{1{,}6}{f_{Abt}}\right)^2 + \left(\frac{0{,}35}{f_{c2}}\right)^2} \qquad (5.11)$$

Entsprechend der Annahme

$$f_{c2} = \frac{f_{Abt}}{2} \qquad (5.12)$$

erhält man:

$$T_a = \sqrt{\left(\frac{1{,}6}{f_{Abt}}\right)^2 + \left(\frac{0{,}7}{f_{Abt}}\right)^2} = \frac{1{,}746}{f_{Abt}} \qquad (5.13)$$

Vergleicht man Gl. 5.13 und Gl. 5.9 dann ergibt sich, daß die Abtastfrequenz des digitalen Speicheroszilloskops das fünffache der Grenzfrequenz des analogen Oszilloskops betragen muß, damit unter den zuvor vereinbarten Voraussetzungen ein Sprungimpuls mit der gleichen Anstiegszeit wiedergegeben werden kann.

Hinzu kommt noch, daß bei einem analogen Oszilloskop, vorausgesetzt daß das Übertragungsverhalten bekannt ist, grundsätzlich eine Korrektur der durch die endliche Grenzfrequenz bedingten Meßfehler möglich ist. Beim digitalen Speicheroszilloskop ist dies grundsätzlich unmöglich. Wie bereits dargestellt wurde, ist lediglich eine Fehlerabschätzung möglich. Jedoch überwiegen die anderen Vorteile des digitalen Speicheroszilloskops so stark, daß dieser Nachteil in Kauf genommen wird.

Bei nicht so schnell veränderlichen Eingangssignalen hängen die Meßfehler des digitalen Speicheroszilloskops im wesentlichen von der Auflösung der verwendeten A/D-Wandler bzw. D/A-Wandler ab. In der Regel werden für die vertikale Darstellung A/D-Wandler mit 8 Bit Auflösung eingesetzt, was bei Vollaussteuerung zu einem Quantisierungsfehler von etwa 0,4 % führt. Das liegt deutlich unterhalb der entsprechenden bei einem analogen Oszilloskop zu erwartenden Meßfehler.

Für die horizontale Darstellung werden in der Regel A/D-Wandler mit 10 Bit Auflösung eingesetzt, was bei Vollaussteuerung einem Quantisierungsfehler von nur etwa 0,1 % entspricht. Diesbezüglich ist der Vorteil gegenüber einem analogen Oszilloskop also wesentlich größer, zumal auch im Vergleich zur analogen Zeitdarstellung (Sägezahnspannung) jegliche Nichtlinearitäten entfallen.

5.4
Bildschirme für digitale Speicheroszilloskope

Die in Bild 5.2 dargestellte Ausgabe der analogen Ausgangssignale auf einer Braunschen Röhre ist eine der Lösungsmöglichkeiten. Da die Ausgangssignale jedoch mit stark reduzierter Taktfrequenz ausgelesen werden können, wird die hohe Bandbreite der Braunschen Röhre hier eigentlich nicht benötigt. Es werden daher heute vorwiegend Video-Monitore eingesetzt, die bekanntlich mit magnetischer, zeilenweiser Ablenkung des Elektronenstrahls arbeiten (Rasterscan-Verfahren). Für mehrkanalige Geräte bietet sich dabei auch eine farbige Darstellung der verschiedenen Kanäle an. Nachteilig bei solchen Bildschirmen ist die grundsätzlich leicht gewölbte Bildschirmoberfläche und die nicht völlig verzerrungsfreie Darstellung.

Da die Bildschirmgrößen bei Oszilloskopen begrenzt sind, bieten sich heute auch Flachbildschirme z. B. in LCD-Technik (Liquid-crystal-display) zur Verwendung an. Diese ermöglichen eine völlig verzerrungsfreie Darstellung. Es handelt sich hier um passive (nicht selbst leuchtende) Bildschirme, die das einfallende Licht einer Hintergrundbeleuchtung entsprechend ablenken (Brechung). Mit entsprechendem Aufwand können diese Flachbildschirme auch für eine farbige Darstellung ausgeführt werden. Wesentliche technische Vorteile der Flachbildschirme sind die geringe Einbautiefe, das relativ geringe Gewicht und der Entfall der relativ aufwendigen Hochspannungsversorgung.

6 Logikanalysator

Der Logikanalysator leitet sich unmittelbar aus dem digitalen Speicheroszilloskop ab und ist zur hardware- und softwaremäßigen Untersuchung komplexer digitaler Schaltungen geeignet. Dabei wird die vertikale Auflösung auf die für diesen Anwendungsfall ohnehin nur erforderlichen 1 Bit beschränkt. Anstelle der beim digitalen Speicheroszilloskop erforderlichen A/D-Wandler können daher am Eingang des Logikanalysators einfache Komparatoren eingesetzt werden. Dadurch sind bei relativ geringem Aufwand hohe Taktfrequenzen möglich.

Andererseits verfügen derartige Geräte über bis zu 128 Eingangskanäle, die gleichzeitig analysiert und auf dem Bildschirm dargestellt werden können. Allein der Anschluß eines solchen Geräts erfordert in der Regel spezielle Steckverbindungen. Darüber hinaus stellen die großen möglichen Datenmengen besondere Anforderungen an die Triggerung eines solchen Geräts.

6.1
Aufbau des Logikanalysators

Die Schaltung eines Logikanalysators ist grundsätzlich in Bild 6.1 dargestellt. Durch die Beschränkung der Amplitudenauflösung auf 1 Bit arbeiten die einzelnen Eingänge des Geräts grundsätzlich wie Komparatoren.

Durch die Schwellwerteinstellung wird die Ansprechschwelle der Komparatoren entsprechend der zu untersuchenden Schaltungsfamilie eingestellt. Bei TTL-Schaltungen würde beispielsweise der Schwellwert auf etwa 1,5 V eingestellt.

Das dargestellte Schaltbild ist weitestgehend vereinfacht worden und gibt insbesondere nicht die zahlreichen Triggerkanäle und deren mögliche Verknüpfung wieder. Darüber hinaus sind zahlreiche Zusatzeinrichtungen erforderlich wie z. B. Decodierung und Umcodierung der Daten und spezielle Software zur Auswertung.

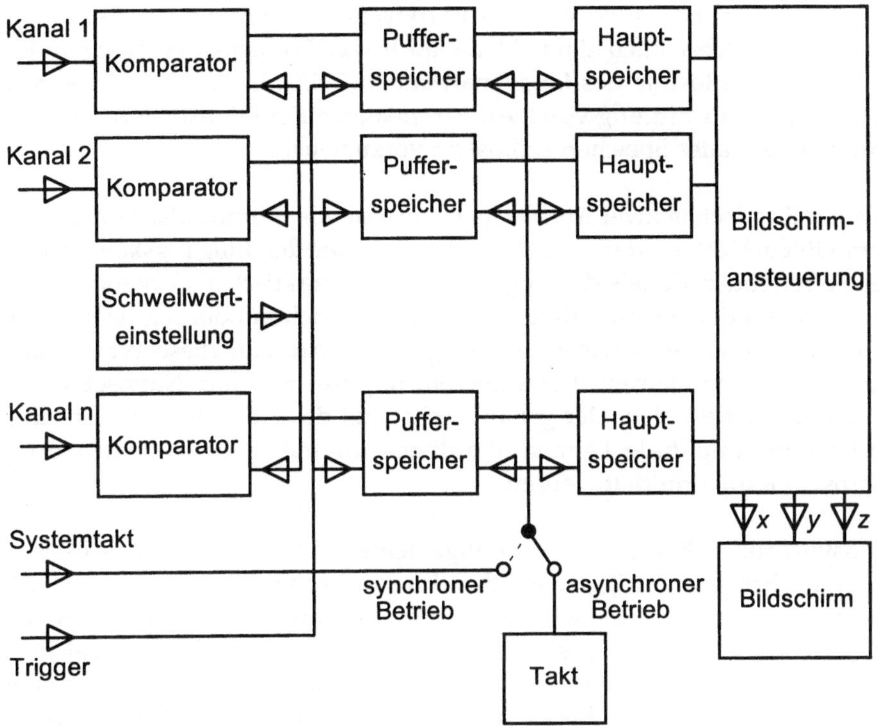

Bild 6.1: Blockschaltbild eines Logikanalysators

6.2
Betriebsarten des Logikanalysators

Der Logikanalysator kann entweder synchron oder asynchron betrieben werden. In der synchronen Betriebsart, auch Logikzustandsanalyse genannt, wird der Logikanalysator mit dem Takt des untersuchten Systems (synchron) betrieben. Das ist z. B. bei Messungen auf Datenbussen innerhalb des Systems sinnvoll, da sich die Adressen und Daten ohnehin synchron mit dem Takt verändern.

In der asynchronen Betriebsart, auch Logikzeitanalyse genannt, wird der Logikanalysator mit seinem internen Takt (asynchron) betrieben. Die Taktfrequenz muß dann allerdings mindestens doppelt so hoch wie die Änderungsrate der Daten liegen. Bei asynchroner Datenübertragung bzw. Logik muß auch berücksichtigt werden, daß hier eigentlich der gesamte Spannungsverlauf (einschließlich eventueller Störungen) genau untersucht werden müßte, da ja auch die logischen Zustände so akzeptiert werden, wie diese auftreten. Um hier genauere Messungen durchführen zu können, werden Taktfrequenzen bis zur 10-fachen Änderungsrate der Daten erforderlich. Aber auch dann bleibt noch das Problem der mangelnden Amplitudenauflösung des Logikanalysators (1 Bit). Insbesondere wenn es daher um die Ermittlung von hardwaremäßigen Funktionsfehlern geht, ist damit ein digitales Speicheroszilloskop vorzuziehen.

Eventuell zwischen zwei Abtastungen auftretende Störimpulse können mit dem Glitch-Modus erfaßt werden. Hier arbeitet der Eingangskomparator des betreffenden Kanals des Logikanalysators praktisch als bistabile Kippstufe, die auf den Störimpuls anspricht und danach mit der nächsten Abtastung ausgelesen und wieder zurückgesetzt wird. Auf diese Weise kann auch das Vorhandensein kürzester Störimpulse von nur Nanosekunden Dauer erkannt werden. Der genaue Zeitpunkt des Auftretens der Störung und deren Amplitude können allerdings nur mit einem digitalen Speicheroszilloskop ermittelt werden.

Im asynchronen Betrieb kann im allgemeinen auf ein bestimmtes interessierendes Ereignis getriggert werden. Im synchronen Betrieb gestaltet sich die Triggerung dagegen sehr schwierig, da ohne Einschränkungen der Triggerbedingung der gesamte auftretende Datenfluß aufgezeichnet würde. Zu einem sinnvollen Einsatz muß im synchronen Betrieb daher der Ansprechbereich des Logikanalysators durch Qualifier-Eingänge eingeengt und auf das jeweilige Problem konzentriert werden. Dies kann z. B. der Schreib-Lese-Vorgang an einer Schnittstelle oder an einem Chip sein. Dadurch wird Zeit und vor allem Speicherplatz gespart. Auch die Auswertung der aufgezeichneten Daten gestaltet sich entsprechend einfacher.

Zur Einengung der Triggerung kann die kombinatorische Triggerung verwandt werden. Dazu wird auf einer Kombination von Leitungen der Zustand „Eins", „Null" oder „Nicht beachten" durch eine UND-Bedingung verknüpft. Alternativ oder zusätzlich möglich ist auch eine sequentielle Triggerung. Hier wird eine Verzögerung um viele, frei wählbare Taktimpulse eingesetzt, wenn kein unmittelbar geeignetes Triggerwort zur Verfügung steht. Das entspricht der Funktion Post-Trigger beim digitalen Speicheroszilloskop.

Die Darstellung auf dem Bildschirm wird in der Regel der gewählten Betriebsart angepaßt. Da im synchronen Betrieb eine Erfassung der logischen Zustände an den Flanken des Systemtakts erfolgt, was einem gewissen Datenwert entspricht, werden auf dem Bildschirm in der Regel Daten dargestellt. Dabei kann jedes Bit separat dargestellt werden, was aber zu einer sehr unübersichtlichen Darstellung führt. In der Regel werden daher entweder 3 oder 4 Bit zu einer oktalen oder hexadezimalen Darstellung zusammengefaßt. Bei Befehlen ist auch eine Umcodierung entsprechend der in einem System verwendeten Maschinensprache zweckmäßig (Disassembler).

Im asynchronen Betrieb läßt sich insbesondere bei hohen Frequenzen des internen Taktes der zeitliche Verlauf der logischen Zustände genauer untersuchen. Insofern ist eine dem Oszilloskop ähnliche Darstellung von Spannungs-Zeit-Verläufen auf dem Bildschirm angebracht. Es werden also für die einzelnen Kanäle Rechteckimpulsfolgen dargestellt, wobei allerdings nicht vergessen werden darf, daß mit dem Logikanalysator keine echten Spannungswerte gemessen werden können.

6.3
Anwendungen des Logikanalysators

Folgende Anwendungen sind denkbar:

Hardwaremäßig:

- Das Vorhandensein oder das Fehlen notwendiger Impulse;

- Falsche zeitliche Korrelation;

- Nichteinhaltung der Logikpegel, Überschwingen, fehlerhafte Impulsbreiten.

Softwaremäßig (Beispiel Druckerstörung):
- Triggerung auf die Interruptanforderung,
- Triggerung auf die Adresse des entsprechenden I/O-Ports,
- Triggerung auf einen Impuls auf der Schreib-Lese-Leitung,
- Triggerung auf die Kombination der zuvor genannten Möglichkeiten.

7 Digitaler Spektrum-Analysator

7.1
Einführung in die Spektrumanalyse

Analysen im Frequenzbereich werden dann durchgeführt, wenn diskrete Frequenzen und deren eventuelle Oberschwingungen (Verzerrungen) untersucht werden müssen. Dies erfolgt bei analogen Meßgeräten durch direkte Messung im Frequenzbereich in der Regel nach dem Prinzip des Überlagerungsempfängers.

Anstelle der analog arbeitenden Spektrum-Analysatoren werden heute Analysatoren eingesetzt, welche im Zeitbereich digital messen. Nach der Abtastung und Digitalisierung des Signals erfolgt im Gerät eine Transformation des Datensatzes in den Frequenzbereich und anschließend die gewünschte spektrale Auswertung.

Digitale Spektrum-Analysatoren arbeiten auf der Basis der Fourier-Analyse; die Daten werden einer Fourier-Transformation (Diskrete-Fourier-Transformation, DFT) unterzogen. Als Berechnungsverfahren wird hierzu in der Regel das Verfahren der Fast-Fourier-Transformation (FFT) angewandt [35].

Um weitgehend fehlerfreie Ergebnisse zu erhalten, müssen allerdings die in Abschnitt 1 genannten Einschränkungen bezüglich der Anwendbarkeit der DFT genau beachtet werden. Erforderlichenfalls müssen zusätzliche Hilfsmittel bei der Berechnung (z. B. spezielle Fensterfunktionen) angewandt werden.

Anwendungsgebiete des Spektrum-Analysators sind z. B. die Struktur- und Schwingungsanalysen in der Mechanik. Weitere Einsatzgebiete sind der Audio- und Akustikbereich, sowie generell elektronische Schaltungen, bei denen komplizierte Signalzusammenhänge untersucht werden müssen. Hierzu zählen insbesondere auch die Analog/Digital- bzw. die Digital/Analog-Wandler.

7.2
Analoge und digitale Spektrum-Analysatoren

Im folgenden sollen die Eigenschaften analoger und digitaler Spektrum-Analysatoren beschrieben werden, damit die wesentlichen Unterschiede erkennbar werden.

Die Gruppe der analogen Spektrum-Analysatoren teilt sich auf in:

● Parallele Verfahren: Das Meßsignal durchläuft eine Anzahl paralleler Filter, die den zu messenden Frequenzbereich lückenlos abdecken.

● Sequentielle Verfahren: Das Meßsignal wird in einem Filter mit veränderlicher Mittenfrequenz verarbeitet. Die Mittenfrequenz wird hierbei stetig über den zu messenden Frequenzbereich verändert.

In der Regel werden für die analogen Spektrum-Analysatoren sequentielle Verfahren nach dem Prinzip des Überlagerungsempfängers verwandt (Bild 7.1). Das verwendete Meßverfahren wird als sogenannte Grundwellen-Mischung bezeichnet. Die Eindeutigkeit der angezeigten Frequenz ist hier dadurch gewährleistet, daß die erste Zwischenfrequenz f_{z1} größer als die höchste Meßfrequenz f_x ist

$$f_{z1} = f_0 - f_x > f_x \qquad \rightarrow \qquad f_0 > 2 f_x \qquad (7.1)$$

und mögliche Spiegelfrequenzen durch einen Tiefpaßfilter am Eingang unterdrückt werden. Die Veränderung der Oszillatorfrequenz f_0 erfolgt je nach Genauigkeit des Gerätes mit einem Sägezahngenerator (spannungsgesteuerter Oszillator, VCO) oder mit einem Synthesizer.

Die Bedeutung der analogen Spektrum-Analysatoren hat jedoch stark abgenommen, da die digitalen Spektrum-Analysatoren erhebliche Vorteile aufweisen. Letztere sollen daher im folgenden ausschließlich betrachtet werden.

Bei den digitalen Spektrum-Analysatoren (Bild 7.1) wird das zu analysierende Signal nach Durchlaufen eines Tiefpaßfilters (Anti-Aliasing-Filter) digitalisiert und das Spektrum des Meßsignals unter Verwendung der Fast-Fourier-Transformation (FFT) berechnet. Dabei kommt zwangsläufig die Diskrete-Fourier-Transformation (DFT) zur Anwendung, die wie bereits in Abschnitt 1.2 dargestellt wurde, bei unsachgemäßer Anwendung zu erheblichen Fehlern führen kann.

Analoger Spektrum-Analysator mit paralleler Verarbeitung

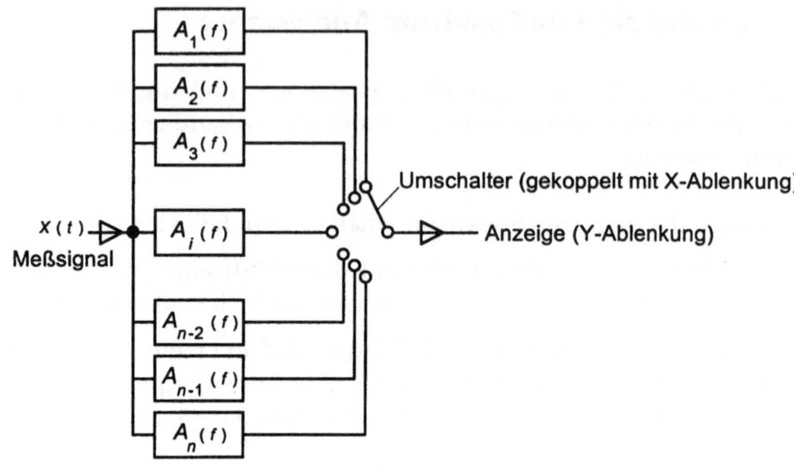

Analoger Spektrum-Analysator mit sequentieller Verarbeitung

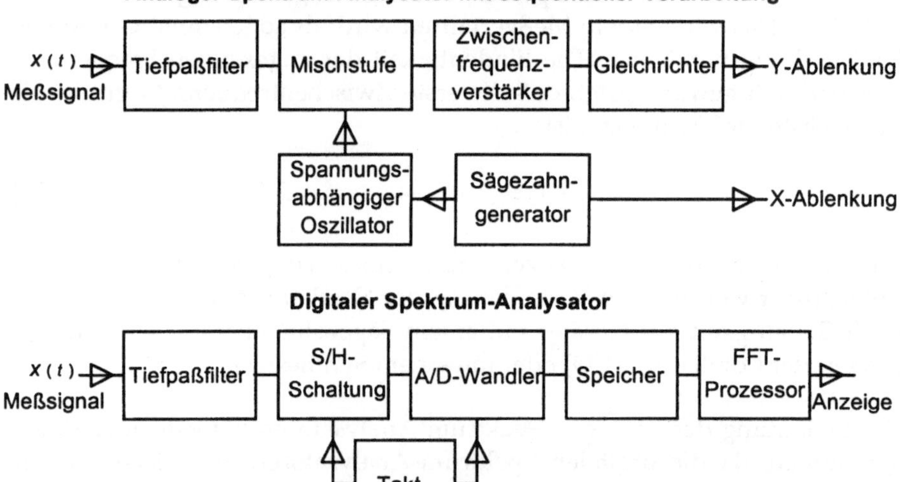

Bild 7.1: Blockschaltbilder analoger bzw. digitaler Spektrum-Analysatoren

Analog-Digital-Wandler zur Umsetzung von Momentanwerten verfügen in der Regel über Abtast- und Halteschaltungen (Sample/Hold-Schaltung, siehe Abschnitt 2.4), die das Signal während der Wandlungszeit konstant halten. Von den Eigenschaften der Abtast- und Halteschaltung (Aperturzeit, Aperturunsicherheit) hängt die Meßgenauigkeit des digitalen Spektrum-Analysators wesentlich ab. Dabei bewirkt die Aperturzeit bei periodischen Signalen keinen Meßfehler. Die Aperturunsicherheit verursacht dagegen stets einen Meßfehler entsprechend der maximal möglichen Änderung des Meßsignals während der Wandlungszeit.

7.3
Abtastung des Signals

Durch die Abtastung des analogen Meßsignals erfolgt grundsätzlich eine Amplituden-Pulsmodulation. Bei der Modulation treten links und rechts neben den Grund- und Oberschwingungen des unmodulierten Meßsignals Linien-Seitenbänder auf. Das ist in Bild 7.2 prinzipiell für ein Signal mit der höchsten Nutzfrequenz f_{max} anhand der Betragsspektren dargestellt.

Theoretisch (Abtastung mit Dirac-Impulsen) entstehen unendlich viele Seitenbänder jeweils durch Spiegelung des Originalspektrums an der Abtastfrequenz f_{Abt} und deren ganzzahligen Vielfachen (siehe Abschnitt 1.1.3). Durch die endliche Breite der Abtastimpulse kommt es jedoch in der Praxis zu einer entsprechenden Dämpfung dieser Seitenbänder.

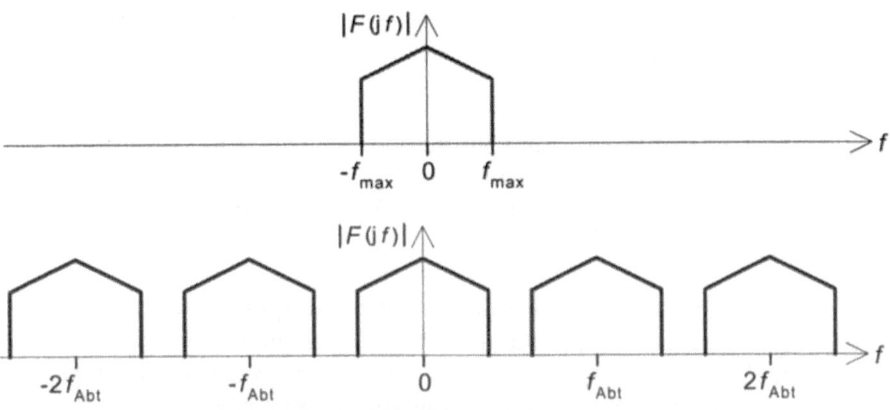

Bild 7.2: Spektrum eines Signals vor (oben) und nach (unten) der Abtastung

Die eindeutige Trennung der Nutzfrequenzen von den Spiegelfrequenzen ist nur möglich, wenn die Abtastfrequenz f_{Abt} mindestens doppelt so groß wie die größte vorkommende Nutzfrequenz ist (Abtast-Kriterium, siehe Gln. 1.37, 2.65, 4.4 und 5.1). Diese Voraussetzung ist in Bild 7.2 offensichtlich erfüllt. Bei zu niedriger Abtastfrequenz tritt dagegen Aliasing auf. Dabei kommt es zu einer Überlagerung des Originalspektrums mit dem an der Abtastfrequenz gespiegelten Spektrum. Dadurch kann das Originalspektrum dann nicht mehr eindeutig rekonstruiert werden.

In der Praxis ist meist nicht bekannt, ob bei der Messung tatsächlich keine Frequenzen oberhalb der halben Abtastfrequenz (Nyquist-Frequenz) auftreten können. Diese Voraussetzung kann jedoch zwangsläufig dadurch erfüllt werden, daß unmittelbar am Eingang des digitalen Spektrum-Analysators eine Tiefpaßfilterung durchgeführt wird und alle Frequenzen oberhalb der halben Abtastfrequenz hinreichend stark unterdrückt werden. Entsprechend der Empfindlichkeit des Gerätes wird hierzu ein sehr steilflankiges Tiefpaßfilter benötigt (siehe Gl. 5.2).

Während die bisher genannten Zusammenhänge mit entsprechendem Aufwand mathematisch exakt beschrieben werden können (siehe Abschnitt 1), sind praktische Einflußgrößen wie z. B. die endliche Breite der Abtastimpulse nur mit einem sehr großen zusätzlichen Aufwand allgemein darstellbar. Die Wirkung dieser und anderer im folgenden Abschnitt beschriebener Einflußgrößen soll daher durch numerische Simulation dargestellt werden. Hierzu wird das FFT-Modul eines bekannten Simulationsprogramms für elektrische Schaltungen (PSPICE) eingesetzt [22]. Insofern handelt es sich im folgenden daher stets um Näherungslösungen, deren Fehler allerdings weniger durch die Rechengenauigkeit als vielmehr bereits durch die Auswahl des diskreten Datensatzes für die DFT bestimmt werden.

Darüber hinaus werden in den Simulationsbeispielen ausschließlich die Betragsspektren und diese auch nur im positiven Frequenzbereich dargestellt. Dies entspricht in der Regel aber auch den praktischen Gegebenheiten.

In Bild 7.3 ist der zunächst gewählte Datensatz dargestellt, der durch Abtastung eines sinusförmigen Signals mit einer Frequenz von 10 MHz entstanden ist. Da genau eine Periode bzw. deren ganzzahlige Vielfache abgetastet werden, handelt es sich um eine kohärente Abtastung, bei der die DFT ohne systematische Fehler arbeitet (Abschnitt 1.2). Das liegt daran, daß auch bei der periodischen Wiederholung des abgetasteten Datensatzes, was bei der Anwendung der DFT ja zwangsläufig erfolgt, keine Sprungstellen im Signalverlauf auftreten können.

Zur Erzielung einer ausreichenden Frequenzauflösung muß allerdings ein wesentlich längerer Berechnungszeitraum T von hier 1 µs gewählt werden, da die Frequenzauflösung dem Kehrwert dieses Zeitraums entspricht. Die Berechnung wird damit insgesamt über 10 Perioden der Sinusschwingung durchgeführt.

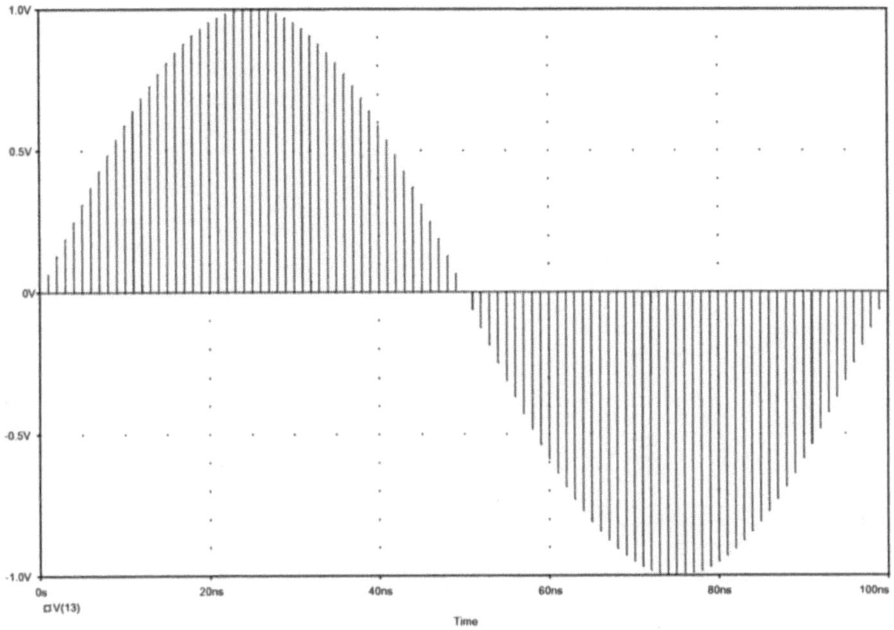

Bild 7.3: Datensatz für die DFT (Ausschnitt mit der ersten von insgesamt 10 Perioden); $U_0 = 1$ V; $f_x = 10$ MHz; $f_{Abt} = 1$ GHz; $T_i / T_{Abt} = 0{,}002$; $T = 1$ µs.

Die Abtastfrequenz soll 1 GHz betragen, womit das Abtast-Kriterium erfüllt ist. Jeder Periode der Sinusschwingung werden entsprechend der gewählten Parameter 100 Abtastwerte entnommen. Da die Abtastfrequenz ein ganzzahliges Vielfaches der Signalfrequenz beträgt, wird bei einer Abtastung mehrerer Perioden stets an den gleichen Punkten der Sinusschwingung abgetastet (kohärente Abtastung).

In der praktischen Anwendung müssen anstelle von Dirac-Impulsen stets Impulse mit endlicher Dauer zur Abtastung verwandt werden. In der numerischen Simulation wird dies durch die Verwendung von Rechteckimpulsen anstelle von Dirac-Impulsen nachgebildet.

Im vorliegenden Beispiel ist die Breite T_i der zur Abtastung verwendeten Rechteckimpulse mit nur 2 ps allerdings gegenüber der Periodendauer der Abtastfrequenz T_{Abt} von 1 ns vernachlässigbar klein ist ($T_i / T_{Abt} = 0{,}002$). Eine Mittelwertbildung des Signals während der Dauer der Abtastung soll nicht erfolgen.

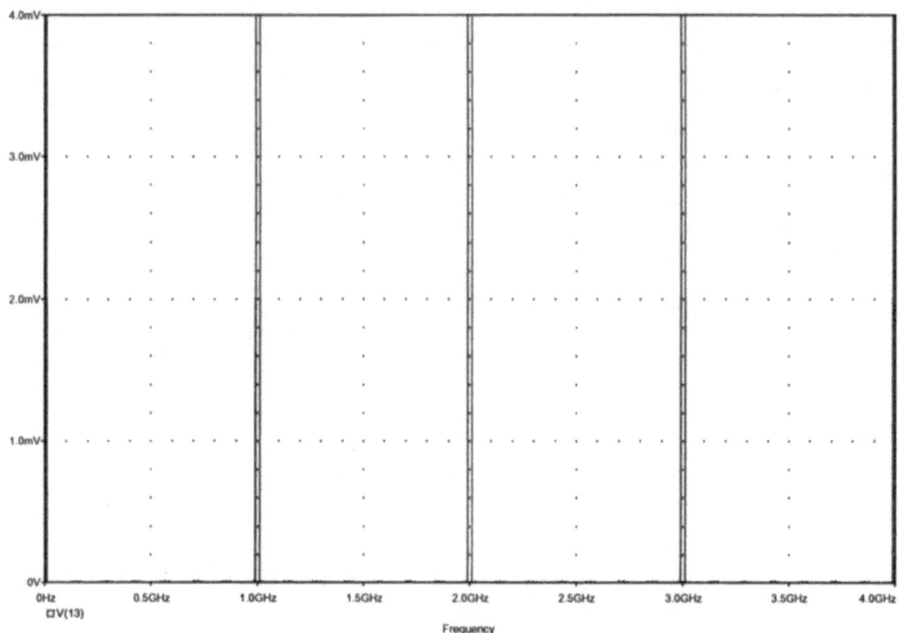

Bild 7.4: Ergebnis der DFT; $U_0 = 1$ V; $f_x = 10$ MHz; $f_{Abt} = 1$ GHz; $T_i/T_{Abt} = 0{,}002$; $T = 1$ µs.

Das in Bild 7.4 dargestellte Ergebnis entspricht angesichts der erfolgten Abtastung grundsätzlich den Erwartungen. Es werden diskrete Spektrallinien mit einer Frequenzauflösung von 1 MHz dargestellt, die im Bild bis zu einer höchsten Frequenz von 4 GHz wiedergegeben sind. Außer der Meßfrequenz von 10 MHz werden abgesehen von einigen Nebenprodukten mit vernachlässigbar kleiner Amplitude folgende an den ganzzahligen Vielfachen n der Abtastfrequenz gespiegelte Frequenzen f_{Spn} dargestellt:

$$f_{Spn} = n\,f_{Abt} \pm f_x \tag{7.2}$$

Entsprechend der vernachlässigbar kleinen Breite der Abtastimpulse tritt zumindest im dargestellten Frequenzbereich keine meßbare Abschwächung dieser Spiegelfrequenzen auf. Die Amplitude der Spektrallinien U_x

$$U_x = U_0\,\frac{T_i}{T_{Abt}} \tag{7.3}$$

müßte allerdings entsprechend der gewählten Parameter genau 2 mV betragen.

Daß bei der Berechnung der doppelte Wert dargestellt wird, ist ein systematischer Fehler des FFT-Algorithmus. Die in diesem und auch in den nachfolgenden Beispielen dargestellten Amplituden der Spektren müssen daher zunächst halbiert werden. Lediglich die verbleibende Abweichung von Gl. 7.3 ist als Berechnungsfehler anzusehen. Insofern ist das Ergebnis der Simulationsrechnung auch in dieser Beziehung korrekt.

Eine Abtastung mit Abtastimpulsen einer wesentlich größeren Breite T_i von 0,1 ns führt zu einem deutlichen Tiefpaßverhalten, wie das Ergebnis der entsprechenden DFT in Bild 7.5 für T_i/T_{Abt} = 0,1 zeigt. Dabei konnte bei der in diesem Beispiel zulässigen Vergrößerung der zeitlichen Schrittweite ein wesentlich längerer Berechnungszeitraum T von 10 μs gewählt werden, was eine entsprechend erhöhte Frequenzauflösung von 100 kHz ergibt. Die Transformation wird damit über insgesamt 100 Perioden der Sinusschwingung durchgeführt.

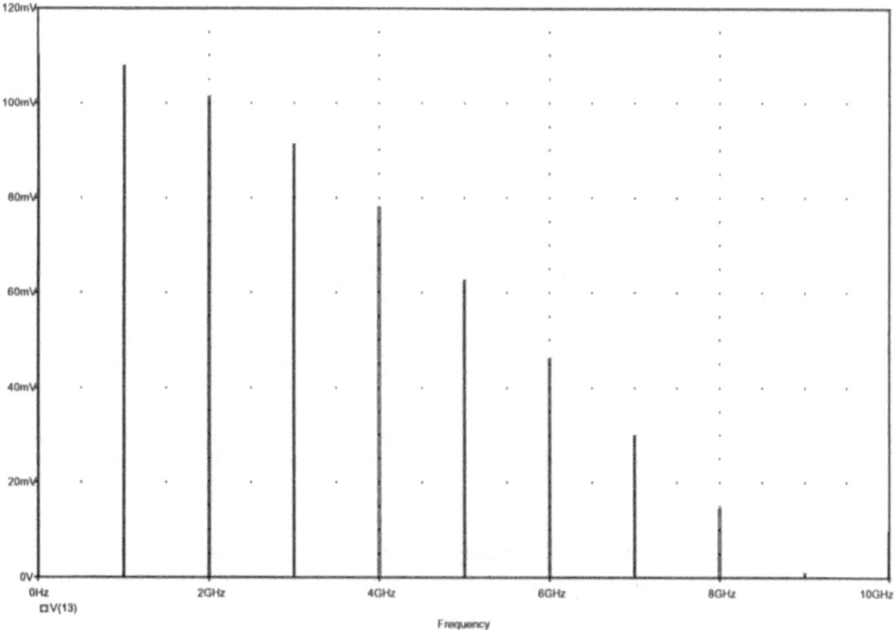

Bild 7.5: Ergebnis der DFT; U_0 = 1 V; f_x = 10 MHz; f_{Abt} = 1 GHz; T_i/T_{Abt} = 0,1; T = 10 μs.

Die einhüllende Kurve der erhaltenen Spektrallinien entspricht näherungsweise dem Betrag der in Gl. 7.4 angegebene Si-Funktion.

$$X_{(j\omega)} = U_0 \frac{T_i}{T_{Abt}} \mathrm{Si}\left(\omega\,\frac{T_i}{2}\right) \qquad (7.4)$$

Entsprechend Gl. 7.3 und den festgestellten Eigenschaften des FFT-Algorithmus müßte allerdings zumindest die Amplitude der Grundschwingung mit 200 mV dargestellt werden. Die in Bild 7.5 beobachteten Abweichungen von diesem Ergebnis sind erheblich.

Eine Abtastung mit Abtastimpulsen einer nochmals vergrößerten Breite T_i von 0,5 ns ist in Bild 7.6 dargestellt. Das Bild zeigt dabei nur die erste Periode des insgesamt aus 100 Perioden bestehenden Datensatzes.

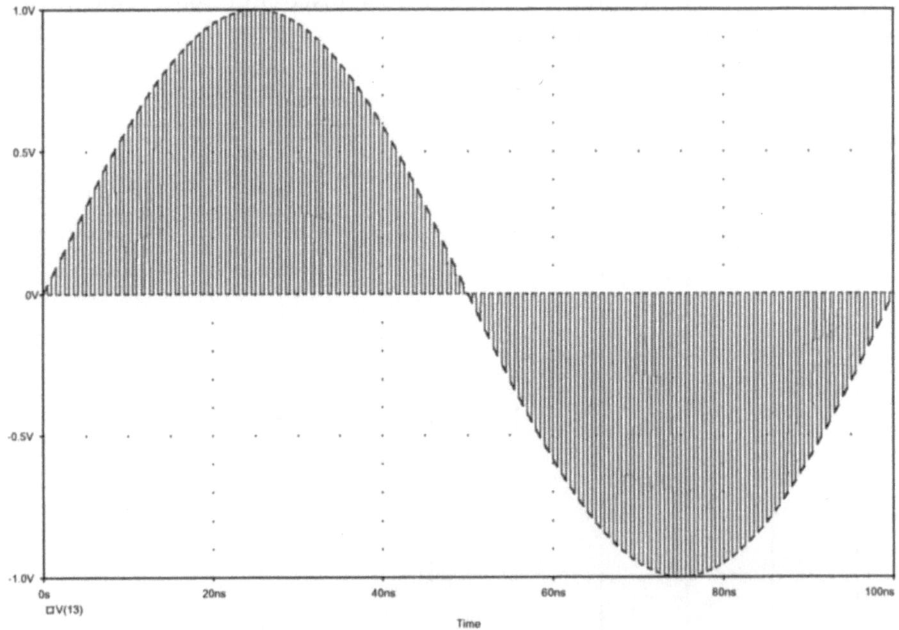

Bild 7.6: Datensatz für die DFT (Ausschnitt mit der ersten von insgesamt 100 Perioden); U_0 = 1 V; f_x = 10 MHz; f_{Abt} = 1 GHz; T_i/T_{Abt} = 0,5; T = 10 µs.

Dadurch sinkt die Grenzfrequenz dieses Tiefpaßverhaltens entsprechend weiter ab, wie das Ergebnis der DFT in Bild 7.7 mit T_i/T_{Abt} = 0,5 zeigt. Die Amplitude der Grundschwingung wird allerdings auch in diesem Beispiel nicht mit dem entsprechend Gl. 7.3 und den festgestellten Eigenschaften des FFT-Algorithmus zu erwartenden Wert von 1 V dargestellt.

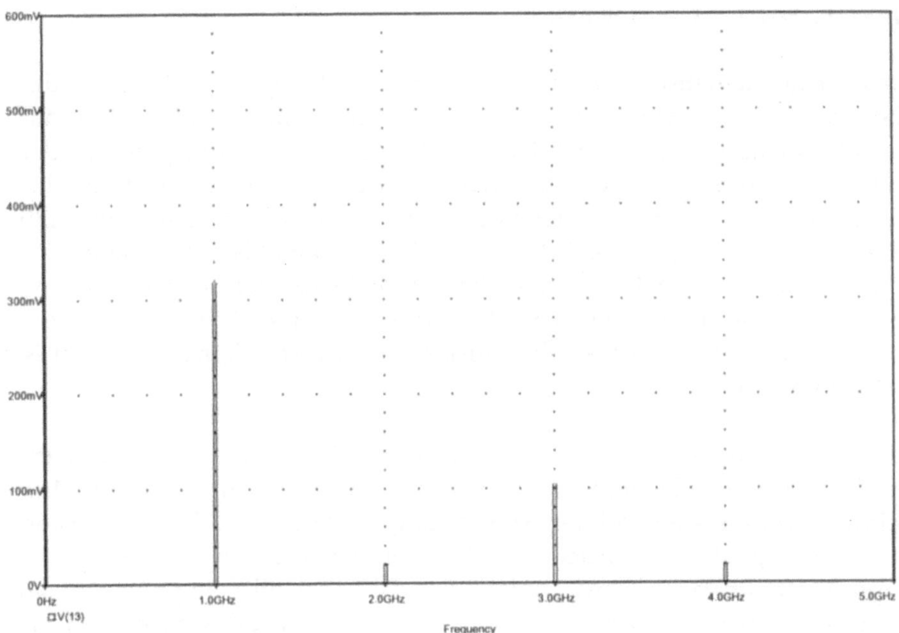

Bild 7.7: Ergebnis der DFT; $U_0 = 1$ V; $f_x = 10$ MHz; $f_{Abt} = 1$ GHz; $T_i / T_{Abt} = 0{,}5$; $T = 10$ µs.

7.4
Durchführung der Fourier-Transformation

Das analytische Verfahren zur Berechnung von Frequenzspektren ist die Fourier-Analyse. Damit ist es möglich, beliebige periodische Signale durch eine Summe von harmonischen Frequenzen darzustellen. Die Realisierung dieses Lösungsansatzes ist die Fourier-Reihe (Abschnitt 1.1.1).

In der Praxis treten häufig auch nicht periodische Signale auf. Hier kann die Fourier-Reihe unmittelbar nicht eingesetzt werden, da die mathematische Eingangsbedingung nicht erfüllt ist.

Nicht periodische Signale führen zum Fourier-Integral als Lösungsansatz. Man betrachtet dabei Periodendauern, die gegen unendlich gehen. Die diskreten Spektrallinien bei endlicher Periodendauer (Fourier-Reihe) gehen mit beliebig wachsender Periodendauer (Fourier-Integral) in ein kontinuierliches Spektrum über (Abschnitt 1.1.2).

7.4.1
Diskrete-Fourier-Transformation

Aus der mathematischen Definition des Fourier-Integrals geht hervor, daß die Integrationsgrenzen von -∞ bis +∞ festgelegt sind. Dies bedeutet, daß das Meßsignal eine unendlich lange Zeit gemessen und integriert werden muß. Die unendlich lange Integrationszeit würde dann ein unendlich hohes Frequenzauflösungsvermögen ergeben. In der Praxis stehen aber nur Meßdaten für begrenzte Zeiträume zur Verfügung. Als Folge dieser Einschränkung verwendet man eine abgewandelte Art der Fourier-Transformation, die als Diskrete-Fourier-Transformation (DFT) bezeichnet wird und insbesondere für die Analyse diskret abgetasteter Signale geeignet ist (Abschnitt 1.2).

Im Unterschied zur Fourier-Reihe und zur Fourier-Transformation arbeitet die DFT mittels endlicher Sätze von Daten, die äquidistant über den Meßzeitraum verteilt sind. Bei der Anwendung der DFT wird das zu transformierende Signal unter Beachtung des Abtast-Kriteriums abgetastet und dann abschnittsweise transformiert. Die DFT hat allerdings wegen der endlichen Integrationszeit ein begrenztes Frequenzauflösungsvermögen. Das Spektrum einer Sinusfunktion wird daher nicht mehr durch einen nadelförmigen Impuls dargestellt, sondern ist eine kontinuierliche Funktion und besteht aus einer Hauptkeule mit mehreren kleinen Nebenkeulen. Mit der DFT können Amplitude und Frequenz einer periodischen Funktion daher nur näherungsweise dargestellt werden.

Dieser grundsätzliche und wesentliche Unterschied soll durch die beiden folgenden Simulationsbeispiele verdeutlicht werden. Das Ergebnis der kontinuierlichen Fourier-Transformation wird dadurch angenähert, daß eine sehr große Anzahl von Perioden in den Datensatz einbezogen werden. In Bild 7.8 ist ein solcher Datensatz für eine Sinusschwingung mit wiederum einer Frequenz von 10 MHz dargestellt. Dieser enthält genau 100 Perioden der Sinusschwingung (kohärente Abtastung), da ein Berechnungszeitraum von 10 µs gewählt wurde.

Das Ergebnis der DFT ist in Bild 7.9 dargestellt. Entsprechend der zu 10 µs gewählten Berechnungsdauer wird eine spektrale Auflösung von 100 kHz erzielt. Mit dieser Auflösung erhält man das nahezu korrekte Linienspektrum des Signals, wie die im Bild angegebenen Frequenzmarken zeigen. Das Ergebnis der DFT ist in diesem Fall mit dem der kontinuierlichen Fourier-Transformation nahezu identisch.

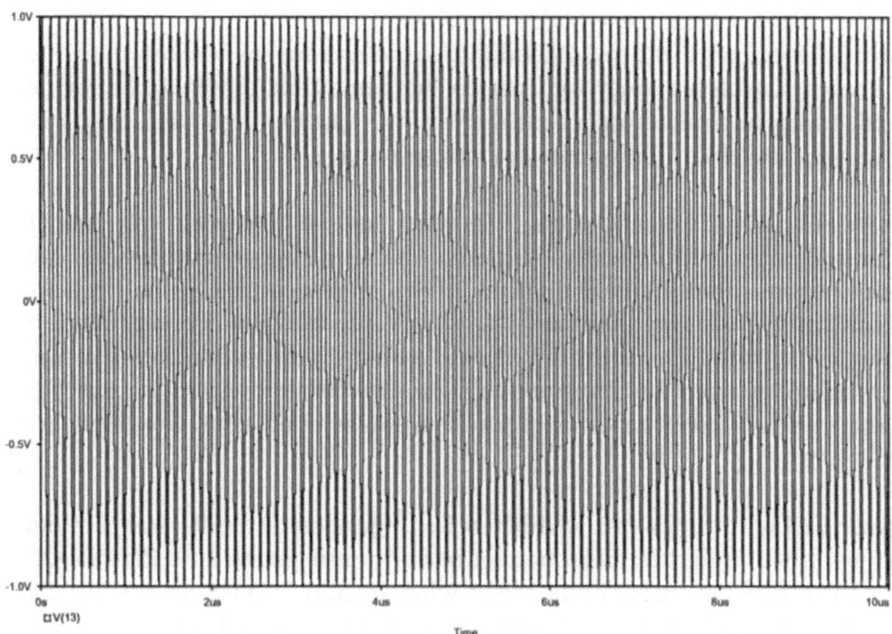

Bild 7.8: Datensatz für die DFT; $U_0 = 1$ V; $f_x = 10$ MHz; $T = 10$ µs.

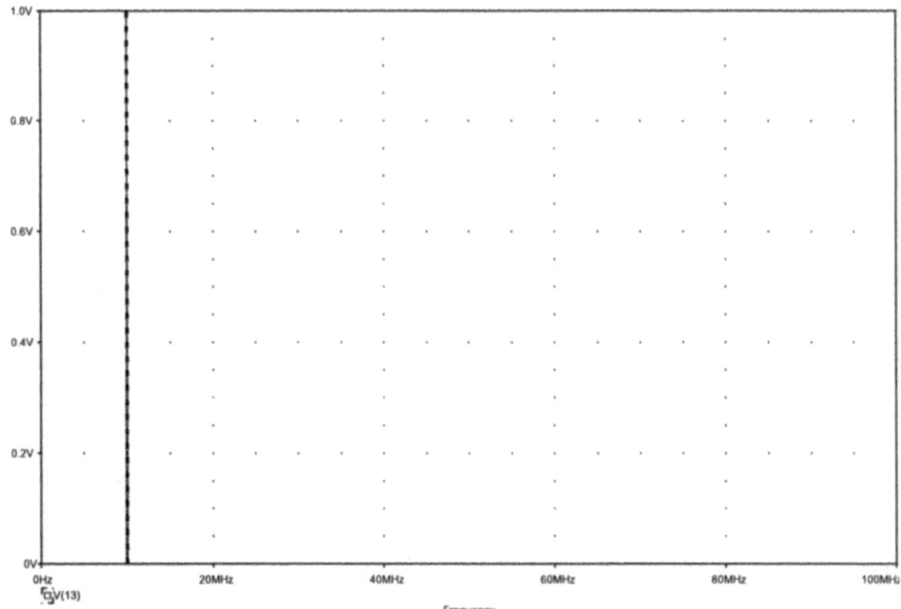

Bild 7.9: Ergebnis der DFT; $U_0 = 1$ V; $f_x = 10$ MHz; $T = 10$ µs.

Da in diesem und in den folgenden Beispielen nur ein beschränkter Frequenzbereich bis zu einer maximalen Frequenz von 100 MHz betrachtet wird, treten auch die an den ganzzahligen Vielfachen der Abtastfrequenz gespiegelten Spektrallinien nicht in Erscheinung.

Abweichungen zwischen dem Ergebnis der kontinuierlichen Fourier-Transformation und dem der Diskreten-Fourier-Transformation sind dann zu erwarten, wenn die Zahl der in die Berechnung einbezogenen Perioden der Sinusschwingung reduziert wird, ohne jedoch den Berechnungszeitraum insgesamt zu verkürzen. Dies gilt selbst dann, wenn die Abtastung grundsätzlich noch kohärent erfolgt, da bei der erforderlichen periodischen Wiederholung eines solchen Datensatzes eben doch Sprungstellen entstehen.

Dieser Fall wird unter vergleichbaren Bedingungen dadurch nachgebildet, daß bei unverändertem Berechnungszeitraum nur genau eine Periode des Signals in den Datensatz einbezogen wird. In Bild 7.10 ist ein solcher Datensatz für eine Sinusschwingung mit wiederum einer Frequenz von 10 MHz dargestellt.

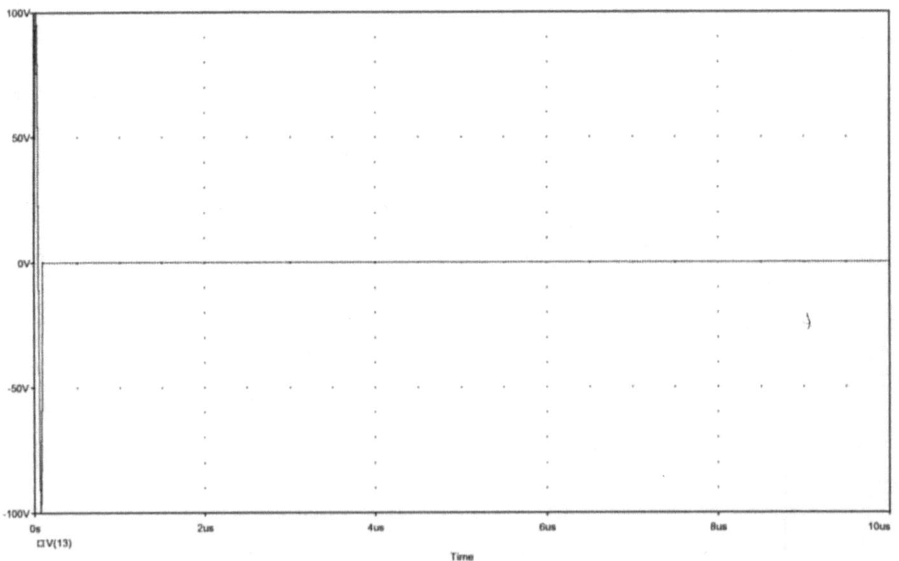

Bild 7.10: Datensatz für die DFT; $U_0 = 100$ V; $f_x = 10$ MHz; $T = 10$ µs.

Trotz des nur eine Periode der Sinusschwingung umfassenden Datensatzes wurde ebenso wie im vorigen Beispiel eine Berechnungsdauer von 10 µs gewählt, womit die gleiche spektrale Auflösung von 100 kHz erzielt wird. Dabei erfolgt allerdings eine Reduzierung der Amplitude des Spektrums gemäß dem Verhältnis der Periodendauer T_x des Signals zur Berechnungsdauer T, was durch einen entsprechend erhöhten Wert von U_0 ausgeglichen wird.

$$U_x = U_0 \frac{T_x}{T} \tag{7.5}$$

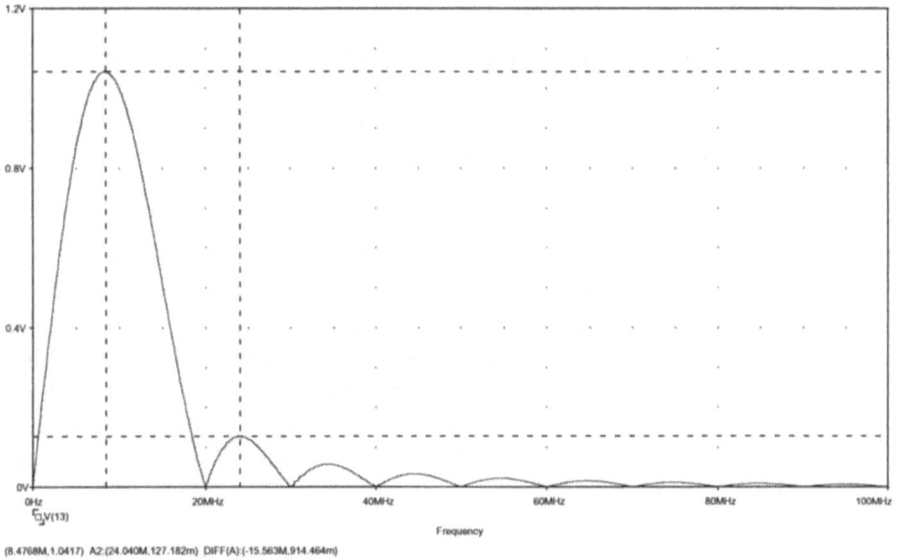

Bild 7.11: Ergebnis der DFT; U_0 = 100 V; f_x = 10 MHz; T = 10 µs.

Das Ergebnis der DFT ist in Bild 7.11 dargestellt. Es zeigt sich, daß die DFT in diesem Fall nur eine sehr grobe Annäherung des korrekten Ergebnisses liefert. Die diskrete Spektrallinie bei der Frequenz von 10 MHz wird, wie die im Bild angegebenen Frequenzmarken zeigen, durch die sogenannte Hauptkeule des Spektrums bezüglich der Amplitude und der Frequenz nur näherungsweise nachgebildet. Außerdem entstehen noch zahlreiche Nebenkeulen mit abnehmender Amplitude, die erste davon bei einer Frequenz von 24 MHz.

Das in Bild 7.11 enthaltene Ergebnis der DFT kann man sich auch dadurch entstanden denken, daß die zeitlich nicht begrenzte Sinusfunktion mit einer entsprechenden Zeitbegrenzungs-Funktion (Fensterfunktion) multipliziert wurde. Als Fensterfunktion ist dabei im vorliegenden Beispiel ein Rechteck-Fenster mit einer Dauer von 100 ns anzusehen.

Offensichtlich stellt die Verwendung des Rechteck-Fensters einen besonders ungünstigen Fall dar, da an den Enden der Fensterfunktion starke Diskontinuitäten auftreten. Dieser Effekt kann zwar durch besser geeignete Fensterfunktionen abgeschwächt werden, statt dessen sind jedoch andere Nebenwirkungen möglich.

7.4.2
Zeitbegrenzungs-Funktion (Fensterfunktion)

Bei der Annäherung der kontinuierlichen Fourier-Transformation durch die DFT ist die Güte der Transformation von der Art und der zeitlichen Lage der Fensterfunktion abhängig. Das digitalisierte Signal wird mit der Abtastfrequenz moduliert und zusätzlich durch die Multiplikation mit einer Fensterfunktion zeitlich begrenzt.

Man unterscheidet zwischen zeitlich begrenzten periodischen Signalen mit einer Beobachtungszeit gleich (kohärente Abtastung) und ungleich (nicht kohärente Abtastung) einer Periode des Signals oder deren ganzzahligen Vielfachen. Wenn der für die Diskrete-Fourier-Transformation gewählte Beobachtungszeitraum gleich einer Periode des zu analysierenden Meßsignals ist, sind neben der Tatsache, daß die DFT ein kontinuierliches und kein diskretes Spektrum liefert, die Ergebnisse beider Verfahren nahezu gleich (Bilder 7.4 und 7.9).

Bei der Abtastung einer periodischen und zeitlich begrenzten Funktion derart, daß die Zeitbegrenzung nicht aus einem ganzzahligen Vielfachen der Periode der ursprünglichen Funktion besteht, können sich die Ergebnisse der DFT und der kontinuierlichen Fourier-Transformation aber erheblich unterscheiden. Die Zeitbegrenzung um ein nicht ganzzahliges Vielfaches einer Periode führt bei der periodischen Fortsetzung stets zu einer Funktion mit einer scharfen Diskontinuität. Diese Diskontinuität verursacht eine Anzahl von Nebenkeulen im Frequenzbereich. Diese im Originalspektrum nicht vorhandenen Frequenzkomponenten werden als Leckkomponenten (leakage) bezeichnet.

Dieser Fall wird zunächst durch den in Bild 7.12 angegebenen Eingangsdatensatz nachgebildet. Dieser entspricht in etwa dem in Bild 7.8 angegebenen Datensatz und enthält eine sehr große Anzahl von Perioden der Sinusschwingung (genau 100,25). Insofern müßte das Ergebnis dem der kontinuierlichen Fourier-Transformation sehr nahe kommen. Durch eine

Vergrößerung der Berechnungszeit T im Vergleich zu Bild 7.8 um 25 ns liegt jedoch der Fall der nicht kohärenten Abtastung vor und bei einer periodischen Wiederholung dieses Datensatzes treten die erwähnten Diskontinuitäten auf.

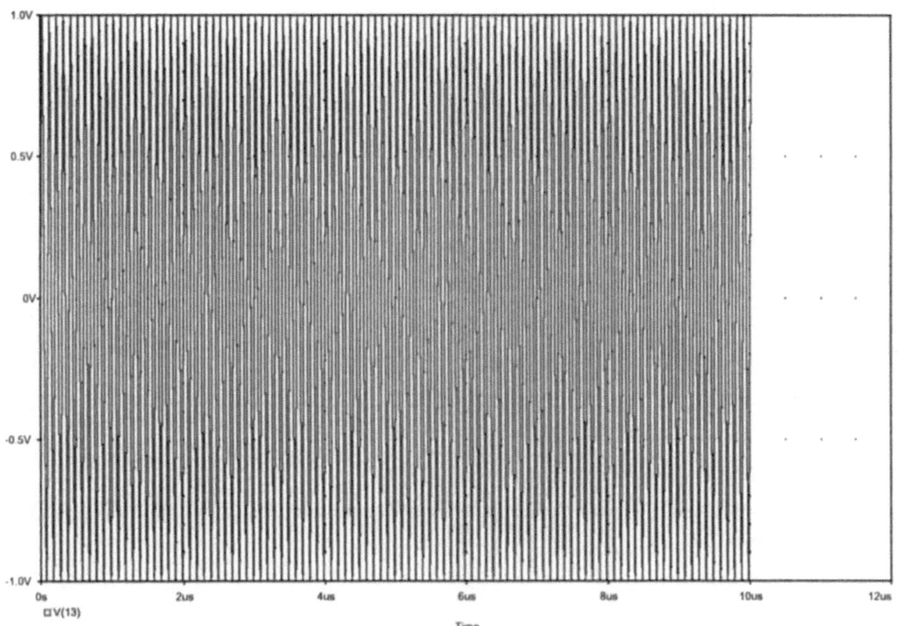

Bild 7.12: Datensatz für die DFT, nicht kohärente Abtastung über 100,25 Perioden; U_0 = 1 V; f_x = 10 MHz; T = 10,025 μs.

Die Auswirkungen dieser scheinbar geringfügigen Veränderung auf das in Bild 7.13 angegebene Ergebnis der DFT sind erheblich, wie der Vergleich mit Bild 7.9 deutlich zeigt. Neben einer geringfügigen Verfälschung der Frequenz der Spektrallinie wird deren Amplitude mit erheblichem Fehler ($\approx$ -10 %) wiedergegeben. Darüber hinaus tritt durch die zuvor beschriebenen Leckkomponenten eine Linienverbreiterung auf.

Die Begrenzung des Datensatzes auf nur eine Periode der Sinusfunktion führte bereits bei grundsätzlich kohärenter Abtastung ebenfalls zu einer Diskontinuität, da die Berechnung zur Erzielung einer zufriedenstellenden Frequenzauflösung trotzdem über einen wesentlich längeren Zeitraum durchgeführt werden mußte. Dieser Fall lag in Bild 7.10 vor und führte zu dem in Bild 7.11 angegebenen unbefriedigenden Ergebnis.

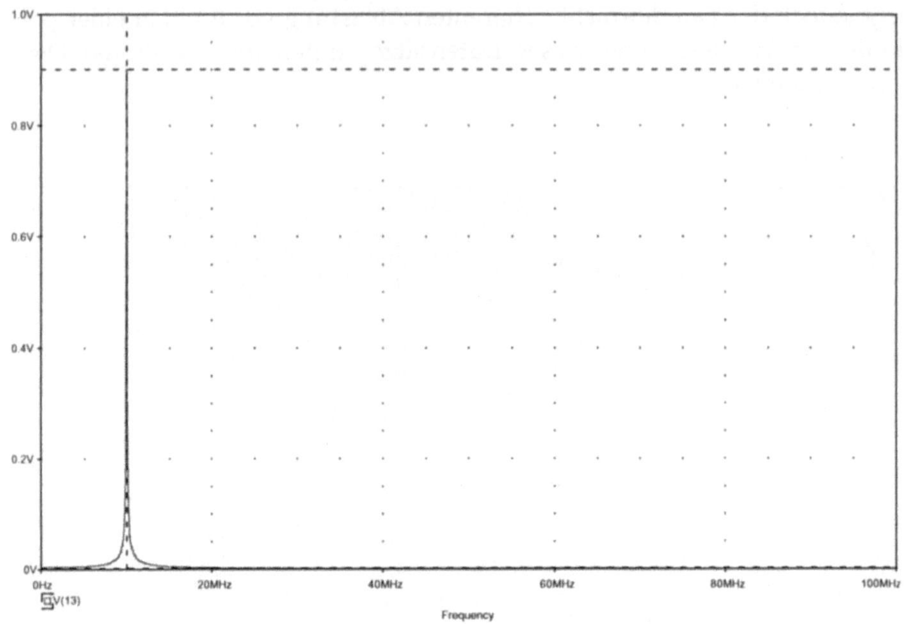

Bild 7.13: Ergebnis der DFT, nicht kohärente Abtastung über 100,25 Perioden; U_0 = 1 V; f_x = 10 MHz; T = 10,025 µs.

Noch ungünstiger ist der in Bild 7.14 dargestellte Fall, bei dem für den Datensatz 1,25 Perioden der Sinusschwingung eingegeben werden und die Berechnung im Hinblick auf die Frequenzauflösung insgesamt wieder über 10 µs durchgeführt wird. Dieser Datensatz ergibt sich aus der Multiplikation einem Rechteck-Fenster mit einer Fensterbreite T_F von 125 ns mit der zeitlich nicht begrenzte Sinusfunktion.

Das in Bild 7.15 dargestellte Ergebnis der DFT zeichnet sich durch im Vergleich zu Bild 7.11 deutlich vergrößerte Nebenkeulen aus, deren Amplitude nur sehr langsam abklingt. Außerdem tritt ein erheblicher Gleichstromanteil auf, was allerdings den Tatsachen entspricht. Jedoch wird im Gegensatz zu dem in Bild 7.11 erhaltenen Ergebnis wenigstens die Frequenz der Sinusschwingung als Maximum der Hauptkeule richtig wiedergegeben. Es ist offensichtlich, daß insbesondere die in Bild 7.11 und 7.15 erhaltenen Ergebnisse bei der praktischen Anwendung von Spektrum-Analysatoren unbedingt vermieden werden müssen.

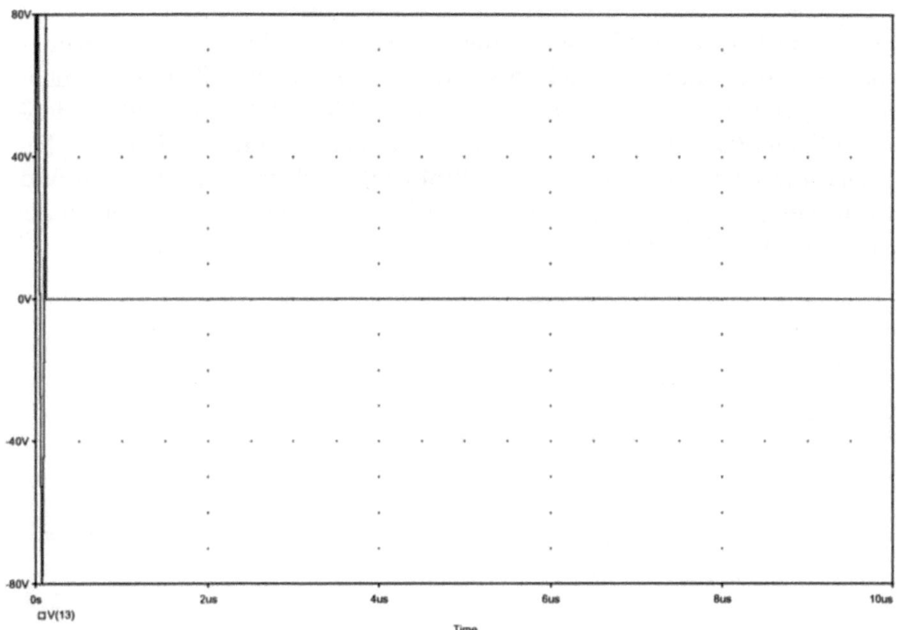

Bild 7.14: Datensatz für die DFT, Rechteck-Fenster, $T_F = 125$ ns; $f_x = 10$ MHz; $T = 10$ µs.

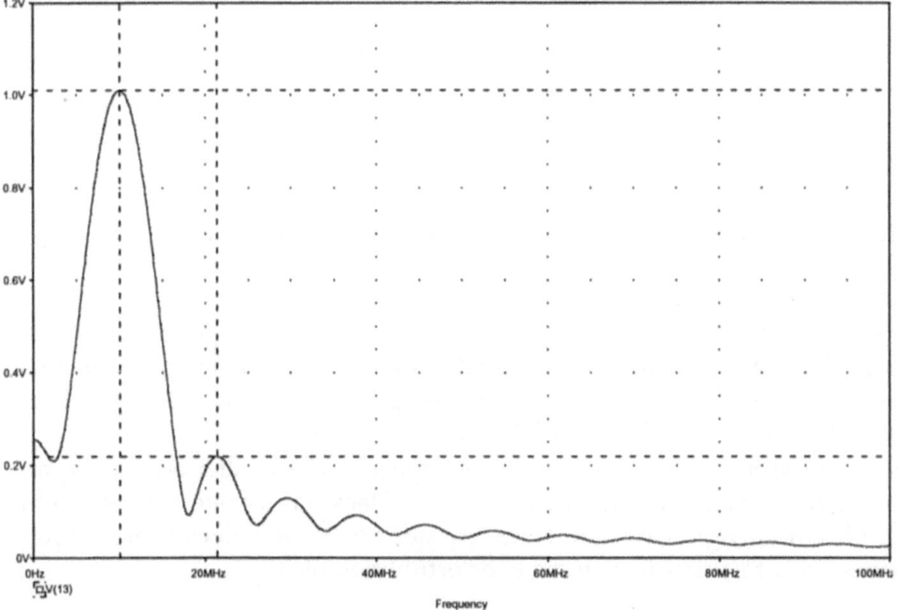

Bild 7.15: Ergebnis der DFT, Rechteck-Fenster, $T_F = 125$ ns; $f_x = 10$ MHz; $T = 10$ µs.

Die Lösung liegt in der Verwendung von besser geeigneten Fensterfunktionen. Dadurch läßt sich auch in solchen ungünstigen Fällen ein brauchbares Ergebnis der DFT erzielen. Wenn der in Bild 7.14 dargestellte Datensatz mit der Blackman-Fensterfunktion, die nachfolgend noch näher beschrieben werden wird (Gl. 7.11), multipliziert wird, erhält man die in Bild 7.16 dargestellten Eingangsdaten. Dabei ist die Fensterbreite T_F ebenfalls zu 125 ns gewählt worden.

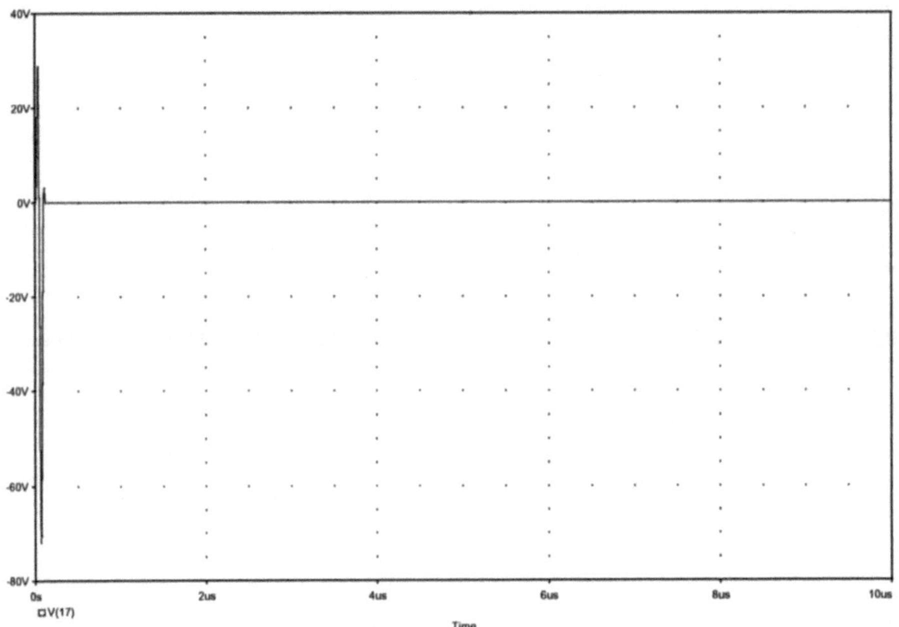

Bild 7.16: Datensatz für die DFT, Blackman-Fenster, $T_F = 125$ ns; $f_x = 10$ MHz; $T = 10$ μs.

Das entsprechende Ergebnis der DFT ist in Bild 7.17 dargestellt. Die Nebenkeulen werden praktisch vollständig unterdrückt. Die Frequenz der Sinusfunktion wird als Maximum der Hauptkeule richtig wiedergegeben. Allerdings ist eine deutliche Verbreiterung der Hauptkeule erfolgt. Auch die Amplitude wird nicht richtig wiedergegeben, was allerdings entsprechend der bekannten Charakteristik des Blackman-Fensters (siehe Bild 7.28) leicht korrigiert werden kann. An dem Auftreten eines Gleichstromanteils ändert natürlich auch die Fensterfunktion nichts.

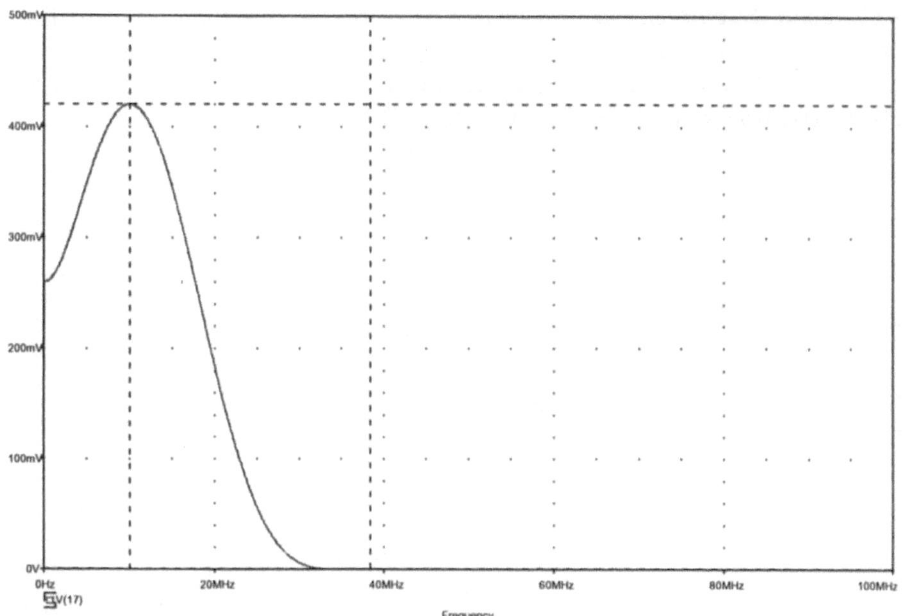

(10.000M,420 044m) E2:(38 400M,523.280u) DIFF(E) (-28.400M,419 521m)

Bild 7.17: Ergebnis der DFT, Blackman-Fenster, T_F = 125 ns; f_x = 10 MHz; T = 10 µs.

Insgesamt gesehen erleichtert daher die Anwendung einer solchen Fensterfunktion die Auswertung des Ergebnisses in derartig ungünstigen Fällen. Bei nicht periodischen Funktionen darf im übrigen nur das Rechteck-Fenster angewandt werden, da hier ja grundsätzlich kein diskretes Spektrum zu erwarten ist.

Zum besseren Verständnis dieses Sachverhalts ist es notwendig, sich über die Wirkung der eingesetzten Fensterfunktion im Frequenzbereich klar zu werden. Die Multiplikation des Signals im Zeitbereich mit der Fensterfunktion bewirkt im Frequenzbereich eine Faltung des Spektrums entsprechend der spektralen Charakteristik der verwandten Fensterfunktion. Um einen Überblick über die Auswirkungen dieser Faltung zu bekommen, werden daher im folgenden vergleichend die Spektren häufig verwendeter Fensterfunktionen betrachtet [12, 27].

Das Rechteck-Fenster wird durch die Gleichung

$$F(t) = 1 \qquad \text{für} \qquad 0 \le t < T_F \qquad (7.6)$$

beschrieben. Entsprechend den bisher betrachteten Simulationsbeispielen wird im folgenden eine Fensterbreite T_F von 100 ns betrachtet. Die Berechnung erfolgt zwecks Erzielung einer hohen Frequenzauflösung von 100 kHz wieder über einen Zeitraum von 10 μs (Bild 7.18).

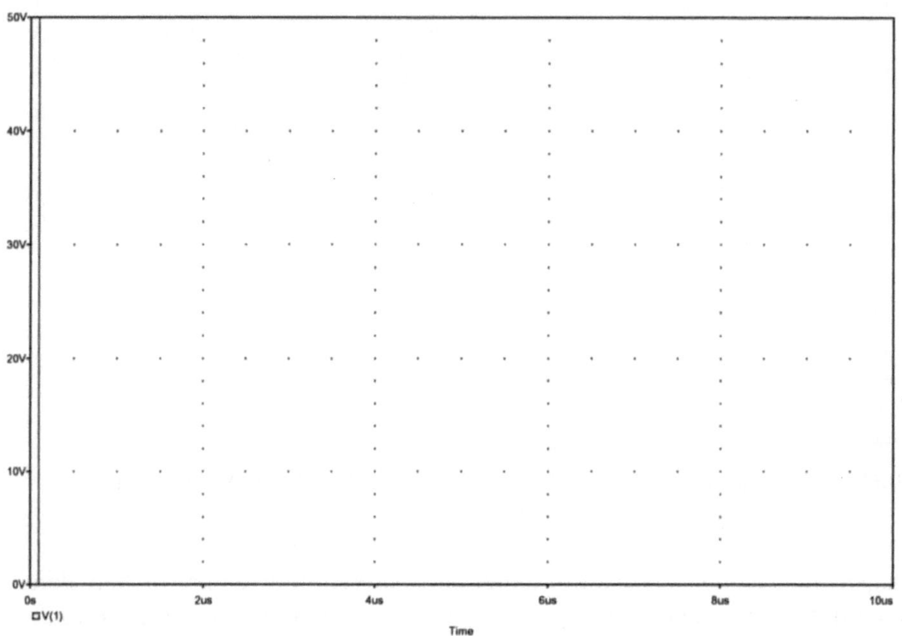

Bild 7.18: Datensatz für die DFT, Rechteck-Fenster; U_0 = 50 V; T_F = 100 ns; T = 10 μs.

Das entsprechende Ergebnis der DFT ist in Bild 7.19 dargestellt. Erwartungsgemäß entspricht das Spektrum des Rechteck-Fensters dem des aperiodischen Rechteckimpulses (Bild 1.7). Als Charakteristik werden im folgenden die Amplituden der Hauptkeule U_1 und die der Nebenkeule mit der höchsten Amplitude U_n ausgewertet. Das Verhältnis dieser Amplituden ist die Dämpfung der Nebenkeulen A_N:

$$A_N = 20 \log \frac{U_1}{U_n} \tag{7.7}$$

Die Auswertung mit Hilfe der in Bild 7.19 angegebenen Frequenzmarken ergibt für das Rechteck-Fenster eine Dämpfung der Nebenkeulen von nur 13,26 dB.

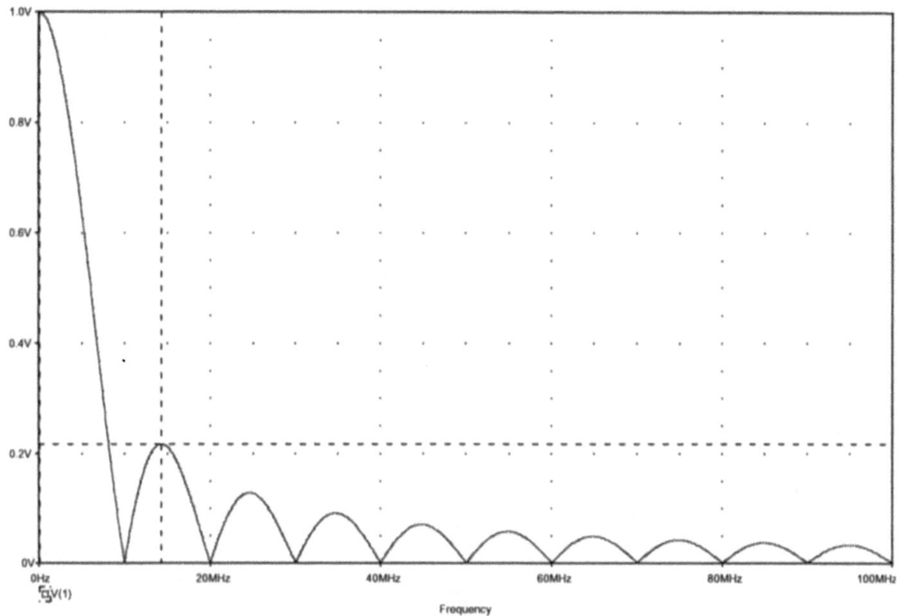

Bild 7.19: Spektrum des Rechteck-Fensters; U_0 = 50 V; T_F = 100 ns; T = 10 µs.

Die in den Bildern 7.11 und 7.15 erhaltenen unbefriedigenden Ergebnisse werden angesichts des in Bild 7.19 dargestellten Spektrums erklärt. Es müssen daher anstelle des Rechteck-Fensters andere Fensterfunktionen zur Anwendung kommen, die eine stärkere Unterdrückung der spektralen Nebenkeulen gewährleisten. Vom zeitlichen Verlauf her gesehen sind das Fensterfunktionen, bei denen zur Vermeidung von Diskontinuitäten in den Randbereichen keine bzw. nur eine sehr geringe Bewertung der Signalamplituden erfolgt.

Ein einfaches Beispiel für eine solche Funktion ist das Dreieck-Fenster. Dieses wird durch die folgenden Gleichungen beschrieben:

$$F(t) = 2\,\frac{t}{T_F} \qquad \text{für} \qquad 0 \leq t < \frac{T_F}{2}$$

$$F(t) = 2\left(1 - \frac{t}{T_F}\right) \qquad \text{für} \qquad \frac{T_F}{2} \leq t < T_F \tag{7.8}$$

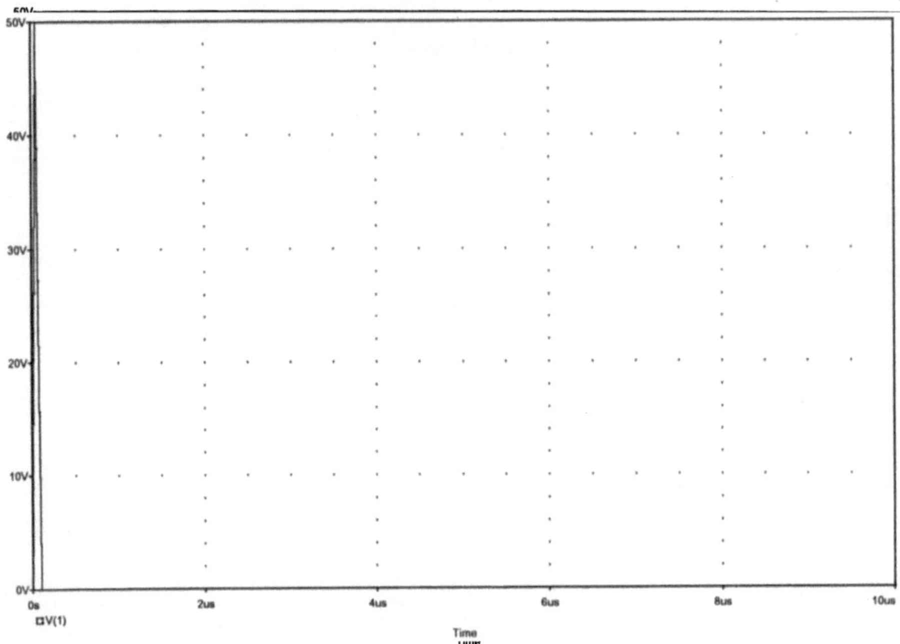

Bild 7.20: Datensatz für die DFT, Dreieck-Fenster; $U_0 = 50$ V; $T_F = 100$ ns; $T = 10$ µs.

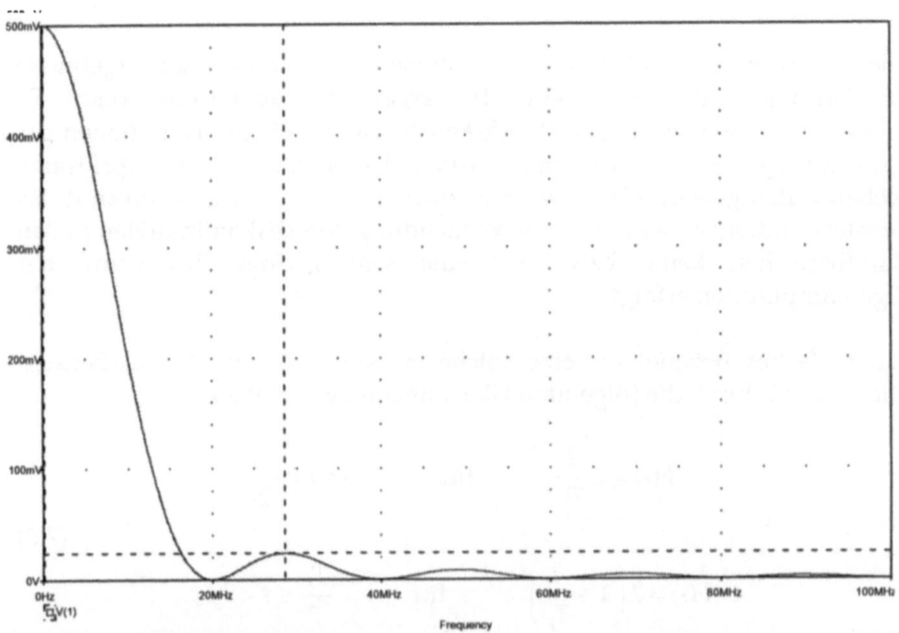

Bild 7.21: Spektrum des Dreieck-Fensters; $U_0 = 50$ V; $T_F = 100$ ns; $T = 10$ µs.

Entsprechend den bisherigen Simulationsbeispielen wird wieder eine Fensterbreite T_F von 100 ns gewählt. Die Berechnung erfolgt zur Erzielung einer Frequenzauflösung von 100 kHz über eine Zeit von 10 µs (Bild 7.20).

Das entsprechende Ergebnis der DFT ist in Bild 7.21 dargestellt. Man erhält eine sichtlich bessere Bedämpfung der Nebenkeulen, allerdings erfolgt auch eine Bedämpfung der Hauptkeule um genau 50 %. Die Auswertung mit Hilfe der Frequenzmarken ergibt für das Dreieck-Fenster eine Dämpfung der Nebenkeulen von 26,52 dB.

Eine weitere Verbesserung des Ergebnisses läßt durch die Verwendung sinus- bzw. cosinusförmiger Fensterfunktionen erreichen. Ein Beispiel für eine solche Funktion ist das sogenannte Hanning-Fenster. Dieses wird durch folgende Gleichung beschrieben:

$$F(t) = \frac{1}{2}\left[1 - \cos\left(2\pi\,\frac{t}{T_F}\right)\right] \qquad \text{für} \qquad 0 \le t < T_F \qquad (7.9)$$

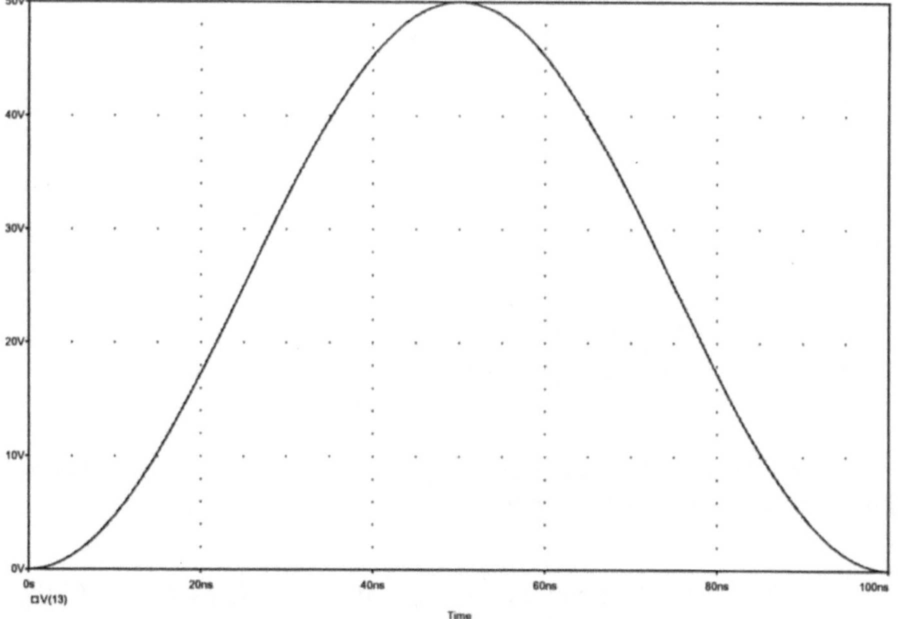

Bild 7.22: Datensatz für die DFT (Ausschnitt mit den ersten 100 ns), Hanning-Fenster; $U_0 = 50$ V; $T_F = 100$ ns; $T = 10$ µs.

Entsprechend den bisherigen Simulationsbeispielen wird wieder eine Fensterbreite T_F von 100 ns gewählt (Bild 7.22). Die Berechnung erfolgt zur Erzielung einer Frequenzauflösung von 100 kHz über eine Zeit von 10 µs.

Das Ergebnis der DFT ist in Bild 7.23 dargestellt. Man erhält eine weiter verbesserte Bedämpfung der Nebenkeulen, die Bedämpfung der Hauptkeule beträgt wiederum 50 %. Die Auswertung mit Hilfe der Frequenzmarken ergibt für das Hanning-Fenster eine Dämpfung der Nebenkeulen von 31,47 dB.

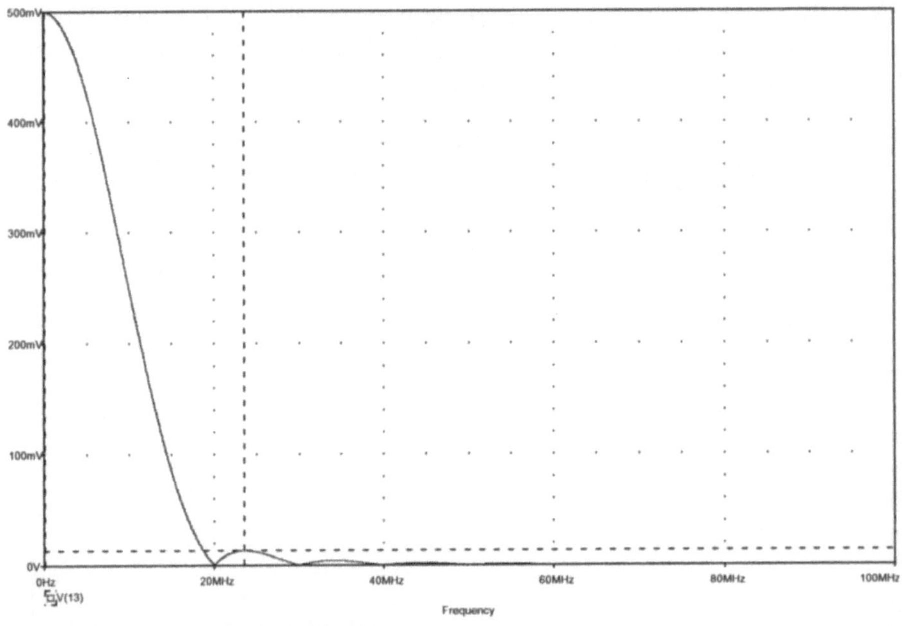

:(100.012K,500.000m) C2:(23.600M,13.354m) DIFF(C):(-23.500M,486.647m)

Bild 7.23: Spektrum des Hanning-Fensters; U_0 = 50 V; T_F = 100 ns; T = 10 µs.

Ein weiteres Beispiel für eine solche Funktion ist das sogenannte Hamming-Fenster. Dieses wird durch folgende Gleichung beschrieben:

$$F(t) = 0,54 - 0,46 \cos\left(2\pi\,\frac{t}{T_F}\right) \qquad \text{für} \qquad 0 \le t < T_F \qquad (7.10)$$

Damit verbleibt an den Enden des Fensters eine geringe Diskontinuität.

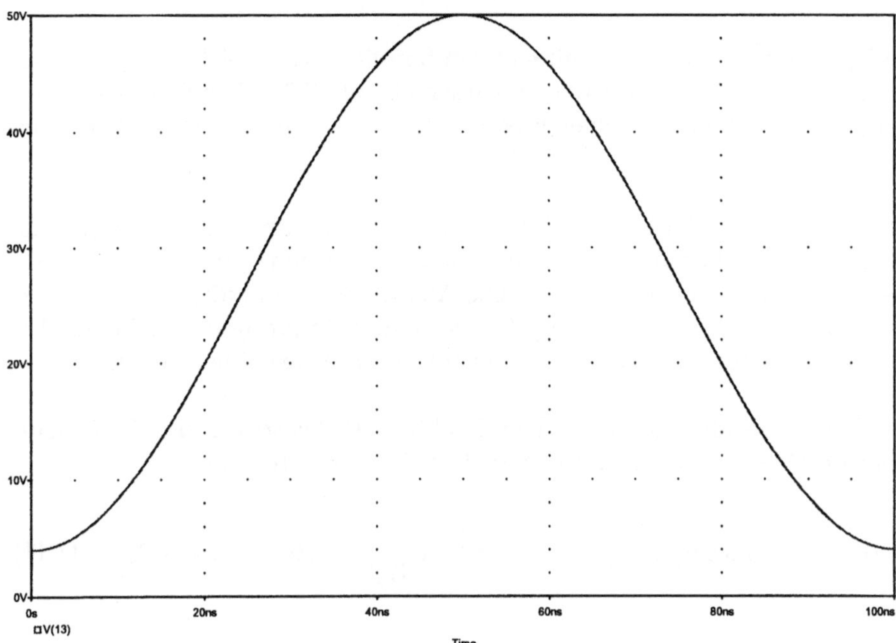

Bild 7.24: Datensatz für die DFT (Ausschnitt mit den ersten 100 ns), Hamming-Fenster; $U_0 = 50$ V; $T_F = 100$ ns; $T = 10$ μs.

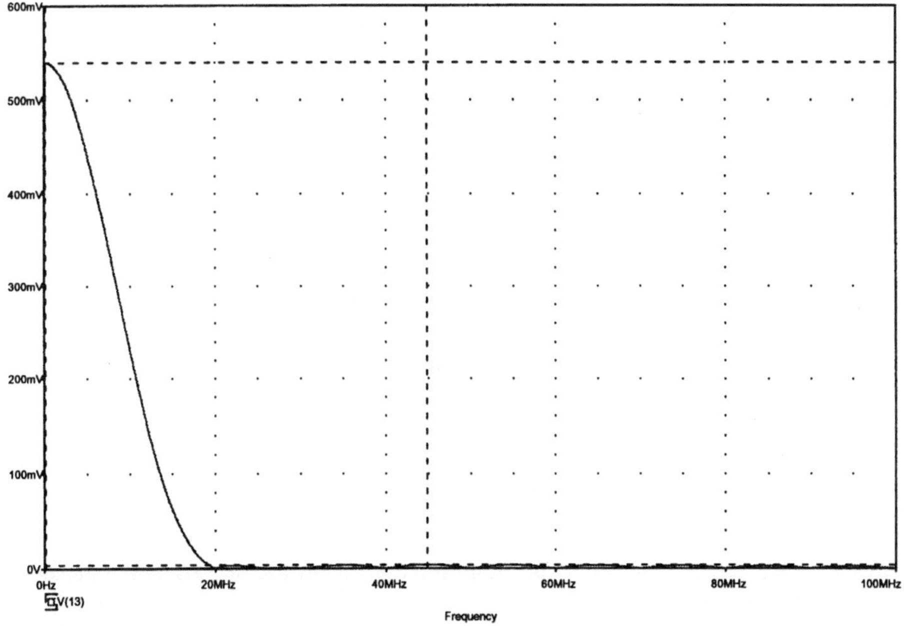

Bild 7.25: Spektrum des Hamming-Fensters; $U_0 = 50$ V; $T_F = 100$ ns; $T = 10$ μs.

Entsprechend den bisher betrachteten Simulationsbeispielen wird wieder eine Fensterbreite T_F von 100 ns betrachtet (Bild 7.24). Die Berechnung erfolgt zwecks Erzielung einer Frequenzauflösung von 100 kHz über einen Zeitraum von 10 µs.

Das Ergebnis der DFT ist in Bild 7.25 dargestellt. Man erhält eine erheblich verbesserte Bedämpfung der Nebenkeulen, die Bedämpfung der Hauptkeule beträgt dagegen nur 54 %. Die Auswertung mit Hilfe der Frequenzmarken ergibt für das Hanning-Fenster eine Dämpfung der Nebenkeulen von 42,67 dB und zwar hier bezogen auf die stärkste dritte Nebenkeule.

Ein letztes Beispiel für eine solche Funktion ist das sogenannte Blackman-Fenster. Dieses wird durch folgende Gleichung beschrieben:

$$F(t) = 0,42 - 0,5 \cos\left(2\pi \frac{t}{T_F}\right) + 0,08 \cos\left(4\pi \frac{t}{T_F}\right) \qquad \text{für} \qquad 0 \le t < T_F \qquad (7.11)$$

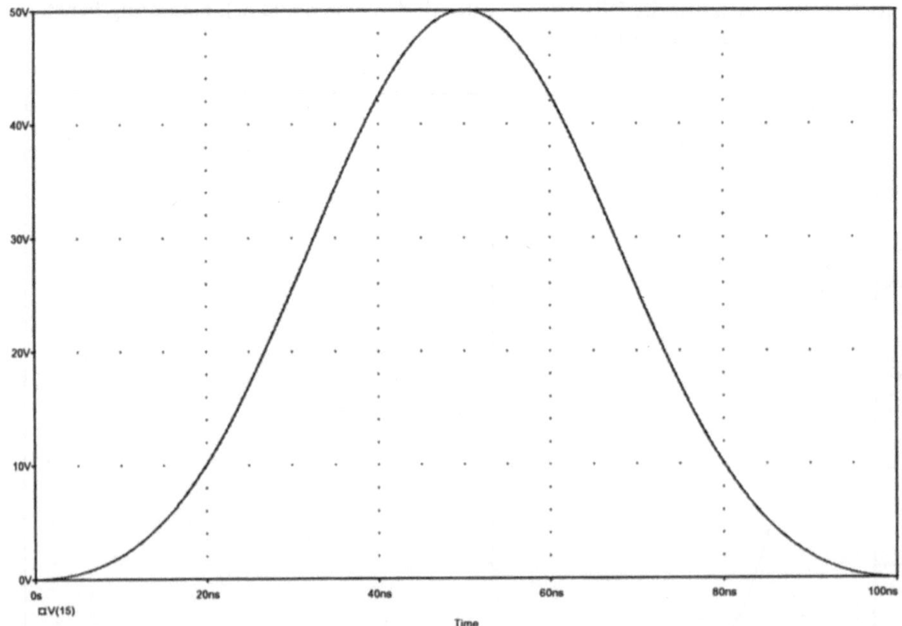

Bild 7.26: Datensatz für die DFT (Ausschnitt mit den ersten 100 ns), Blackman-Fenster; $U_0 = 50$ V; $T_F = 100$ ns; $T = 10$ µs.

Entsprechend den bisherigen Simulationsbeispielen wird wieder eine Fensterbreite T_F von 100 ns gewählt (Bild 7.26). Die Berechnung erfolgt zur Erzielung einer Frequenzauflösung von 100 kHz über eine Zeit von 10 µs.

Das Ergebnis der DFT ist in Bild 7.27 dargestellt. Man erhält eine nahezu vollständige Bedämpfung der Nebenkeulen, die Bedämpfung der Hauptkeule beträgt dagegen bereits 42 %. Die Auswertung mit Hilfe der Frequenzmarken ergibt für das Blackman-Fenster eine Dämpfung der Nebenkeulen von 58,11 dB.

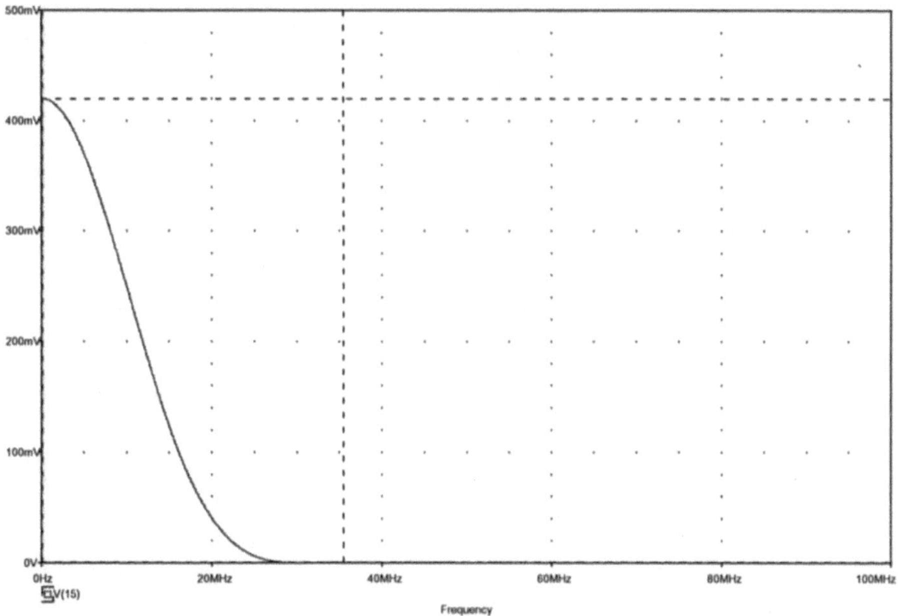

Bild 7.27: Spektrum des Blackman-Fensters; U_0 = 50 V; T_F = 100 ns; T = 10 µs.

Insbesondere am Beispiel des Blackman-Fensters werden aber auch unerwünschte Nebeneffekte bei der Verwendung solcher Fensterfunktionen deutlich sichtbar. Neben der zunehmenden Dämpfung der Hauptkeule, was leicht korrigiert werden kann, ist vor allem deren zunehmende Verbreiterung unerwünscht. Der Vorteil der Verminderung des Leckeffekts bei der nicht kohärenten Abtastung periodischer Funktionen überwiegt jedoch diese Nachteile bei weitem.

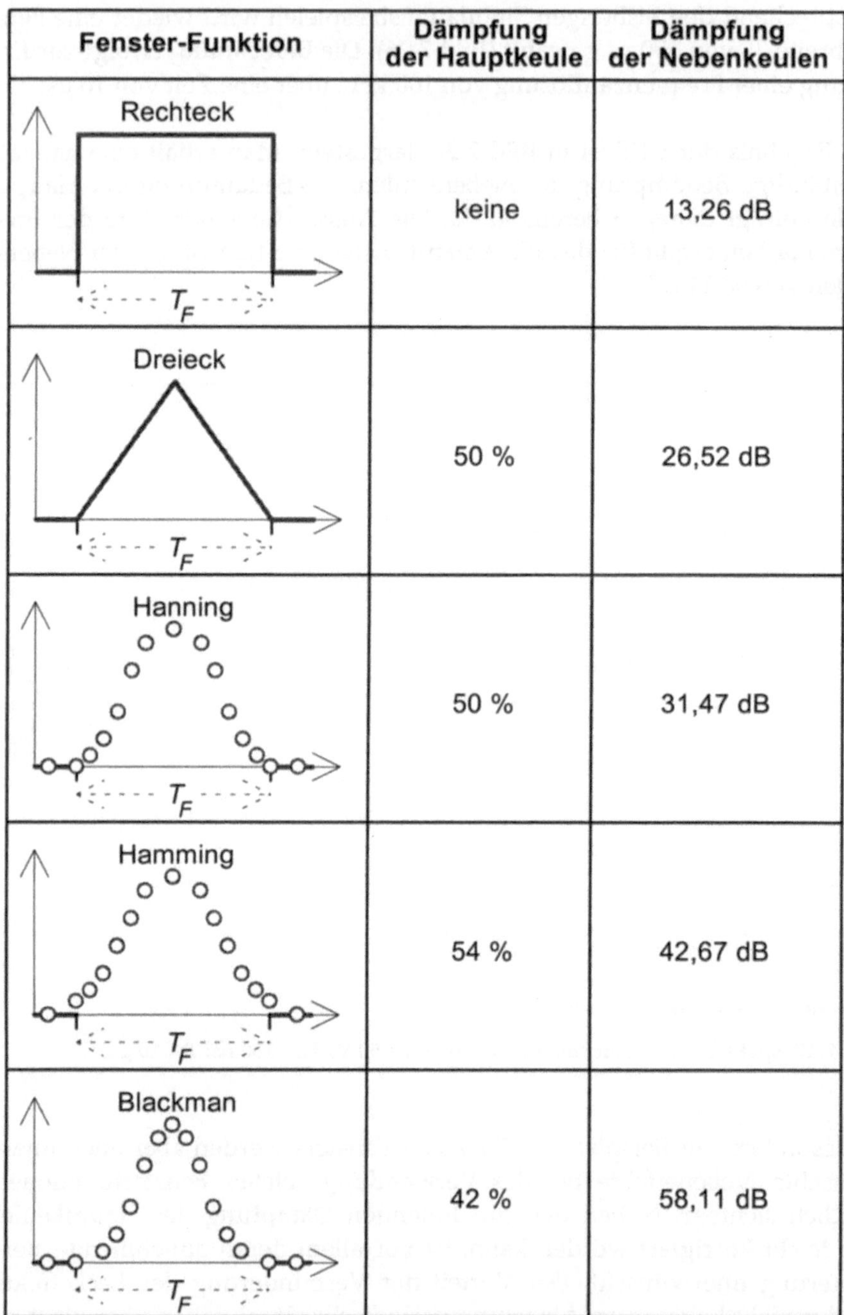

Bild 7.28: Abschwächung des Leckeffekts durch verschiedene Fensterfunktionen mit der Fensterbreite T_F

Aus dem in Bild 7.28 dargestellten Vergleich verschiedener Fensterfunktionen zur Reduzierung der Leckkomponenten ergeben sich folgende Zuordnungen der Eigenschaften:

- Große Amplitudengenauigkeit des Hauptspektrums und geringe Dämpfung der Nebenkeulen (Rechteck-Fenster);

- Große Dämpfung der Nebenkeulen und große Amplitudendämpfung des Hauptspektrums (z. B. Blackman-Fenster).

Der Schritt von der Diskreten-Fourier-Transformation zur Fast-Fourier-Transformation (FFT) ist einfach zu beschreiben. Es handelt sich dabei um die Realisierung eines numerischen Algorithmus zur besonders schnellen Auswertung der Diskreten-Fourier-Transformation (Abschnitt 1.3).

7.5
Korrelationsrechnung

Bei der Untersuchung komplexer Signale ist es oft nicht mehr möglich, ohne den Einsatz von analytischen Hilfsmitteln funktionale Zusammenhänge zu erkennen. Ein Weg zur Erfassung dieser nicht auf einfache Weise erkennbaren Abhängigkeiten ist die Korrelationsrechnung [33]. Diese läßt sich auf den digitalen Spektrum-Analysatoren mit einfachen Mitteln realisieren, da die analog gemessenen Daten bereits digitalisiert und in binärer Form gespeichert sind.

Bevor die wichtigsten Korrelationsarten eines Signals mit sich selber oder mit einem anderen Signal diskutiert werden, wird kurz die verwendete Normierung erläutert. Die Abhängigkeit eines Signals von sich selbst, bzw. von einem anderen Signal wird auf den Wertebereich ±1 normiert. Ein Wert der Korrelation zwischen 0 und +1 bedeutet eine gleichphasige Abhängigkeit zweier Signale (Bild 7.29). Ein Wert zwischen 0 und -1 bedeutet eine gegenphasige Abhängigkeit zweier Signale. Falls beide Signale gar nicht voneinander abhängig sind, dann ist der entsprechende Wert gleich Null.

7.5.1
Autokorrelationsfunktion

Die Autokorrelationsfunktion $R_{(t)}$ eines Signals beschreibt die allgemeine Abhängigkeit der Signaldaten zu einem Zeitpunkt t mit der zu einem anderen Zeitpunktes $t+\Delta t$. Bei der Anwendung der Autokorrelation wird das untersuchte Signal zeitlich verzögert mit dem Ursprungssignal verglichen.

Maximale Korrelation erwartet man bei einer zeitlichen Verschiebung um $\Delta t = 0$, d. h. wenn beide Signale in Phase sind. Die Autokorrelationsfunktion nimmt in ihrem Wertebereich nur reelle Werte an und hat ein Maximum für $\Delta t = 0$. Die mathematische Form der Autokorrelationsfunktion läßt sich wie folgt angeben:

$$R_{(\Delta t)} = \lim_{T \to \infty} \left\{ \frac{1}{T} \int_0^T x_{(t)}\, x_{(t + \Delta t)}\, dt \right\} \tag{7.12}$$

Die Autokorrelationsfunktion kann durch die folgenden Operationen berechnet werden:

- Das Signal wird um den Betrag Δt verzögert;

- alle Werte des Signals werden mit den entsprechenden um Δt verschobenen Werten multipliziert;

- alle diese Produkte werden über die Dauer der Abtastung gemittelt.

Die Autokorrelationsfunktion einer beliebigen Sinusschwingung ist wegen der zeitlichen Beziehung des Signals mit sich selbst stets eine Kosinusschwingung. Dies wird durch die in Bild 7.29 enthaltene Skizze verdeutlicht.

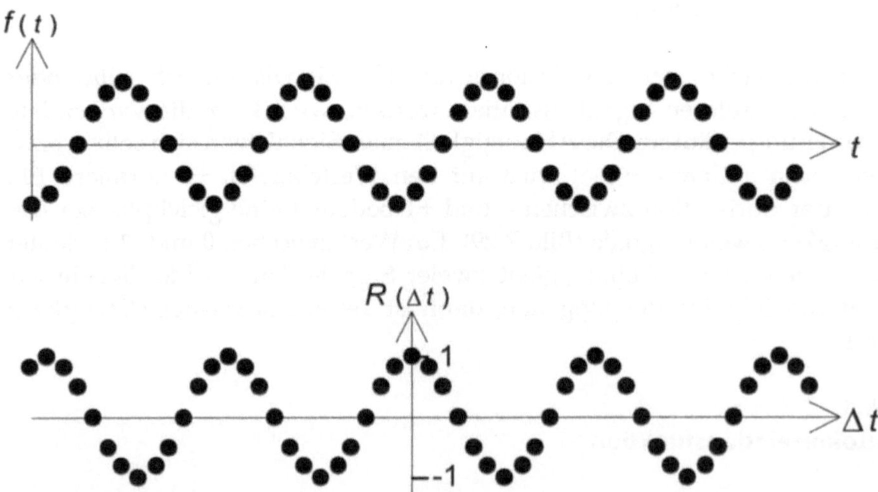

Bild 7.29: Autokorrelation einer Sinusschwingung

7.5.2
Kreuzkorrelationsfunktion

Die Kreuzkorrelationsfunktion zweier verschiedener Signale beschreibt die funktionalen Abhängigkeiten der beiden Datensätze. Der Korrelationskoeffizient gibt den mittleren Zusammenhang der beiden untersuchten Signale an. Die Kreuzkorrelationsfunktion nimmt in ihrem Wertebereich immer reelle Werte an. Diese Funktion erreicht im Gegensatz zur Autokorrelationsfunktion nicht bei $\Delta t = 0$ ihr Maximum. Die mathematische Form der Kreuzkorrelationsfunktion lautet wie folgt:

$$n(\Delta t) = \lim_{T \to \infty} \left\{ \frac{1}{T} \int_{0}^{T} x(t)\, y(t + \Delta t)\, dt \right\} \tag{7.13}$$

Die Kreuzkorrelationsfunktion wird wie folgt berechnet:

- Das Signal $y(t)$ wird relativ zu Signal $x(t)$ um den Betrag Δt verzögert;

- alle Werte des Signals $x(t)$ werden mit den entsprechenden um Δt verschobenen Werten des Signals $y(t)$ multipliziert;

- alle diese Produkte werden über die Dauer der Abtastung gemittelt.

Mit Hilfe der Kreuzkorrelation können folgende Abhängigkeiten untersucht werden:

- Messung von Zeitverzögerungen;

- Übertragungsmessungen;

- Erkennung von verrauschten Signalen.

Mit Hilfe der Kreuzkorrelation ist es möglich, die Laufzeit zu ermitteln, die ein Signal zum Durchlaufen eines linearen Systems benötigt. Die Kreuzkorrelationsfunktion liefert eine direkte Anzeige des zeitlichen Versatzes. Maximale Korrelation wird man bei dem gesuchten zeitlichen Versatz Δt feststellen. Dieses Verfahren ist nur anwendbar, wenn es sich bei dem untersuchten System um ein eindeutig lineares System handelt. In der Praxis ist die Signalübertragungsgeschwindigkeit häufig frequenzabhängig. Eine Laufzeitmessung kann dann nicht über die Kreuzkorrelation durchgeführt werden, sondern muß mittels des Kreuzspektrums ermittelt werden, worauf in Abschnitt 7.5.4 noch eingegangen werden wird.

Bei linearen Systemen sind mit Hilfe der Kreuzkorrelation auch Übertragungsmessungen möglich. In den Fällen, bei denen ein Eingangssignal unterschiedliche Signalwege beschreiten kann, muß der tatsächliche

Signalweg ermittelt werden. Ein Beispiel wäre die Schallübertragung auf unterschiedlichen Wegen (Luft, Material, etc.) ausgehend von einem Generator. Zur effektiven Schalldämpfung muß festgestellt werden, auf welchem Wege der Schall tatsächlich übertragen wird. Da verschiedene Ausbreitungswege auch unterschiedliche Signallaufzeiten zur Folge haben, können mit Hilfe der Kreuzkorrelationsfunktion die zeitlichen Verzögerungen bestimmt und so die Ausbreitungswege ermittelt werden.

Die Erkennung von verrauschten, nicht periodischen Signalen ist über die Autokorrelationsfunktion nicht möglich. Diese liefert nur für periodische Signale verwertbare Ergebnisse. Mit Hilfe der Kreuzkorrelation ist es dagegen möglich, auch zufällige Prozesse in einem starken Hintergrundrauschen zu erkennen. Das gilt insbesondere dann, wenn eine rauschfreie Kopie des nicht periodischen Signals verfügbar ist und mit dem verrauschten Signal korreliert wird. Im Fall des verrauschten periodischen Signals ist das erzielbare Signal-Rausch-Verhältnis bei der Kreuzkorrelation erheblich größer als bei der Autokorrelation.

7.5.3
Leistungsdichtefunktion

Die Leistungsdichtefunktion gibt an, wie die Energie des Ursprungssignals über das Frequenzspektrum des untersuchten Signals verteilt ist. An dieser Stelle wird wiederum die Fourier-Transformation benötigt. Die Fourier-Transformierte der Autokorrelationsfunktion führt auf das sogenannte Leistungsspektrum (Power Spektrum). Das Leistungsspektrum hat die Dimension einer Dichte. Dieser Zusammenhang wird deutlich, wenn man zwei Spannungssignale miteinander korreliert. Die Autokorrelation als einfachstes Beispiel ergibt die Dimension V^2, die Integration bei der Fourier-Transformation führt dann zur Dimension V^2/Hz.

Das Leistungsspektrum einer reinen Sinusfunktion ist bei der Frequenz f_x der Schwingung unendlich groß und für alle anderen Frequenzkomponenten Null (Bild 7.30). Bei der Analyse eines stark verrauschten sinusförmigen Signals tritt die periodische Frequenzkomponente f_x deutlich aus dem Spektrum des Rauschens hervor. Damit wird es durch die Berechnung des Leistungsspektrums möglich, im Rauschen verborgene periodische Signale zu erkennen. Dies gilt insbesondere bei der Suche nach unbekannten Frequenzkomponenten und bei sehr ungünstigem Signal-Rausch-Verhältnis. Ein bandbegrenztes Rauschen hat ein ähnliches Leistungsspektrum wie das verrauschte sinusförmige Signal aber mit einem beidseitigen Abfall der Leistungsdichte außerhalb des vorgegebenen Frequenzbands.

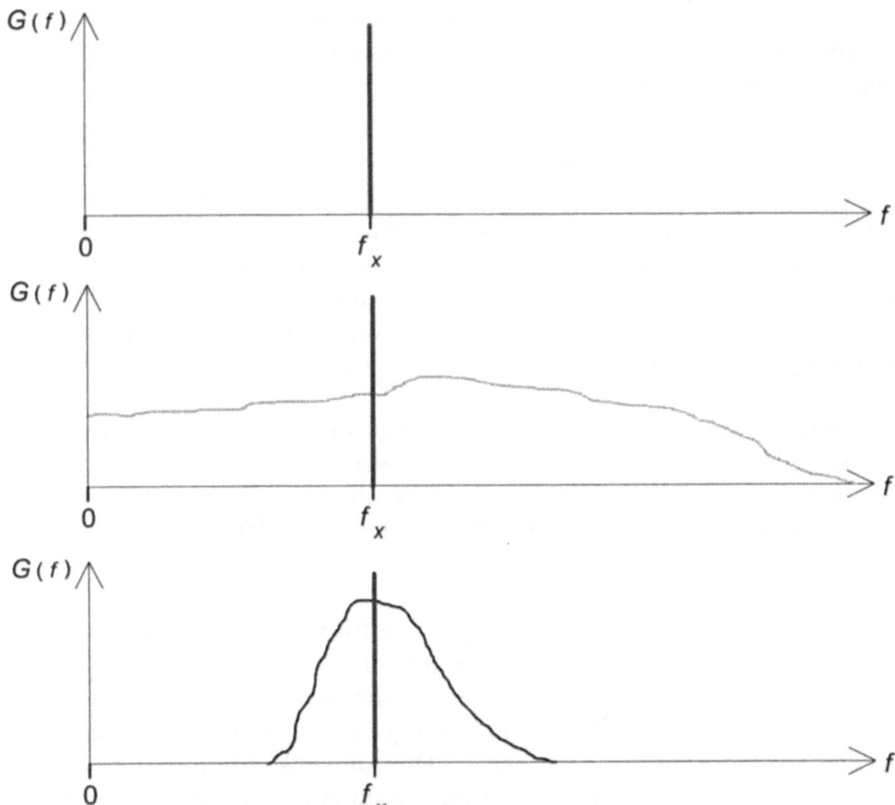

Bild 7.30: Leistungsdichtefunktion eines sinusförmigen Signals (oben), eines stark verrauschten sinusförmigen Signals (in der Mitte) und eines bandbegrenzten Rauschens (unten)

7.5.4
Kreuzleistungsdichtefunktion und Kohärenz

Die Kreuzleistungsdichtefunktion (Kreuzspektrum) zweier Datensätze ergibt sich unmittelbar aus der Fourier-Transformierten der Kreuzkorrelationsfunktion. Im Gegensatz zur Transformierten der Autokorrelationsfunktion (Leistungsdichtefunktion) erhält man zusätzlich zur Amplitude auch Aussagen über die Phasenlage in Abhängigkeit von der Frequenz.

Ein Hauptanwendungsgebiet der Kreuzleistungsdichtefunktion ist die Analyse des Übertragungsverhaltens von physikalischen Systemen. Beispielsweise wird angenommen, daß ein elektrisches System die Übertragungsfunktion $H_{System}(f)$ besitzen soll. Es wird nun ein stationäres Rauschen auf den Eingang des Systems gegeben. Die Leistungsdichtefunktion $G_R(f)$ des angelegten Signals sei bekannt. Das Kreuzspektrum zwischen Eingang und Ausgang ergibt sich damit zu:

$$G_{out}(f) = H_{System}(f) * G_R(f) \qquad (7.14)$$

Mit dieser Beziehung kann man die vollständige Übertragungsfunktion $H_{System}(f)$ des untersuchten Systems bestimmen. Die einzigen Voraussetzungen für die Berechnung sind die Ermittlung der Leistungsdichte des angelegten Signals (üblicherweise ein breitbandiges Rauschen) und die Bestimmung der Kreuzleistungsdichte des Systems.

Ein weiteres Anwendungsgebiet der Kreuzleistungsdichte ist die Messung von zeitlichen Verschiebungen zwischen zwei Funktionen. Im Unterschied zur Messung mit Hilfe der Kreuzkorrelation läßt sich hier die zeitliche Verschiebung beider Signale in Abhängigkeit von der Frequenz bestimmen.

Die Quadrierung der Kreuzleistungsdichte führt zur sogenannten Kohärenzfunktion. Die Kohärenz ist normiert auf Werte zwischen +1 und 0. Falls zwei Prozesse $x(t)$ und $y(t)$ statistisch voneinander unabhängig sind, ist die Kohärenzfunktion 0. Der Wert 1 zeugt im Gegensatz dazu von einer starken Abhängigkeit beider Prozesse. Die Ähnlichkeit von $x(t)$ und $y(t)$ bei der Frequenz f kann durch die Kohärenz zum Ausdruck gebracht werden ungeachtet einer eventuellen zeitlichen Verschiebung beider Prozesse gegeneinander.

8 Bussysteme

8.1
Datenübertragungsstrukturen

Die vorliegende Darstellung, die keinen Anspruch auf Vollständigkeit erhebt, lehnt sich an eine entsprechende Übersicht an [34]. Eine umfassende Darstellung der Thematik findet sich in [9, 10].

Grundsätzlich muß zwischen Verbindungsstrukturen für die Nahbereichs- und Fernbereichsdatenübertragung unterschieden werden. In Bezug auf Bussysteme interessiert aber nur der Nahbereich mit Verbindungswegen bis zu höchstens einigen Kilometern Länge. Im Nahbereich gibt es drei unterschiedliche Verbindungsstrukturen die auch in gemischter Form auftreten können:

- **Sternstruktur:** Die einzelnen Teilnehmer sind durch getrennte Übertragungsleitungen mit einer zentralen Einheit verbunden. Diese Teilnehmer können entweder gleichzeitig Daten an die zentrale Einheit übertragen oder sie erhalten nacheinander die Übertragungsberechtigung zugeteilt.

- **Ringstruktur:** Die Teilnehmer sind ringförmig miteinander verbunden und können Daten jeweils zu ihrem Nachbarn übertragen. Daten an weiter entfernte Teilnehmer müssen von Teilnehmer zu Teilnehmer weitergegeben werden.

- **Busstruktur:** Die Teilnehmer sind durch den gemeinsamen Übertragungsweg (Bus) verbunden. Zu einem Zeitpunkt kann nur ein Datensatz auf dem Bus übertragen werden.

Mit Hilfe von Bussystemen soll der Austausch von Daten zwischen einer großen Zahl von Teilnehmern ermöglicht werden. Dazu werden alle Teilnehmer über den Bus als Verbindungsweg verbunden (Bild 8.1).

Aus diesem Grund ist zur Abwicklung der Kommunikation zwischen den verschiedenen Teilnehmern über den Bus die Einhaltung genau vorgeschriebener Übertragungsregeln erforderlich. Diese Regeln betreffen sowohl die mechanischen (z. B. Stecker), die elektrischen und auch die logischen Anschlußbedingungen, also den Ablauf der eigentlichen Datenübertragung.

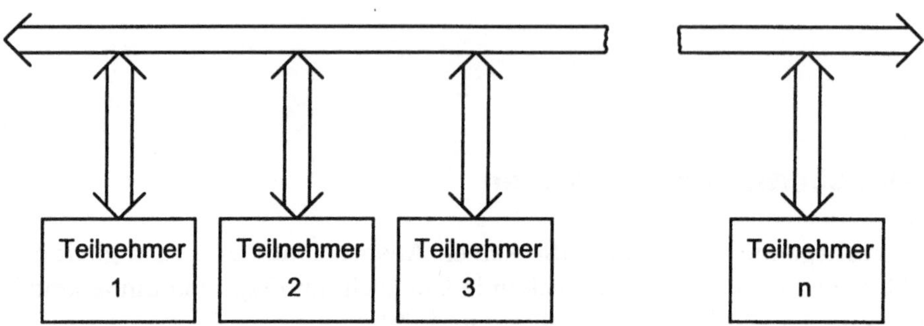

Bild 8.1: Busstruktur

Da an einem Bus beliebige Teilnehmer angeschlossen werden sollen, müssen die Busschnittstellen eindeutig definiert werden. Das beinhaltet die mechanischen, elektrischen und logischen Anschlußbedingungen. Besondere Bedeutung erhält ein Bussystem durch die Normung der Schnittstellen. Dadurch können verschiedene Hersteller Geräte mit den gleichen Schnittstellen anbieten, die durch das genormte Bussystem miteinander verbunden werden.

Die Bussysteme lassen sich wie folgt charakterisieren:

- Der **integrierte Bus** wird innerhalb von integrierten Bausteinen zum Datentransport verwandt.

- Der **Leiterplatten-Bus** dient zum Datentransport zwischen den Bauteilen auf Leiterplatten.

- Der **System-Bus** dient zum Datentransport zwischen mehreren Leiterplatten eines Systems.

- Der **Peripherie-Bus** dient zum Anschluß der Rechnerperipherie, wie z. B. Magnetplattenspeicher, Drucker und Terminals, die lokal um einen Rechner gruppiert sind.

- Der **Instrumentierungs-Bus** verbindet Meßgeräte, Anzeigen, Schalter in einem Bereich begrenzter Ausdehnung, z. B. in einem Labor oder in einer Anlage, miteinander.

- **Prozeßbusse** verbinden Maschinen, Geräte, Rechner und Anlagenteile im Bereich einer ganzen Fabrik oder einer Großanlage miteinander.

8.2
Grundlagen der Bussysteme

8.2.1
Grundsätzliche Arbeitsweise

Die wesentlichen Merkmale einer Bus-Verbindungsstruktur zwischen Teilnehmern sind:

- Es gibt nur ein einzigen Übertragungsweg; dieser kann aus elektrischen Leitungen, Lichtwellenleitern oder einem Funkkanal bestehen;

- alle Teilnehmer sind an diesen einen Übertragungsweg gekoppelt.

Die Teilnehmer, die an einen Bus gekoppelt werden, haben einen Grundaufbau entsprechend Bild 8.2. Über eine genau definierte mechanische Ankopplung wird der Teilnehmer mit dem Bus verbunden. Durch eine Ankopplungseinheit erfolgt die elektrische Anpassung des Teilnehmers an das Übertragungsmedium. Die Übertragungssteuerung stellt die logische Schnittstelle zwischen dem Busteilnehmer und dem Bus dar. Hier werden alle Steuerungsabläufe durchgeführt, um die Daten vom Bus aufzunehmen, zu verarbeiten und gegebenenfalls weiterzugeben oder um selbst Übertragungen über den Bus abzuwickeln.

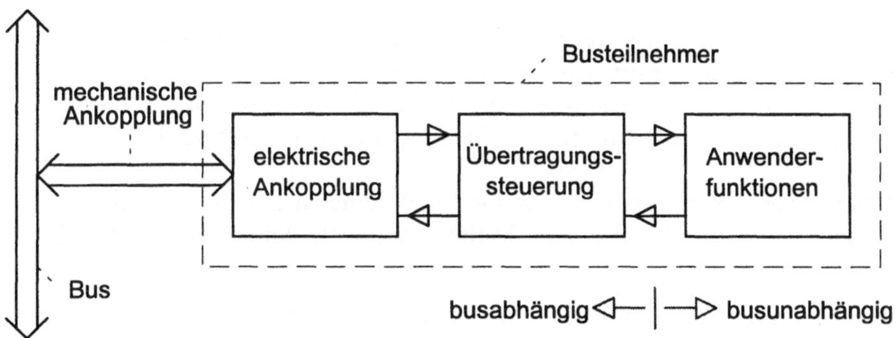

Bild 8.2: Grundaufbau eines Busteilnehmers

Die Bus-Verbindungsstruktur erfordert die Einhaltung busspezifischer Übertragungsregeln. Wenn mehrere Busteilnehmer zur gleichen Zeit Daten aussenden, würden sich die entsprechenden Signale auf dem Bus überlagern. Zur Lösung des Problems, das durch den gleichzeitigen Übertragungswunsch mehrerer Busteilnehmer entsteht, können folgende Verfahren angewandt werden:

- Die Übertragungen der Teilnehmer erfolgen nacheinander. Dazu wird der Bus abwechselnd für eine begrenzte Zeit jeweils an einzelne Teilnehmer zugeteilt (Zeitmultiplex-Verfahren).

- Jeder Teilnehmer erhält für seine Übertragungen einen eigenen Frequenzbereich zugeordnet (Frequenzmultiplex-Verfahren).

Die Zeitmultiplex-Verfahren, bei denen der Bus abwechselnd jeweils einem Teilnehmer zugeteilt wird, lassen sich in Verfahren mit fester oder bedarfsabhängiger Zuteilung klassifizieren:

- Bei Zuteilung mit festem Zeitraster wird der Bus nacheinander allen Teilnehmern jeweils für eine feste Zeit t_1 zugeteilt. Die Zuteilung erfolgt unabhängig davon, ob der Teilnehmer den Bus tatsächlich zur Übertragung benötigt. Die Länge einer Übertragung entspricht t_1.

- Bedarfsabhängige Zuteilungsverfahren benötigen eine zusätzliche Einheit, die den Bus unter Berücksichtigung der vorliegenden Übertragungswünsche bestimmten Teilnehmern zuordnet. Solche Verfahren sorgen für eine bessere Ausnutzung der Übertragungskapazität des Busses, da nur Teilnehmer mit einem Übertragungswunsch bei der Zuteilung berücksichtigt werden.

Nachdem einem Teilnehmer der Bus zugeteilt wurde, wird dieser Master am Bus. Er besitzt damit den Bus für die Dauer dieser Übertragung. Das bedeutet aber auch, daß am Bus immer nur ein Teilnehmer Master sein darf; wenn ein anderer übertragen will, dann muß ein Mastertransfer stattfinden. Die Teilnehmer, welche vom Master mit einer Übertragung angesprochen werden, bezeichnet man als Slave. Diese müssen den Übertragungsablauf so durchführen, wie dieser vom Master vorgegeben wird.

Jeder Übertragungsablauf zwischen Teilnehmern auf einem Bus wird im wesentlichen durch zwei Abschnitte festgelegt, dem Kommandoteil und dem Antwortteil:

- Mit dem Kommandoteil (Command) legt der Master die Bedeutung und die Funktion der übertragenen Daten fest. Diese Information wird vom Slave übernommen und ausgewertet.

- Der Antwortteil (Response) kann auch Daten enthalten, dieser ist jedoch insbesondere notwendig, um dem Master anzuzeigen, ob die Datenübertragung ordnungsgemäß erfolgt ist.

Je nach Anwendungsfall können an einem Bus sehr unterschiedliche Teilnehmer angeschlossen sein. Zum Beispiel können dies Anzeigeeinheiten, Meßgeräte, Speichereinheiten oder Rechner sein. Entsprechend unterschiedlich ist die Art der Datenübertragung, die mit diesem Teilnehmer möglich ist. Dabei werden folgende Teilnehmerfunktionen unterschieden:

- Zuhörer mit und ohne Antwortberechtigung,

- Alarmgeber,

- Kontrollfunktion.

In einem Busteilnehmer können alle oder nur einige dieser Funktionen realisiert sein:

- Als Zuhörer ohne Antwortberechtigung ist es einem Teilnehmer nur möglich, an ihn gerichtete Nachrichten vom Bus zu übernehmen (Listener/Slave).

- Ein Zuhörer mit Antwortberechtigung übernimmt vom Bus die für ihn bestimmten Nachrichten und ist in der Lage, eine Quittung und gegebenenfalls eine Antwort zu übertragen (Slave/Listener, Slave/Talker). Es ist auch möglich, daß ein solcher Teilnehmer zur Übertragung der Antwort selbst Master wird (Master/Talker).

- Durch die Alarmgeber-Funktion wird ein Teilnehmer in die Lage versetzt, anderen Teilnehmern bestimmte Ereignisse sofort mitzuteilen. Ein Alarm wird auf dem Bus bevorzugt behandelt und so bald wie möglich weitergeleitet (Demander-Funktion).

- Die Kontrollfunktion (Controller) beinhaltet die Durchführung folgender Aufgaben:
  - Vergabe des Busses gemäß den Anforderungen der Teilnehmer (Bus-Arbitrierung),
  - Überwachung der Datenübertragung auf dem Bus und Behandlung von Fehlern sowie
  - Überwachung des Busses bezüglich fehlerhafter Teilnehmer.

Ein Busteilnehmer wird als aktiv bezeichnet, wenn er gerade eine dieser Funktionen durchführt. Prinzipiell können alle Funktionen in allen Teilnehmern vorhanden sein. Bestimmte Funktionen dürfen am gesamten Bus jedoch immer nur bei einem Teilnehmer aktiv sein, wie z. B. die Kontrollfunktion. Die übrigen Funktionen dürfen jedoch in mehreren Teilnehmern gleichzeitig aktiv sein, so kann es z. B. mehrere aktive Zuhörer geben.

Aufgrund der Struktur des Busses gelangen alle Daten zu jedem Busteilnehmer. Sind die Daten aber nur für einen Teilnehmer bestimmt, dann muß durch zusätzliche Informationen dafür gesorgt werden, daß nur dieser die auf dem Bus angebotenen Daten aufnimmt und verarbeitet. Dazu erhält jeder Teilnehmer eine eindeutige Teilnehmeradresse.

Die Auswahl des Empfängers erfolgt dadurch, daß mit den Daten auch die Empfängeradresse auf dem Bus übertragen wird. Jeder Teilnehmer prüft, ob die Empfängeradresse mit der eigenen Adresse übereinstimmt. Nur bei einer Übereinstimmung erfolgt die Übernahme der Daten.

Wenn Daten an alle Teilnehmer gesendet werden sollen (Rundruf), so können dafür bestimmte Adressen fest vereinbart werden. Diese sind allen Teilnehmern bekannt, so daß die zugehörige Nachricht dann von allen Teilnehmern übernommen wird.

Ein Listener oder Slave muß oft auch erkennen können, von welchem Teilnehmer die Daten stammen. Dies kann dadurch erreicht werden, daß die Daten auch die Adresse des aussendenden Teilnehmers enthalten.

8.2.2
Grundfunktionen eines Bussystems

8.2.2.1
Buszuteilung (Bus-Arbitrierung)

Durch den Anschluß zahlreicher Teilnehmer an einen Bus kann es durchaus vorkommen, daß mehrere Teilnehmer zur gleichen Zeit Datenübertragungen durchführen wollen. Da der Bus jedoch das gemeinsame Übertragungsmedium aller Teilnehmer ist, müssen die entsprechenden Übertragungswünsche koordiniert werden.
Vor allem muß sichergestellt werden, daß

- nicht mehrere Teilnehmer gleichzeitig Übertragungen durchführen, da die Signale sich auf dem Bus überlagern würden und keine fehlerfreie Übertragungen möglich wäre (Buskonflikt),

- Übertragungswünsche von Teilnehmern in einer angemessenen Zeit befriedigt werden, das heißt, die Wartezeit muß in einer vorhersehbaren Größenordnung liegen.

Nach einer Busanforderung (Übertragungswunsch) wird der Bus durch eine Zuteilungslogik (Arbiter) einem Teilnehmer allein für die Datenübertragung zugeteilt. Dies wird in den verschiedenen Bussystemen aufgrund der speziellen Anforderungen unterschiedlich realisiert. Dabei lassen sich die Zuteilungsverfahren nach den folgenden drei Merkmalen gliedern:

- Nach dem Ort, an dem die Zuteilungslogik im Bussystem realisiert ist,
  - zentral, in einer besonderen Einheit, oder
  - dezentral, auf alle am Bus angeschlossenen Teilnehmer verteilt.

- Nach dem Verfahren, das bei der Teilnehmerauswahl verwendet wird:
  - statisches Prioritätsverfahren,
  - faire Zuteilung,
  - sequentielle Bearbeitung (zyklisch rotierend).
- Nach den Zeitpunkten, zu denen die Busanforderungen abgegeben werden dürfen:
  - fest vorgegebene Zeitpunkte,
  - freie Anforderungszeitpunkte.

a) Zentrale Zuteilungslogik

Hierbei wird entweder eine spezielle Logikeinheit am Bus angeschlossen oder in den meisten Fällen ein Busteilnehmer mit einer geeigneten Entscheidungslogik ausgestattet. Der Teilnehmer, der Daten übertragen will, muß dies der Buszentrale als Busanforderung (Bus-Request) mitteilen können. Bei Mehrfachanforderungen erfolgt an der zentralen Stelle die Auswahl des Teilnehmers, dem dann durch ein Antwortsignal die Buszuteilung (Bus grant) mitgeteilt wird.

Die Übermittlung der Busanforderung der Teilnehmer an die zentrale Zuteilungslogik kann in unterschiedlicher Form erreicht werden:

- Direkte Erfassung der Busanforderungen in der zentralen Zuteilungslogik. Durch das Anforderungssignal kann der Teilnehmer bereits identifiziert werden. Die Realisierung erfolgt z. B. durch Stichleitungen von jedem Teilnehmer zur zentralen Zuteilungslogik.

- Abfrage des Status aller Teilnehmer (Polling) und Zuteilung wenn ein Übertragungswunsch erkannt wird.

- Gemeinsame Sammelleitung für alle Teilnehmer mit nachfolgender Identifizierung des übertragungswilligen Teilnehmers.

- Ohne Busanforderung; den Teilnehmern wird der Bus unabhängig von einem Übertragungswunsch nach einem festen Zeitraster zugeteilt.

Ein wesentlicher Vorteil der zentralen Zuteilungslogik ist die Erzielung sehr kurzer Reaktionszeiten. Außerdem ist der Aufwand für die Zuteilungslogik nur einmal Stelle erforderlich.

b) Dezentrale Zuteilungslogik

Die Entscheidungslogik ist auf alle sendefähigen Teilnehmer verteilt. Jeder Teilnehmer muß hier allerdings informiert sein, ob ein anderer Teilnehmer den Bus angefordert oder belegt hat.

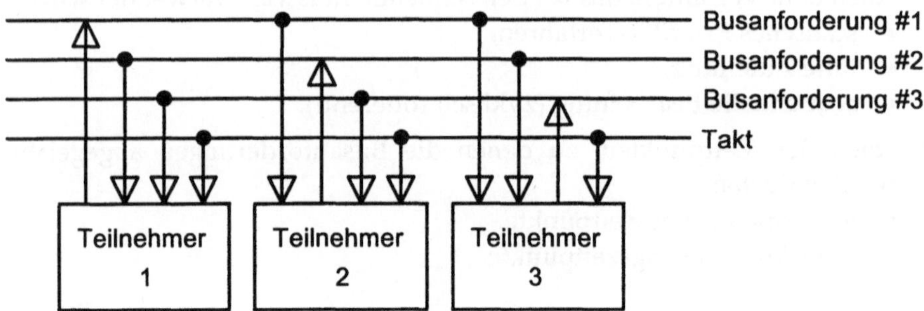

Bild 8.3: Dezentrale Bus-Arbitrierung mit eigenen Busanforderungs-Leitungen

Eine dezentrale Zuteilungslogik läßt sich nach verschiedenen Grundprinzipien verwirklichen:

● **Gegenseitige Abfrage**: Jeder Teilnehmer verfügt über eine eigene Busanforderungs-Leitung, die jeweils zu allen anderen Teilnehmern führt (Bild 8.3). Ein Teilnehmer mit einem Sendewunsch erzeugt eine Busanforderung und prüft dann, ob weitere Anforderungen vorliegen. Entsprechend einer festgelegten Priorität der Teilnehmer beginnt derjenige mit der Übertragung der feststellt, daß keine andere Busanforderung mit höherer Priorität vorliegt. Zur Vermeidung von Buskonflikten muß diese Entscheidung allerdings bei allen Teilnehmern gleichzeitig gefällt werden. Dies wird durch eine zentrale Taktsynchronisation erreicht.

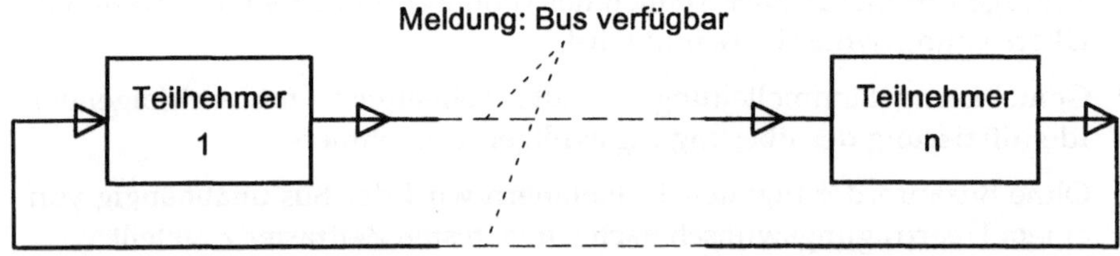

Bild 8.4: Dezentrale Bus-Arbitrierung durch zyklische Buszuteilung

● **Zyklische Buszuteilung**: Es ist keine Busanforderung erforderlich, die Zugriffsberechtigung auf den Bus (Token) wird von Teilnehmer zu Teilnehmer zyklisch weitergereicht (Token Passing). Liegt bei einem Teilnehmer kein Übertragungswunsch vor, so erfolgt die Weitergabe

der Zugriffsberechtigung, anderenfalls wird vom Teilnehmer zuerst die
Übertragung abgewickelt (Bild 8.4).

- **CSMA-Verfahren** (Carrier Sense Multiple Access): Ein übertragungs-
  williger Teilnehmer prüft, ob auf dem Bus gegenwärtig Daten übertragen werden. Ist dies nicht der Fall, beginnt er sofort mit der Übertragung. Andernfalls führt er diese Überprüfung in bestimmten Zeitab-
  ständen erneut durch. Dabei ist es möglich und zulässig, daß mehrere
  Busteilnehmer gleichzeitig mit einer Übertragung beginnen (Buskonflikt). Zur Behebung eines solchen Buskonflikts sind zwei Lösungen
  üblich:
  - Die sich überlagernden Übertragungen werden weiter durchge-
    führt. Wegen der gestörten Übertragung erfolgt aber keine positive
    Rückmeldung eines empfangenden Teilnehmers. Daher versucht
    der Sender nach einem bestimmten Zeitabstand die Übertragung
    erneut.
  - Jeder Sender prüft, ob die von ihm erzeugten Signale mit den auf
    dem Bus vorhandenen Signalen übereinstimmen; ist dies nicht der
    Fall, so wird Übertragung abgebrochen und nach einem festen Zeit-
    abstand erneut versucht (CSMA/Collision Detect).

Die dezentrale Bus-Arbitrierung ist unter dem Gesichtspunkt der Zuverlässigkeit von Bedeutung, da es keine zentrale Einheit gibt, durch deren
Ausfall der Bus blockiert werden könnte.

c) Auswahlverfahren bei der Buszuteilung

Entsteht bei zwei oder mehreren Busteilnehmern gleichzeitig ein Übertragungswunsch, so muß der Bus-Arbiter über geeignete Auswahlregeln für
die Buszuteilung verfügen.

Statische Prioritätsregeln sichern bestimmten Teilnehmern den Vorrang
gegenüber anderen Teilnehmern. Dadurch entsteht jedoch die Gefahr, daß
bei hoher Busbelastung Teilnehmer mit niedriger Priorität ihre Datenübertragungen nicht abwickeln können.

Faire Regeln sollen die Blockierung des Busses durch einzelne Teilnehmer
verhindern. Meist wird dabei in der Arbiter-Logik die bisherige Wartezeit
auf eine Buszuteilung berücksichtigt.

Regeln für sequentielle Auswahlverfahren beruhen darauf, daß jedem
Teilnehmer ein eigenes Zeitfenster zugeteilt wird, in dem er seine Busanforderung abgeben kann (Polling).

8.2.2.2
Synchronisation der Busteilnehmer

Bei allen Verfahren der Datenübertragung über einen Bus muß eine Synchronisation der Teilnehmer erzielt werden hinsichtlich

- der Signalübergabe auf den Bus (Sender),

- der Signalübernahme vom Bus (Empfänger) und

- der Bedeutung und Funktion des übermittelten Signals.

Es werden sowohl synchrone als auch asynchrone Übertragungsverfahren verwandt; teilweise werden jedoch auch Mischformen eingesetzt.

a) Synchrone Übertragung

Kennzeichen der synchronen Übertragung ist ein fester Takt, der entweder von einer zentralen Einheit oder von einem Übertragungsteilnehmer erzeugt wird und der zur Steuerung der Übertragung dient. Durch diesen Takt werden die Kommunikationsteilnehmer miteinander synchronisiert, also die Zeitpunkte der Datenübergabe festgelegt.

Da der Synchronisationstakt dauernd arbeitet, muß durch zusätzliche Informationen angezeigt werden, wann oder zu welchem Takt sich auf dem Bus gültige Daten befinden. Bei einer bitparallelen (Byte- oder wortweise) synchronen Übertragung wird dies durch zusätzliche Steuerleitungen angezeigt. Bei bitserieller synchroner Übertragung müssen zusätzliche Steuerleitungen vermieden werden. Daher muß zu Beginn des Datensatzes (serielles Byte, Wort oder Block) ein Synchronisationssignal auf der Datenleitung geliefert werden.

b) Asynchrone Übertragung

Zu Beginn der Datenübertragung besteht noch keine Synchronisation zwischen den Busteilnehmern; die Daten werden also asynchron gesendet. Durch das übertragene Zeichen erfolgt unmittelbar für diese Übertragung eine Synchronisation, die dann aber für jede Übertragung erneut erfolgen muß.

Zwei asynchrone Übertragungsarten finden Verwendung:

- Übertragung ohne Rückmeldung und

- Übertragung mit Rückmeldung.

Bei der Übertragung ohne Rückmeldung wird die Datenübertragung vollständig von einem Teilnehmer gesteuert. Dies kann entweder der Sender oder der Empfänger sein.

Besonders einfach ist die sendergesteuerte bitparallele Übertragung. Der Sender legt die Daten parallel an und erzeugt einen Übergabeimpuls, sobald die Daten eingeschwungen sind und vom Empfänger übernommen werden sollen (Bild 8.5).

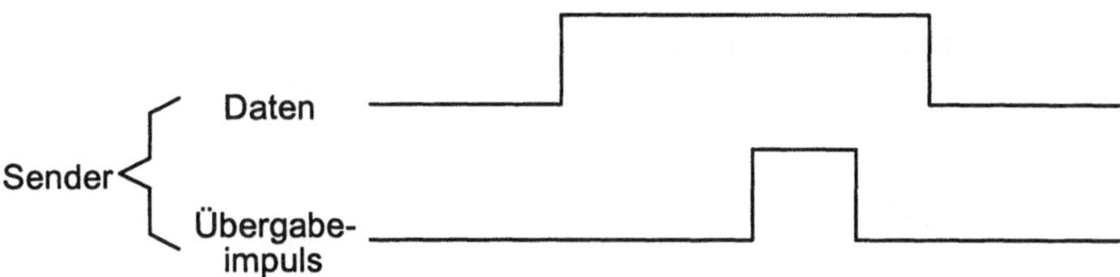

Bild 8.5: Asynchrone sendergesteuerte Übertragung

Der wesentliche Nachteil dabei ist, daß der Datenübernahmezeitpunkt vom Sender festgelegt wird. Daher kann nicht festgestellt werden, ob der Empfänger tatsächlich bereit ist, die Daten zu übernehmen. Damit ist es auch nicht möglich, mit mehreren Datenempfängern mit unterschiedlicher Datenübernahmegeschwindigkeit zu kommunizieren.

Bei bitserieller asynchroner Übertragung muß der Beginn einer seriellen Nachricht (Byte, Wort oder Block) durch eine besondere und eindeutige Zeichenkombination gekennzeichnet sein (z. B. Startschritt). Wird dieses Synchronisationszeichen vom Empfänger erkannt, so kann er mit dem Sender schritthaltend die serielle Nachricht übernehmen.

Die asynchrone Übertragung mit direkter Rückmeldung findet vor allem in parallelen Bussystemen Anwendung. Hier stellt der Sender ein Datenwort bereit und zeigt dies dem Empfänger durch ein Signal an. Der Sender wartet dann solange, bis der Empfänger die Datenübernahme bestätigt hat. Dies wird auch als Handshake-Übertragung bezeichnet (Bild 8.6).

Für parallele Bussysteme ist dies eine besonders wichtige Übertragungsart, da diese eine einfache Überwachung der Datenübertragung und den Anschluß von beliebigen Teilnehmern mit unterschiedlicher Datenübernahmegeschwindigkeit erlaubt.

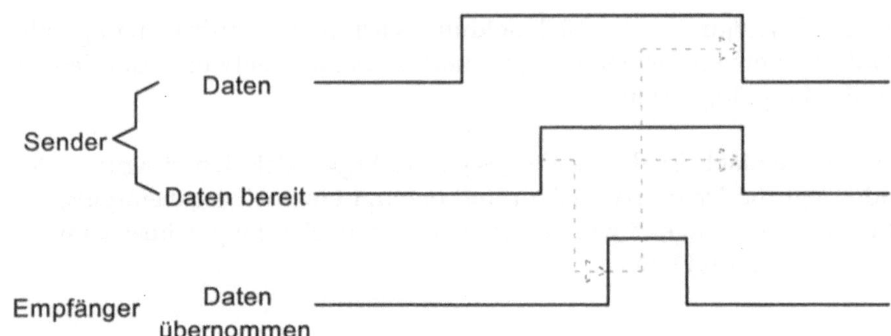

Bild 8.6: Handshake-Übertragung (asynchron mit direkter Rückmeldung)

8.2.2.3
Fehlerbehandlung

Abhängig vom Einsatzgebiet eines Bussystems werden unterschiedliche Maßnahmen ergriffen, um Datenfehler zu erkennen. Fehlerursachen können beispielsweise sein: elektromagnetische Beeinflussung, Kontaktprobleme, Leiterbrüche und Fehler in der Stromversorgung.

Die grundsätzlichen Möglichkeiten zur Erkennung von Übertragungsfehlern sind:

- Verwendung zusätzlicher Prüfinformationen,

- Rückmeldungen und

- Zeitüberwachung.

Da Fehler bei einer Übertragung niemals ausgeschlossen werden können, werden beim Datensender zusätzliche Prüfinformationen (Bits oder Bytes) erzeugt. Diese werden mit übertragen und beim Empfänger geprüft. Die folgenden Verfahren werden angewandt:

- Vertical Redundancy Check (VRC) ist eine gerade oder ungerade Paritätsprüfung für jedes Zeichen und benötigt je Byte oder Wort ein zusätzliches Bit (Paritätsbit).

- Longitudinal Redundancy Check (LRC) wird durch eine Verknüpfung über alle Datenbits eines Blocks erzeugt und als zusätzliches Datenwort diesem Block angefügt.

- Cyclic Redundancy Check (CRC) ist ein Prüfverfahren, das auf der Erzeugung eines Polynoms beruht. Die Einsen und Nullen eines Datenblocks werden als Koeffizienten des Polynoms verwendet. Der Polynomrest wird als CRC-Prüfwort der Übertragung angefügt. Dieses Verfahren wird vor allem zur Erkennung von Mehrfachfehlern eingesetzt.

Durch Rückmeldungen vom Empfänger an den Sender kann der Empfänger entweder den fehlerfreien Empfang oder einen erkannten Übertragungsfehler melden.

Durch eine Zeitüberwachung beim Sender (Time-Out) kann geprüft werden, ob der Empfang gesendeter Daten in einer vorgegebenen Zeit bestätigt wird. Wird beim Sender durch eine Fehlerrückmeldung oder eine ausbleibende Bestätigung eine fehlerhafte Übertragung festgestellt, so kann ein- oder mehrmals eine Wiederholung dieser Übertragung versucht werden.

8.2.2.4
Alarmerfassung

Entsteht in einem Busteilnehmer ein spezielles, vorher definiertes Ereignis (z. B. das Auftreten eines unerlaubten Betriebszustands), so soll diese Tatsache über den Bus schnell einem anderen Teilnehmer mitgeteilt werden können.

Besonders bei rechnerinternen Bussen und bei Bussen im Rahmen der Prozeßdatenverarbeitung ist es wichtig, daß derartige Alarmmeldungen mit möglichst geringer Zeitverzögerung über den Bus weitergeleitet werden. Diese Alarmmeldungen werden in rechnerinternen Bussen auch als Interrupt bezeichnet, wenn zur Bearbeitung des Teilnehmerwunsches eine Unterbrechung des gerade laufenden Programms erforderlich ist.

Verfahren der Alarmerfassung lassen sich nach folgenden Merkmalen klassifizieren:

- **Alarmübergabe**: Nach dem Zeitpunkt, zu dem Alarmmeldungen an den Bus gelegt werden dürfen, unterscheidet man asynchrone und synchrone Alarme. Asynchrone Alarme sind spontane Meldungen, die zu einem beliebigen Zeitpunkt vom alarmauslösenden Teilnehmer an den Bus gelegt werden dürfen. Bei synchronen Alarmen schreiben zeitliche Bedingungen vor, wann die Alarmmeldung vom Teilnehmer abgegeben werden darf.

- **Alarmziel**: Das Ziel, zu dem der Alarm übertragen werden soll, kann entweder eine zentrale Einheit (überwiegende Form) oder ein beliebiger Teilnehmer sein.

- **Alarmweiterleitung**: Die Alarmweiterleitung über den Bus erfolgt nach ähnlichen Prinzipien wie die Übermittlung der Busanforderungen für die Bus-Arbitrierung.

Das Bussystem kann über spezielle Alarmleitungen verfügen (Interrupt-Request-Lines). Die Leitungen können Teilnehmern einzeln oder nach Gruppen zugeteilt sein. Alarme können auch durch eine gemeinsame Sammelleitung bei allen Teilnehmern erfaßt werden. Dann kann jedoch erst durch eine Analyse ermittelt werden, welcher Teilnehmer den Alarm erzeugt hat.

Die Erfassung von Alarmen ist auch durch zyklische Abfrage möglich. Dabei werden die Statusworte der Teilnehmer ausgelesen; bestimmte aktivierte Bits zeigen einen Alarm an.

8.2.3
Busprotokolle

Die Verwendung des Busses für den Datentransport erfordert die Einhaltung bestimmter Vorschriften, die von elektrischen und zeitlichen Toleranzen auf der physikalischen Ebene bis zu komplexen Funktionen auf verschieden logischen Ebenen hin reichen.

Auf der physikalischen Ebene ist dies sofort einleuchtend, wenn es z. B. um die Verwendung bestimmter Steckverbindungen und deren Stiftbelegung oder um die Festlegung von elektrischen Kenngrößen der Anschlußelektronik und der Verbindungsleitungen geht.

Ebenso muß die Bedeutung bestimmter Bussignale und deren zeitrichtige Verwendung festgelegt sein. Diese Vereinbarung liegt über der physikalischen Ebene, denn sie betrifft den Informationsgehalt der Signale unabhängig von der physikalischen Realisierung.

Die Vereinbarungen für verschiedene Ebenen können getrennt erfolgen, wobei höhere Ebenen darunter liegende als gegeben voraussetzen. Die Hardwareebene ist die unterste Ebene, darüber liegen weitere Ebenen bis hin zum Anwenderprogramm eines Busteilnehmers. Ein Satz von Regeln für den Übertragungsablauf wird als Protokoll bezeichnet.

Die Verteilung der Kommunikationsaufgaben auf die einzelnen Ebenen ist bei den verschiedenen Bussystemen sehr unterschiedlich. Die Anzahl der Ebenen variiert zwischen vier und sieben, dabei ist die logische Schichtung der Aufgaben sehr ähnlich und nur die Grenzen der Ebenen sind unterschiedlich gezogen.

8.2.4
Parallele und serielle Busse

Bild 8.7 zeigt sowohl ein paralleles als auch ein serielles Bussystem mit jeweils zwei Teilnehmern.

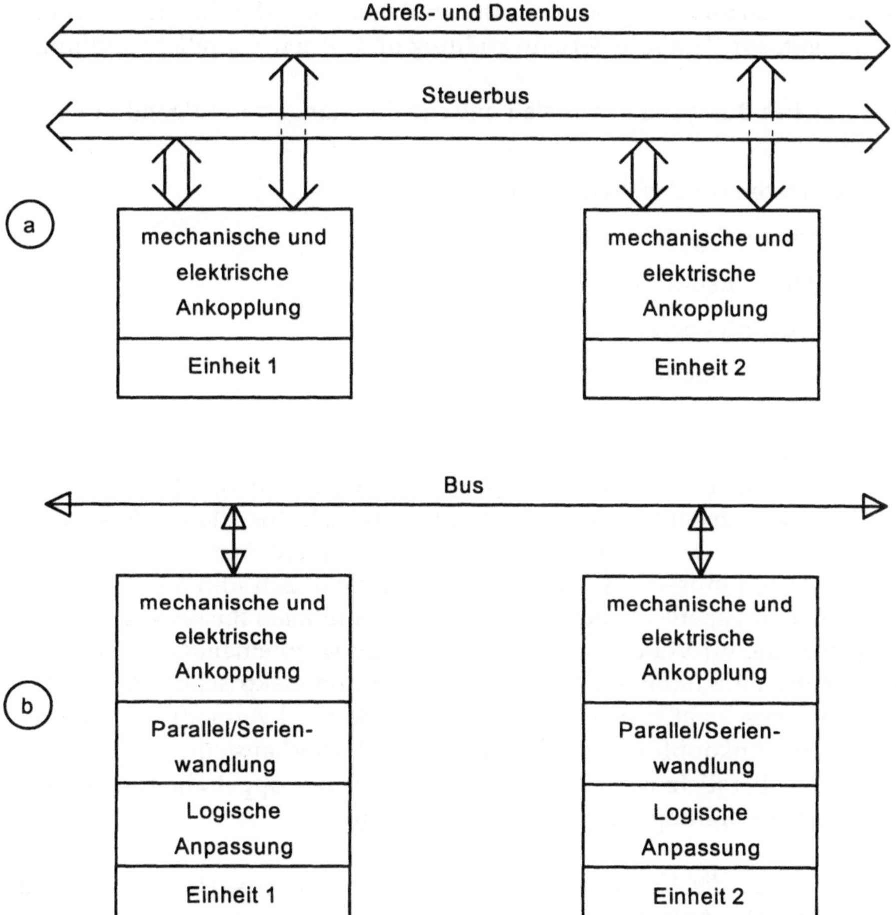

Bild 8.7: Bussysteme; **a** - paralleler Bus, **b** - serieller Bus

Die Datenübertragung zwischen den Teilnehmern geschieht im Falle des Parallelbusses wie folgt. Nachdem die Signale am Daten- und Adreßbus eingeschwungen sind, wird durch entsprechende Steuerbussignale die Übertragungsfunktion festgelegt. Dies erfolgt durch den Teilnehmer, der die Kontrolle über den Bus besitzt. Anhand der gegenwärtig anliegenden Teilnehmerdresse erkennt jeder Teilnehmer, ob er angesprochen ist.

Beim seriellen Bus sendet der aktive Teilnehmer, der die Buskontrolle besitzt, die Ankündigung einer Übertragung. Nach dem Empfang der seriellen Adressen sieht sich die Empfangseinheit ausgewählt und ist für den Empfang der nachfolgenden Steuerinformation, welche die Übertragungsfunktion angibt, bereit. Die Ankoppelschaltungen enthalten hier neben der mechanischen und elektrischen Anpassung der Signale noch Einrichtungen zur Parallel-/Serienwandlung und Serien-/Parallelwandlung.

Für welches Bussystem man sich entscheidet, hängt von folgenden Faktoren ab:

- den Kosten für das Bussystem,

- der notwendige Übertragungskapazität,

- den Möglichkeiten der Datensicherung,

- der überbrückbaren Entfernung

- und der Flexibilität.

- **Kosten**

Die Kosten für ein Bussystem werden durch den Aufwand für den Anschluß eines Busteilnehmers, die Kabel- und die Installationskosten bestimmt. Die innerhalb eines Teilnehmers im allgemeinen parallel vorliegenden Daten müssen für die Übertragung elektrisch und logisch an das Bussystem angepaßt werden. Im Falle eines parallelen Busses stimmen die Datenformate für Verarbeitung und Übertragung miteinander überein. Die Anpassung muß dann nur auf mechanischer und elektrischer Ebene erfolgen. Dies geschieht durch eine entsprechende Steckverbindung und eine elektrische Ankopplung über Treiber- oder Pufferbausteine. Für einen n Bit breiten Parallelbus sind pro Teilnehmer n Ankoppelschaltungen und eine Steckverbindung für n Leitungen notwendig.

Anders liegen die Verhältnisse bei einem seriellen Bus. Die mechanische und elektrische Ankopplung umfaßt nur eine Leitung. Daneben ist jedoch eine Formatwandlung parallel/seriell oder seriell/parallel erforderlich und es sind Fähigkeiten für die Unterscheidung der Informationsart (Daten, Adresse, Steuerinformation) bereitzustellen. Die Kosten für Kabel und Stecker sind viel niedriger als bei einem Parallelbus. Der Anteil der Kabelkosten bei Parallelbussen überwiegt bei größeren Entfernungen die restlichen Kosten. Das liegt aber auch daran, daß mit zunehmender Entfernung hochwertigere Kabel benötigt werden.

- **Übertragungskapazität**

Die Übertragungsgeschwindigkeit zwischen zwei Busteilnehmern wird durch den Takt, mit dem die Signale abgeschickt werden, festgelegt. Im Falle eines parallelen Busses genügt eine Taktperiode, um die parallel anliegende Information von einem Teilnehmer zu einem anderen zu übermitteln. Auf einem seriellen Bus kann in einer Taktperiode nur eine Informationseinheit (Bit) übertragen werden. Zur Kennzeichnung, um welche Art von Information es sich handelt (Daten, Adressen, Steuerinformationen), sind beim seriellen Bus zusätzlich zu den reinen Daten noch weitere Informationen zu übertragen

Die maximal mögliche Übertragungskapazität wird durch die elektrischen Eigenschaften der Leitungen und der Ankoppeleinheiten festgelegt. Der hohe Leitungsaufwand bei Parallelbussen legt die Verwendung einfacher, billiger Leitungen nahe, wogegen bei einem seriellen Bus grundsätzlich ein größerer Aufwand getrieben werden kann und somit hochwertigere Leitungen wirtschaftlich vertretbar sind (bis einige hundert Megabit/s).

Tabelle 8.1: Übertragungskapazität, Entfernung und Kabelqualität

Übertragungskapazität	Entfernung	Busart	Kabelqualität
gering (< 10 kbit/s)	klein (< 10 m)	seriell	einfach
	mittel (< 200 m)	seriell	einfach
	groß (> 200 m)	seriell	mittel
mittel (< 100 Mbit/s)	klein (< 10 m)	parallel	einfach
	mittel (< 200 m)	seriell	mittel
	groß (> 200 m)	seriell	hochwertig
hoch (> 100 Mbit/s)	klein (< 10 m)	parallel	mittel
	mittel (< 200 m)	parallel/seriell	hochwertig
	groß (> 200 m)	seriell	hochwertig

Tabelle 8.1 gibt die Zusammenhänge zwischen Übertragungskapazität, Entfernung und Kabelqualität grob wieder. Beispiel für eine einfache Kabelqualität ist ein Flachbandkabel mit jeweils nur einer Masseleitung zwischen zwei Leitern. Eine verdrillte Leitung bzw. ein Flachbandkabel mit mehreren Masseleitungen ist mit mittlerer Kabelqualität einzustufen. Hochwertige Kabelqualität besitzen dagegen Koaxialkabel und Lichtwellenleiter.

● **Datensicherung**
Die Datensicherung erfordert einen zusätzlichen Aufwand für Prüfinformationen entweder in Form zusätzlicher redundanter Leitungen (Paralleler Bus) oder als zusätzliche Zeit für die Übertragung der Prüfinformation (Serieller Bus).

Bei parallelen Bussen wird die Prüfinformation parallel mit den Daten übertragen. Der Empfänger wertet gleichzeitig mit dem Empfang der Daten die Prüfinformation aus. Es entsteht also kein Zeitverlust, allerdings beeinflußt das Prüfverfahren die physikalische Struktur des Busses (Leitungszahl).

Bei seriellen Bussen wird die Prüfinformation an den seriellen Bitstrom angefügt. Dadurch wird die erzielbare Übertragungsgeschwindigkeit reduziert. Allerdings kann bei serieller Übertragung das Prüfverfahren ohne Auswirkung auf die Busstruktur allein durch Programmänderung in den Teilnehmerübertragungsprotokollen verändert werden.

Kurzzeitige Störungen einer Übertragung wirken sich bei einem seriellen Bus nur auf wenige Bits aus, da die Daten zeitlich gestaffelt übertragen werden. Bei einem parallelen Bus kann sich eine derartige Störung dagegen auf alle Leitungen und damit auf die gesamte Information auswirken. Dadurch wird das Auftreten von nicht korrigierbaren Mehrfachfehlern wahrscheinlicher. Bei einem seriellen Bus sind solche Übertragungsfehler durch Redundanzmaßnahmen (Paritätsbits, Cyclic Redundancy Check) leichter zu beherrschen als bei einem Parallelbus.

Die Anfälligkeit gegen äußere Störungen ist stark von der Art der verwendeten Übertragungsleitung abhängig. So ist ein einfacher Draht besonders anfällig gegen elektromagnetische Einkopplungen, ein mehrfach abgeschirmtes Koaxialkabel ist dagegen nahezu immun gegen elektromagnetische Einkopplungen , während ein Lichtwellenleiter auf derartige Einflüsse prinzipiell nicht anspricht.

● **Überbrückbare Entfernung**
Grundsätzlich können mit parallelen und seriellen Bussen die gleichen Entfernungen überbrückt werden, sofern Schaltungstechnik und Leitungsqualität vergleichbar sind. Aus Kostengründen ist bei Parallelbussen jedoch in der Regel die Verwendung einfacherer Leitungen (Drähte, Leiterbahnen auf Leiterplatten) erforderlich. Je weiter ein Bussystem aber ausgedehnt ist, um so hochwertiger müssen die Schaltungstechnik und das Übertragungsmedium sein.

Parallele Busse werden vorwiegend eingesetzt, wenn Übertragungen mit hohen Datenraten über relativ geringe Entfernungen durchgeführt werden müssen (z. B. innerhalb von Rechnern). Bei kurzen Entfernungen zwischen den Busteilnehmern spielen nämlich Leitungsdämpfung, Übersprechen und Leitungsreflexionen nur eine geringere Rolle. Zur Überbrückung mittlerer Entfernungen liegt die Verwendung von seriellen Bussen nahe, wenn die dabei mögliche Übertragungskapazität ausreichend ist. Müssen jedoch große Distanzen überbrückt werden, so bleibt nur die Verwendung von seriellen Bussen übrig, die bei Einsatz hochwertiger Leitungen (Koaxialkabel, Lichtwellenleiter) Übertragungsraten von einigen 100 Mbit/s erreichen (siehe Tabelle 8.1).

- **Flexibilität**

Ein paralleler Bus benötigt für jedes Datenformat ein spezielles Leitungssystem, während ein serieller Bus durch Änderung des Übertragungsprotokolls (Leitungsprotokoll) mit dem gleichen physikalischen Bussystem für die Übertragung verschiedener Datenformate geeignet ist. Die Anpassung an die unterschiedlichen Datenformate erfolgt einfach durch entsprechende Programmierung der Ankoppeleinheit. Serielle Busse sind diesbezüglich also sehr viel flexibler als parallele Busse.

Einige Gesichtspunkte der Zuverlässigkeit sollen noch kurz erwähnt werden. Die bei parallelen Bussen erforderliche hohe Anzahl von Leitungen reduziert zwangsläufig die Zuverlässigkeit (Stecker, Kontaktprobleme). Ebenso können bei einem ungünstig geführten Parallelbus durch Übersprechen zwischen den Leitungen eher datenabhängige Übertragungsfehler entstehen. Dies ist eine Fehlerart, die zu wenig reproduzierbaren und daher auch zu schwierig lokalisierbaren Effekten führen kann.

8.3
Parallele Bussysteme

Die Signalübertragung erfolgt über eine Anzahl paralleler Leitungen, die auf unterschiedliche Weise realisiert sein können. So sind die Verbindungswege zwischen rechnerinternen Komponenten meist in Form einer Rückwandverdrahtung ausgeführt, die durch geätzte Leitungen realisiert wird. Der Übergang auf räumlich etwas weiter entfernte Busteilnehmer wird häufig mit Flachbandkabeln realisiert. Dabei müssen die elektrischen Verhältnisse zwischen den Busleitungen (Übersprechen) ebenso berücksichtigt werden wie die Auswahl und Abstimmung von Ankopplungsgliedern und Leitungen (statische und dynamische Busbelastung).

Die Anzahl der Busteilnehmer ist grundsätzlich nicht nach oben begrenzt. Es kann jedoch nur dann ein weiterer Teilnehmer angeschlossen werden, wenn die elektrischen, mechanischen und logischen Gegebenheiten dies noch erlauben. Unmittelbar ersichtlich ist ebenfalls, daß an einem Bus gleichzeitig nur ein Teilnehmer aktiv (Master) werden darf, jedoch beliebig viele passive Teilnehmer (Slaves) möglich sind. Um von seiten eines aktiven Teilnehmers einen bestimmten Partner für den Datenaustausch auswählen zu können, haben alle Busteilnehmer eine Adresse. Diese Adresse wird über die entsprechenden Leitungen, den Adreßbus, an alle Teilnehmer gesendet.

Ob Daten über den Datenbus empfangen oder gesendet werden müssen, erkennt der adressierte Teilnehmer durch Auswertung der entsprechenden Signale des Steuerbusses. In vielen Fällen können daher die Leitungen eines parallelen Bussystems in Leitungen des Datenbus, des Adreßbus und des Steuerbus unterteilt werden. Häufig werden jedoch durch entsprechende Umschaltung verschiedene Leitungen auch mehrfach ausgenutzt (Datenbus/Adreßbus).

8.3.1
Physikalische Realisierung

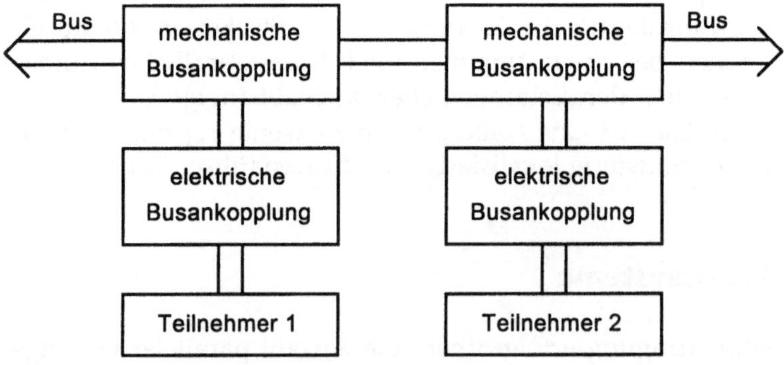

Bild 8.8: Busleitungen und Busankopplung

Die physikalischen Bestandteile eines parallelen Bussystems sind die Busleitungen sowie die mechanische und die elektrische Ankopplung zwischen Teilnehmer und Busleitung (Bild 8.8). Die Leistungsfähigkeit, ausgedrückt in maximaler Übertragungsrate, maximaler Teilnehmerzahl und maximal überbrückbarer Entfernung, wird sowohl von der Qualität der

Busleitungen bestimmt als auch von den elektrischen Eigenschaften der Busankopplung.

8.3.1.1
Mechanischer Aufbau

Der mechanische Aufbau setzt sich im wesentlichen aus den Komponenten Busleitungen und Steckverbindungen zusammen. Dabei sind grundsätzlich zwei Ausführungen möglich:

- Der Träger für die einzelnen Teilnehmer-Steckkarten ist als zusammenhängende, feste Einheit ausgeführt z. B. eine Rückwand mit fest montierten Steckern. In diesen Fällen kann der Bus entweder in Form einer Platine mit geätzten Leitungen (Multilayertechnik) mit direkt eingelöteten Steckern realisiert sein (Backplane), oder die Busverbindung erfolgt über einzelne Verbindungsdrähte zwischen den Steckeranschlüssen.

- Die Steckpositionen der Busteilnehmer hängen nicht direkt mechanisch zusammen, sondern sind über eine ganze Maschine oder Anlage verteilt. Dann werden die Busleitungen (einzelne Leitungen oder Kabel) von Teilnehmer zu Teilnehmer geführt.

Die Verbindung von Busteilnehmer (Steckkarte) und Bus erfolgt entweder über einen Direktstecker oder einen Indirektstecker. Bei einem Direktstecker sind die Kontakte auf der Steckkarte geätzt und zusätzlich vergoldet, damit der Kontaktwiderstand gering ist und möglichst keine Korrosion entsteht. Auf der Busseite besitzt das entsprechende Gegenstück einen Schlitz mit Kontaktfeldern, dessen Maße denen der Steckkarte entsprechen. Die Vorteile dieses Systems sind vor allem die geringen Herstellungskosten. Beim Indirektstecker befindet sich dagegen sowohl auf der Steckkarte (Busteilnehmer) als auch beim Bus jeweils ein Steckerteil.

8.3.1.2
Busleitungen

Busleitungen werden in der Regel realisiert durch

- Leitungen auf Leiterplatten,

- Flachbandkabel und

- Koaxialkabel.

Für Bussysteme mit fester Rückwand werden Leitungen auf Leiterplatten verwandt (Bild 8.9. Diese können entweder als Microstrip realisiert sein, wenn die Rückwand nur zwei Leitungsebenen besitzt, oder als Stripline bei mehrlagigen Rückwänden (Multilayertechnik).

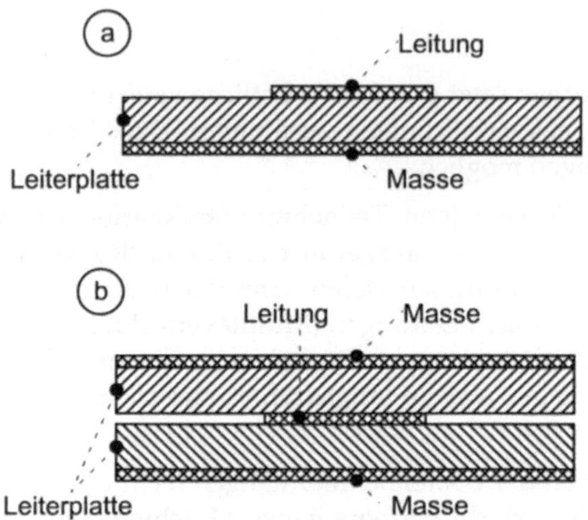

Bild 8.9: Leitungen auf Leiterplatten; a -Microstrip, b - Stripline

Flachbandkabel dienen zum Aufbau von Bussystemen für verteilte Teilnehmer. Durch Nutzung von einem Teil der zahlreichen vorhandenen Adern als Masseleitungen lassen sich auf einfache Weise unterschiedliche Qualitätsanforderungen an Flachbandkabel realisieren. Direkt nebeneinander liegende Signalleitungen stören sich allerdings gegenseitig sehr stark (Übersprechen) und führen zu undefinierten Verhältnissen (undefinierter Wellenwiderstand). Es muß daher in der Regel mindestens eine Masseleitung zwischen zwei Signalleitungen verwendet werden. Für die Überbrückung größerer Entfernungen und zur weiteren Verminderung des Übersprechens werden auch zwei Masseleitungen als Zwischenleitungen benutzt.

Ein wichtiger Grund für die große Verbreitung der Flachbandkabel ist die einfache Kontaktierbarkeit. Um alle Leitungen mit einem Stecker zu verbinden, werden einfach zwei mit entsprechenden Kontakten versehene Steckerteile auf das Kabel gepreßt.

Koaxialkabel eignen sich wegen der geringen Dämpfung und der hohen Bandbreite für hohe Übertragungskapazitäten über größere Entfernungen. Die betragsmäßige Abschwächung der Eingangsspannung U_1 auf die Ausgangsspannung U_2 berechnet sich bei einer Leitung der Länge l wie folgt:

$$\frac{U_2}{U_1} = e^{-\alpha_L\, l} \tag{8.1}$$

Dabei ist α_L die Dämpfungskonstante der Leitung. Diese ist bei einer Koaxialleitung mit dem Wellenwiderstand Z_L näherungsweise wie folgt von dem Widerstandsbelag R' und dem Ableitungsbelag G' der Leitung abhängig:

$$\alpha_L \approx \frac{R'}{2Z_L} + \frac{G'}{2}\,Z_L \tag{8.2}$$

Der Wellenwiderstand errechnet sich bei hohen Frequenzen und bei geringen Verlusten allein aus dem Induktivitätsbelag L' und dem Kapazitätsbelag C' der Leitung:

$$Z_L = \sqrt{\frac{R'+j\omega\,L'}{G'+j\omega\,C'}} \approx \sqrt{\frac{L'}{C'}} \tag{8.3}$$

Einen groben Überblick über die bei Koaxialkabeln zu erwartende Dämpfung und die dadurch bewirkte Impulsverformung geben die beiden folgenden mit dem Programm PSPICE [22] durchgeführten Simulationsrechnungen [24]. Diese beziehen sich auf das bekannte Koaxialkabel RG 58A/U, das einen Wellenwiderstand von 50 Ω und eine Ausbreitungsgeschwindigkeit von 66 % der Lichtgeschwindigkeit besitzt. Das Kabel ist dabei am Ende mit dem Wellenwiderstand abgeschlossen.

In Bild 8.10 ist das Ergebnis der Simulationsrechnung für die Ausbreitung eines 5 ns breiten Rechteckimpulses u_1 mit 80 ps Anstiegs- bzw. Abfallzeit auf einem Leitungsstücks dieses Typs von 3 m Länge dargestellt. Erwartungsgemäß wird der Impuls am Leitungsende u_2 um etwa 15 ns (5 ns/m) verzögert. Auch die Verformung des Impulses im wesentlichen verursacht durch den Einfluß der Stromverdrängung auf dem Innenleiter (Skineffekt) ist deutlich sichtbar. Im Hinblick auf die Anforderungen in der Digitaltechnik ist die Impulsverformung jedoch vernachlässigbar klein, da die Impulsbreite und vor allem die Impulsamplitude praktisch nicht beeinflußt sind.

In Bild 8.11 ist die Ausbreitung des gleichen Rechteckimpulses auf einem Leitungsstücks dieses Typs von nunmehr aber 30 m Länge dargestellt. Erwartungsgemäß wird der Impuls um etwa 150 ns (5 ns/m) verzögert.

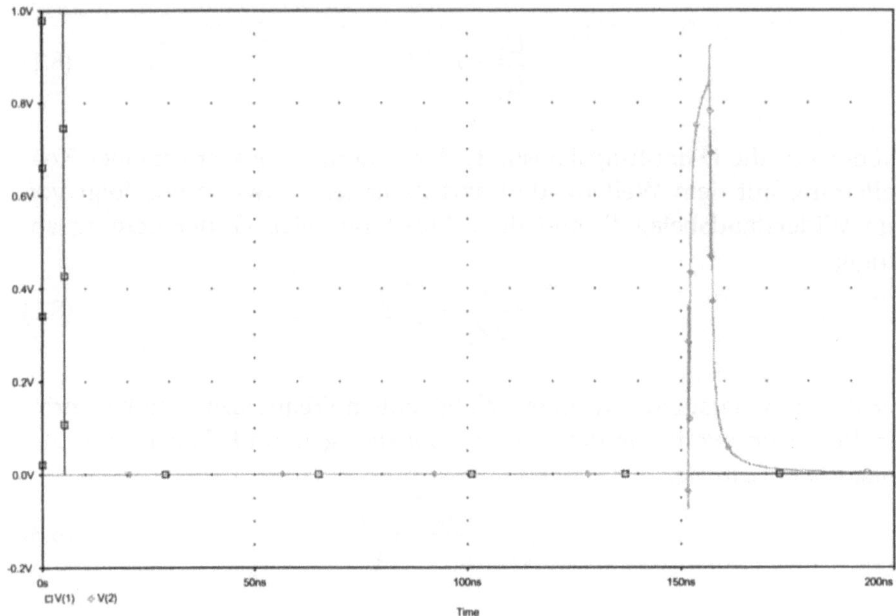

Bild 8.10: Koaxialkabel RG 58A/U; $l = 3$ m; $\square - u_1$, $\diamondsuit - u_2$

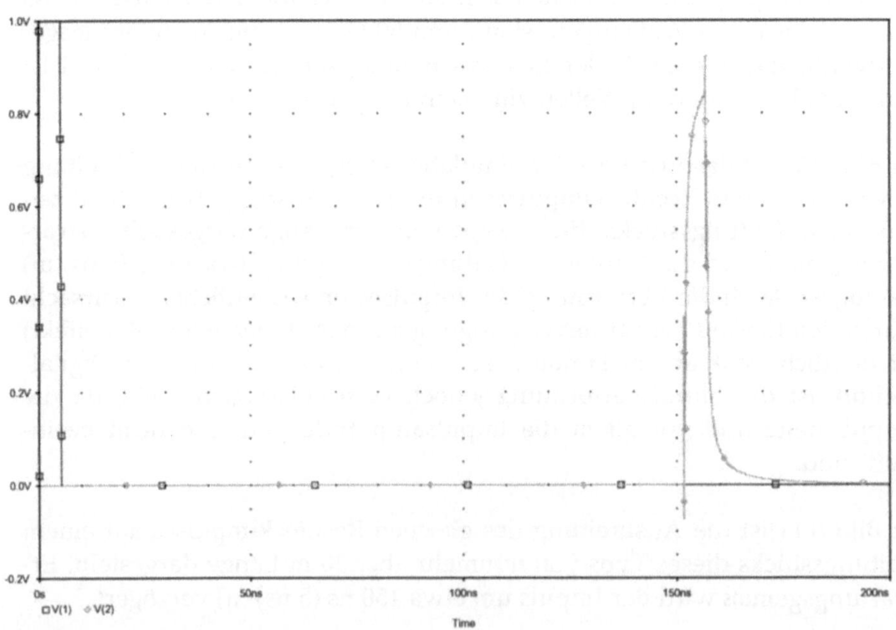

Bild 8.11: Koaxialkabel RG 58A/U, $l = 30$ m; $\square - u_1$, $\diamondsuit - u_2$

Die Verformung des Impulses ist nun bereits so stark, daß die Impulsbreite (Halbwertsbreite, bezogen auf die ungedämpfte Amplitude) und vor allem aber die Impulsamplitude erheblich vermindert worden sind. Dadurch kann der richtige Empfang des Signals bereits in Frage gestellt sein.

Das Koaxialkabel ist vor allem gegen elektromagnetische Einkopplungen weitgehend unempfindlich. Trotzdem haben Koaxialkabel wegen des großen Aufwands bei parallelen Bussystemen nur eine geringe Bedeutung.

Die wichtigsten elektrischen Merkmale eines Leitungstyps in Bezug auf den Einsatz als Busleitung sind

- Wellenwiderstand Z_L,

- Übersprechen, sowie

- statische und dynamische Dämpfung.

In Tabelle 8.2 sind die wesentlichen Kennwerte üblicher Leitungstypen angegeben. Die Signallaufzeit, die im Bereich von etwa 33 bis 100 ps/cm liegt, spielt bei den Entfernungen, die durch parallele Bussysteme überbrückt werden, nur selten eine Rolle.

Tabelle 8.2: Kennwerte von Busleitungen; * ● - Signalleitung, o - Masseleitung

Leitungsart	Wellenwiderstand Z_0/Ω	Laufzeit ns/m	Übersprechen
Microstrip	60...200	3,3...6,5	mittel...gering
Stripline	50...90	4...9	gering
Flachbandkabel* ●●●	75...300	-	hoch
Flachbandkabel* ●o●o●	75...175	5...6	mittel
Flachbandkabel* ●oo●oo●	50...175	5...6	gering
Koaxialkabel	50...100	3,3...5	sehr gering

Es ist allerdings zu beachten, daß durch zahlreiche und hohe kapazitive Lasten im Zuge der Leitung der Kapazitätsbelag der Leitung und damit auch die Laufzeit im Vergleich zum bisher betrachteten unbelasteten Fall erheblich vergrößert werden können.

Von Bedeutung ist auch die Größe des Wellenwiderstands Z_L der Leitung. Dieser tritt insbesondere bei korrektem Abschluß am Ende der Leitung auch als Eingangswiderstand am Anfang der Leitung in Erscheinung. Insofern stellen dann niedrige Wellenwiderstände eine erhebliche ohmsche Belastung der Leitungstreiber dar. Es stellt sich dabei auch die Frage, ob nicht unter gewissen Bedingungen auf den Leitungsabschluß verzichtet werden kann (siehe Abschnitt 8.3.1.4).

8.3.1.3
Elektrische Ankopplung

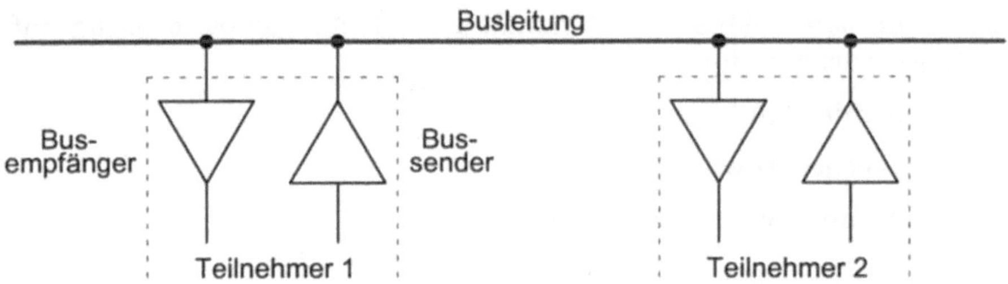

Bild 8.12: Zwei Teilnehmer an einer Busleitung

An einer Busleitung können mehrere Teilnehmer zeitlich gestaffelt tätig werden. Werden zum Anschluß von zwei Teilnehmern an eine Busleitung (Bild 8.12) TTL-Gatter (Transistor-Transistor-Logik) mit Gegentaktausgang verwendet, so ergibt sich bei fehlerhafter Ansteuerung der Busteilnehmer folgende Situation:

- Die Busleitung erhält Signale aus zwei Quellen und es entsteht ein undefiniertes Signal.

- Die beiden Ausgänge können gegeneinander arbeiten, was zu relativ großen Strömen und zur Zerstörung der Ausgänge führen kann.

Die Auswirkungen dieses Effekts sollen am Beispiel eines TTL-Bausteins betrachtet werden. Dessen Gegentaktausgang ist im Bild 8.13 angegeben. Dabei dienen die Transistoren T_1 und T_3 zur Festlegung des logischen Pegels. Der Transistor T_1 wird ein- oder ausgeschaltet und abhängig davon werden die Transistoren T_2 und T_3 abwechselnd in den leitenden oder sperrenden Zustand versetzt. Wenn T_2 leitet, dann entsteht am Ausgang der hohe Pegel, T_3 ist dann gesperrt. Auf umgekehrte Weise stellt sich der niedrige Pegel ein. Die Diode D dient zur Pegelverschiebung, dadurch wird die Kompatibilität von Eingangs- und Ausgangspegel erreicht.

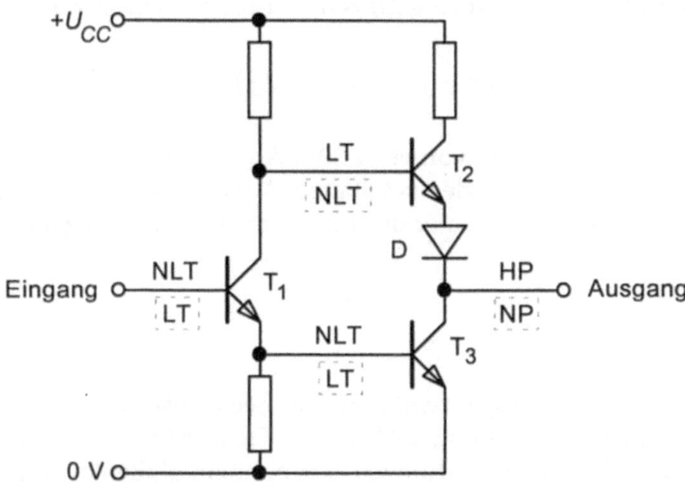

Bild 8.13: Gegentaktausgang eines TTL-Gatters; LT - Transistor leitet, NLT - Transistor sperrt, HP - hoher Pegel, NP - niedriger Pegel

In Bild 8.14 sind zwei solche Gegentaktausgänge an einer Busleitung dargestellt. Durch fehlerhafte Ansteuerung ist es möglich, daß die beiden Ausgänge dahingehend gegeneinander arbeiten, daß der erste den hohen Pegel auf dem Bus anstrebt und der zweite den niedrigen Pegel.

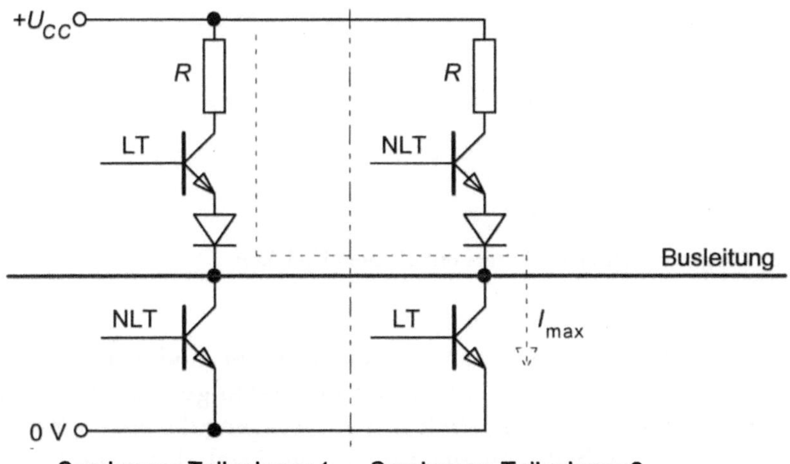

Bild 8.14: Zwei TTL-Gegentaktausgänge arbeiten am Bus gegeneinander

Dadurch entsteht (gestrichelt eingetragen) der relativ hohe Strom I_{max}:

$$I_{max} = \left(U_{CC} - 2U_{CE} - U_D\right)/R \qquad (8.4)$$

Dieser Strom erreicht Werte von etwa 30 mA ($R = 150\ \Omega$; $U_{CC} = 5$ V) und kann zur Zerstörung einer der beteiligten Ausgangsschaltungen führen. Darüber hinaus wird auch keiner der beiden angestrebten Pegel richtig erreicht.

● ***Open-Collector-Bus***

Eine unzulässige oder sogar zerstörerische Beeinflussung von mehreren gleichzeitig an einer Busleitung betriebenen Treiberstufen wird durch die Benutzung von Ausgangsschaltungen mit offenem Kollektor (Open Collector, OC) grundsätzlich vermieden. Der Ausgang des Gatters ist dabei der offene Kollektor des Ausgangstransistors. In Bild 8.15 ist die Ausgangsstufe eines solchen Open-Collector-Gatters sowie der externe Kollektorwiderstand dargestellt.

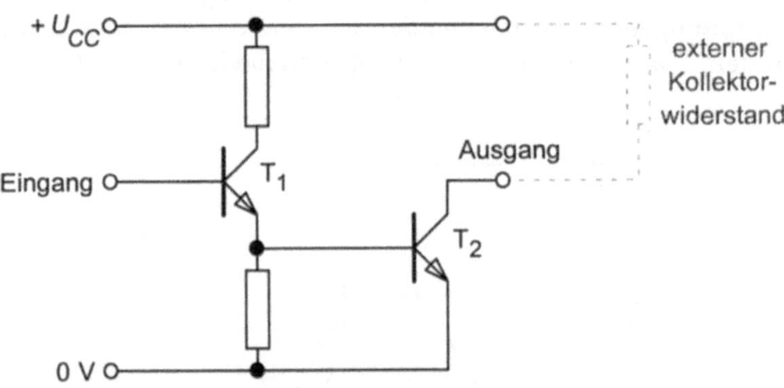

Bild 8.15: Ausgangsstufe eines Gatters mit offenem Kollektor

Damit das Gatter arbeiten kann, muß ein externer Kollektorwiderstand zwischen dem Ausgang des Gatters und der Versorgungsspannung U_{CC} gelegt werden. Wenn T_2 sperrt, stellt sich am Ausgang die Spannung +U_{CC} ein. Leitet T_2, dann erhält man einen niedrigen Pegel, das heißt, 0 V+U_{CE} Wenn nun mehrere Gatter mit offenem Kollektor über eine Busleitung an einen gemeinsamen Widerstand geschaltet werden, dann stört ein Ausgang den anderen nicht mehr.

Bild 8.16 zeigt eine Busleitung mit zwei Open-Collector-Gattern und dem Kollektorwiderstand, der gleichzeitig als Abschlußwiderstand der Busleitung dient. Sobald einer der beiden Ausgangstransistoren leitet, erzwingt dieser auf der Busleitung den niedrigen Pegel. Nur wenn beide Ausgangstransistoren sperren, wird der hohe Pegel erreicht (Tabelle in Bild 8.16). Die logische Verknüpfung der Ausgänge entspricht damit einer UND-Funktion, wenn die Pegeldefinition niedriger Pegel = logisch Null, hoher Pegel = logisch Eins gilt (verdrahtetes UND, wired AND). Eine Umkehrung der Pegeldefinition zu niedriger Pegel = logisch Eins, hoher Pegel = logisch Null ergibt eine ODER-Verknüpfung der Ausgänge (verdrahtetes ODER, wired OR).

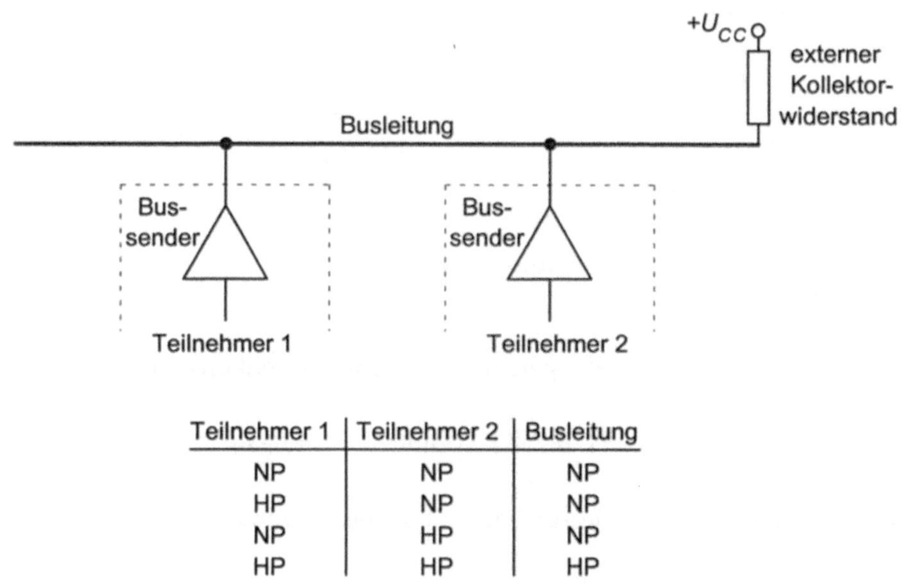

Teilnehmer 1	Teilnehmer 2	Busleitung
NP	NP	NP
HP	NP	NP
NP	HP	NP
HP	HP	HP

Bild 8.16: Zwei Open-Collector-Gatter am Bus; NP - niedriger Pegel, HP - hoher Pegel

Die inaktiven Busteilnehmer schalten sich beim Open-Collector-Bus durch die Sperrung der Ausgangstransistoren ab. Der aktive Busteilnehmer bestimmt den Pegel der Busleitung. Die Busteilnehmer können damit auch bei fehlerhafter Ansteuerung nicht zerstört werden.

Dem stehen zwei Nachteile gegenüber. Die Zustände niedriger Pegel und hoher Pegel stellen sich beim Open-Collector-Bus verschieden schnell ein. Der zweite Nachteil ist die Störanfälligkeit des passiven (hohen) Pegels.

Die Ursache der unterschiedlichen Schaltgeschwindigkeiten soll kurz erläutert werden. Der niedrige Pegel wird aktiv geschaltet (Transistor T_2 in Bild 8.15), während der hohe Pegel passiv erreicht wird. Damit bestimmt die Schaltzeit des Transistors T_2 das aktive Umschalten in den niedrigen Pegel. Das passive Einschwingen in den hohen Pegel wird dagegen durch die Aufladung der Lastkapazität C_L über den Kollektorwiderstand R_C bestimmt (Bild 8.17).

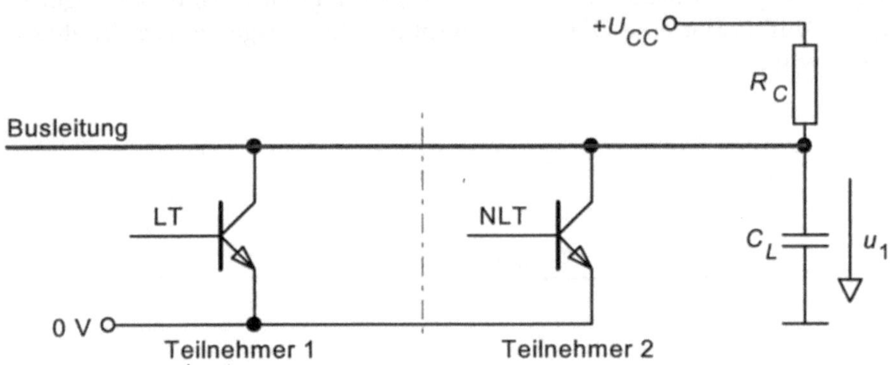

Bild 8.17: Open-Collector-Gatter; Lastkapazität

Die Aufladung von C_L erfolgt gemäß Gl. 8.5 mit der Zeitkonstante τ_L:

$$u_1 = U_{CC}\left(1 - e^{-t/\tau_L}\right) \qquad \text{mit} \qquad \tau_L = R_C\,C_L \tag{8.5}$$

Daraus ergibt sich folgende Anstiegszeit T_A der Spannung u_1 an der Busleitung:

$$T_A = 2{,}2\,\tau_L = 2{,}2\,R_C C_L \tag{8.6}$$

Die Größe der Lastkapazität C_L hängt sehr stark davon ab, ob die Busleitung mit ($R_C = Z_L$) oder ohne Abschluß durch den Wellenwiderstand ($R_C \gg Z_L$) betrieben wird. Im letzteren Fall ist abhängig von der Art und Länge der Busleitung sowie von der Anzahl der Busteilnehmer mit relativ großen Werten von C_L zu rechnen.

● **Tri-State-Bus**

Ein Tri-State-Gatter enthält einen Gegentaktausgang, der neben hohem und niedrigem Pegel einen dritten Zustand einzustellen erlaubt. Dabei sind beide Ausgangstransistoren gesperrt, der Ausgang wird dann hochohmig und beeinflußt damit eine Busleitung nicht.

In Bild 8.18 ist der Ausgang eines Tri-State-Gatters dargestellt. Durch ein Steuersignal können beide Ausgangstransistoren T_2 und T_3 hochohmig geschaltet werden. Liegt das Steuersignal auf hohem Potential, so verhindern D_1 und D_2 eine Beeinflussung von T_1 und T_2 und die Ausgangsstufe arbeitet wie die eines normalen Gegentaktgatters (siehe Bild 8.13). Durch niedriges Potential des Steuersignals wird dagegen die Basisspannung von T_2 und T_3 (über T_1) so weit herabgesetzt, daß diese abgeschaltet werden.

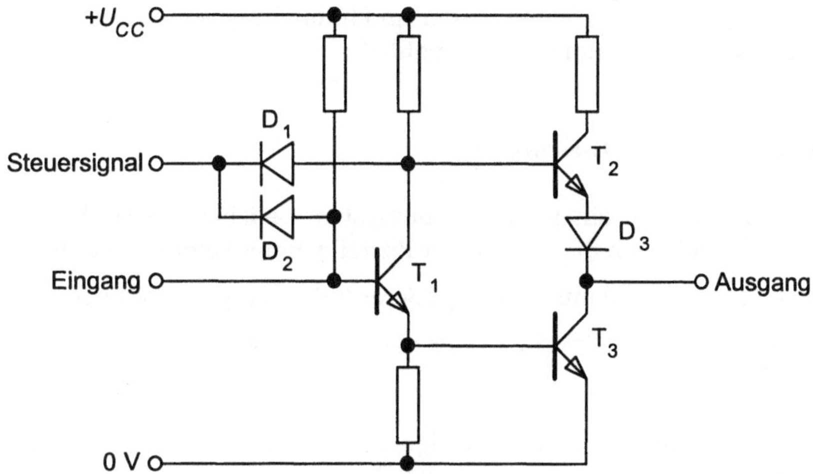

Bild 8.18: Tri-State-Ausgangsstufe

Mit Tri-State-Gattern lassen sich die Nachteile der Open-Collector-Gatter weitgehend vermeiden. Allerdings kann auch hier bei fehlerhafter Ansteuerung eine Zerstörung der Bustreiber erfolgen. Außerdem sind bestimmte Busleitungen, die gleichzeitig von mehreren Teilnehmern aktiviert werden können (z. B. Bus-Request), mit der Tri-State-Schaltungstechnik nicht realisierbar.

Neben der TTL-Logik sind CMOS-Busse (Complementary Metal Oxid Semiconductor) und ECL-Busse (Emitter Coupled Logic) von stark zunehmender Bedeutung. CMOS-Technologie wurde zunächst vor allem dort eingesetzt, wo geringer Leistungsbedarf das wesentliche Auswahlkriterium ist. Der hochohmige Zustand wird hier einfach durch die Abschaltung der Eingangssignale für die komplementären Ausgangstransistoren erreicht. Heute ist die CMOS-Schaltungsfamilie als die Standardtechnik anzusehen.

ECL-Gatter haben einen offenen Emitterausgang. Die Verhältnisse sind dual zu denen bei TTL-Gattern mit offenem Kollektor. Bei positiver Logik (logische Eins = hoher Pegel, logische Null = niedriger Pegel) ergibt sich eine verdrahtete ODER-Verknüpfung.

Bei den ECL-Gattern handelt es sich um sogenannte ungesättigte Logikschaltungen, deren Arbeitsweise derjenigen von breitbandigen Verstärkern ähnelt. Dadurch können die höchsten gegenwärtig möglichen Schaltgeschwindigkeiten erreicht werden. Allerdings treten infolge des ungesättigten Schaltens auch sehr große Verlustleistungen auf. Darüber hinaus sind die Pegel der ECL-Gatter weder im Hinblick auf Amplitude noch auf Polarität mit TTL-Schaltungen kompatibel.

8.3.1.4
Dimensionierung und Grenzwerte

Grundsätzlich kann ein paralleles Bussystem beliebig erweitert werden. Praktisch wird jedoch die Anzahl der Busteilnehmer begrenzt durch:

- die endliche Signallaufzeit bei größerer Entfernung der Teilnehmer und

- die zulässigen elektrischen Grenzwerte (Belastbarkeit) der Bussender und Busempfänger.

Die Folge von unterschiedlichen Signallaufzeiten, die gerade bei langen Buskabeln möglich sind, ist, daß die Busteilnehmer zusammengehörige Signale nicht zum gleichen Zeitpunkt erhalten (Skewing). Bei parallelen Bussystemen werden in der Regel keine besonderen Maßnahmen ergriffen, um solche Unterschiede der Signallaufzeiten zu kompensieren. Diese Tatsache ist neben anderen dafür verantwortlich, daß die mit parallelen Bussen überbrückbare Entfernung begrenzt ist.

Bei langen Busleitungen bzw. bei der Übertragung von steilen Signalflanken ist ein Leitungsabschluß unbedingt erforderlich. Um Reflexionen von elektromagnetischen Wellen zu vermeiden, muß jede Busleitung an den Leitungsenden mit dem Wellenwiderstand Z_L der Leitung abgeschlossen werden. Zum Beispiel bei koaxialen Leitungen mit geringen Verlusten ($R' \Rightarrow 0$, $G' \Rightarrow 0$) berechnet sich der Wellenwiderstand mit guter Näherung einfach aus dem Induktivitätsbelag L' und Kapazitätsbelag C' der Leitung wie in Gl. 8.3 angegeben.

Die Reflexion bzw. die Brechung einer Spannungswelle am Ende einer mit dem Widerstand R_2 abgeschlossenen Leitung mit dem Wellenwiderstand Z_L berechnet sich wie folgt:

$$b = \frac{2R_2}{Z_L + R_2} \qquad r = \frac{R_2 - Z_L}{Z_L + R_2} \tag{8.7}$$

Eine vollständige Vermeidung von Reflexionen ($r = 0$) und Brechungen ($b = 1$) am Ende aber auch am Anfang der Leitung kann mit Sicherheit nur dann erreicht werden, wenn an beiden Enden Abschlußwiderstände (siehe Bild 8.22) genau in der Größe des Wellenwiderstands Z_L der Leitung verwandt werden.

Das Verhalten von Leitungen bei unterschiedlichen Leitungsabschlüssen soll durch die folgenden Simulationsrechnungen verdeutlicht werden [24]. Dabei wird ein Rechteckimpuls mit vernachlässigbar kleiner Anstiegs- bzw. Abfallzeit und der Breite von 5 ns in eine verlustfreie Leitung mit dem Wellenwiderstand von 50 Ω und der Länge von 3 m eingespeist. Da für die praktische Anwendung allein eine Vergrößerung des Abschlußwiderstands über den Wert des Wellenwiderstands hinaus von Interesse ist, wird auch nur dieser Fall betrachtet.

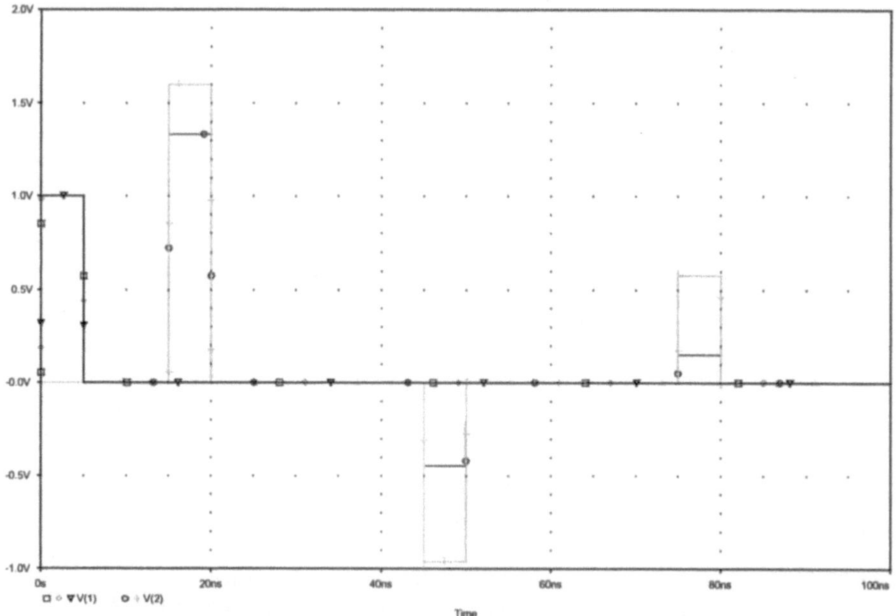

Bild 8.19: Verlustfreie Leitung mit Abschlußwiderstand R_2 am Leitungsende; $R_2 = 50\ \Omega$: $\square - u_1, \triangle - u_2$; $R_2 = 100\ \Omega$: $- u_1, \bigcirc - u_2$; $R_2 = 200\ \Omega$: $\triangledown - u_1, + - u_2$

Bei der in Bild 8.19 wiedergegebenen Simulationsrechnung ist die Leitung nur am Ende mit unterschiedlichen Widerständen R_2 abgeschlossen. Entsprechend der angenommenen Ausbreitungsgeschwindigkeit von 66 % der Lichtgeschwindigkeit (5 ns/m) wird der Impuls durch die Leitung um 15 ns verzögert. Sofern die Leitung am Ausgang genau mit dem Wellenwiderstand abgeschlossen ist, sind keine weiteren Veränderungen des Signals festzustellen.

Bei Abschluß am Leitungsende mit Widerständen oberhalb des Wellenwiderstands treten die ebenfalls in Bild 8.19 sichtbaren Brechungen und nach jeweils der doppelten Laufzeit auf der Leitung auch Reflexionen auf. Durch die Brechung erhöht sich zwar zunächst die Amplitude von u_2, danach treten jedoch Reflexionen nahezu in Höhe der Eingangsspannung auf. Daraus muß geschlossen werden, daß bei Abschluß der Leitung allein am Leitungsende der Abschlußwiderstand möglichst genau mit dem Wellenwiderstand der Leitung übereinstimmen muß.

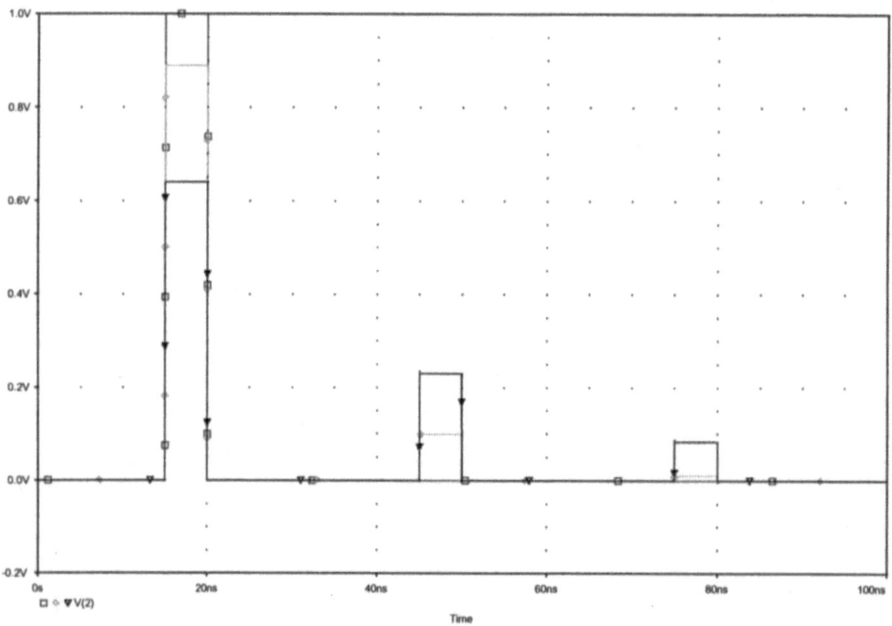

Bild 8.20: Verlustfreie Leitung mit Abschlußwiderstand am Leitungsanfang R_1 und am Leitungsende R_2; $R_1, R_2 = 50\ \Omega$: $\square - u_2$; $R_1, R_2 = 100\ \Omega$: $- u_2$; $R_1, R_2 = 200\ \Omega$: $\nabla - u_2$

Bei der in Bild 8.20 wiedergegebenen Simulationsrechnung ist die Leitung am Anfang und am Ende mit den jeweils gleichen Widerständen R_1, R_2 abgeschlossen, deren Größe wiederum verändert wird. Sofern die Leitung am Eingang und am Ausgang jeweils genau mit dem Wellenwiderstand abgeschlossen ist, sind außer der Verzögerung des Signals um 15 ns (siehe zuvor) keine weiteren Veränderungen festzustellen. Das liegt auch daran, daß die am Eingang erfolgende Spannungsteilung durch eine Verdopplung der Quellspannung ausgeglichen wurde.

Bei Abschluß am Leitungsende mit Widerständen oberhalb des Wellenwiderstands treten am Ausgang die in Bild 8.20 sichtbaren Brechungen und nach jeweils der doppelten Laufzeit auf der Leitung auch Reflexionen auf. Durch den eingangsseitigen Widerstand R_1 tritt bei dessen Vergrößerung eine erhebliche Verminderung der Ausgangsspannung auf. Andererseits sind die Reflexionen sehr viel weniger ausgeprägt als im vorangegangenen Beispiel. Insbesondere tritt auch keine Polaritätsumkehr der Ausgangsspannung mehr auf. Daraus ist zu schließen, daß bei Abschluß der Leitung am Anfang und am Ende der Abschlußwiderstand nur in etwa mit dem Wellenwiderstand der Leitung übereinstimmen muß. Der dabei auftretende Amplitudenverlust kann durch eine Erhöhung der Leerlaufspannung ausgeglichen werden.

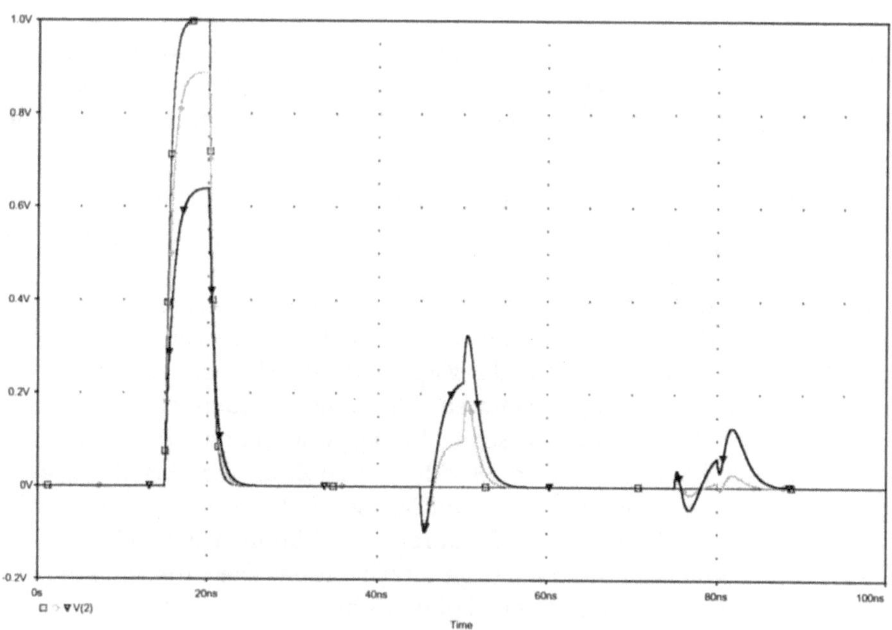

Bild 8.21: Verlustfreie Leitung mit Abschlußwiderstand am Leitungsanfang und am Leitungsende, zusätzlich kapazitive Belastung mit C_2 = 20 pF am Leitungsende; R_1, R_2 = 50 Ω: □ — u_2; R_1, R_2 = 100 Ω: ◇ — u_2; R_1, R_2 = 200 Ω: ∇ — u_2

Bei diesen Überlegungen wurde bisher nicht der Einfluß von kapazitiven Lasten berücksichtigt. Diese sind jedoch infolge der angeschlossenen Busteilnehmer keineswegs vernachlässigbar.

Bei der in Bild 8.21 wiedergegebenen Simulationsrechnung ist die Leitung am Anfang und am Ende wiederum mit jeweils gleichen Widerständen R_1, R_2 abgeschlossen, deren Größe verändert wird. Am Leitungsende ist außerdem noch eine Kapazität C_2 von 20 pF angeschlossen. Auch wenn die Leitung am Eingang und am Ausgang genau mit dem Wellenwiderstand abgeschlossen ist, ist nun außer der Verzögerung des Signals um 15 ns (siehe zuvor) eine erhebliche Verformung des Signals erkennbar.

Bei Abschluß am Leitungsende mit Widerständen oberhalb des Wellenwiderstands treten die ebenfalls in Bild 8.21 sichtbaren Brechungen und nach jeweils der doppelten Laufzeit auf der Leitung auch Reflexionen auf. Diese werden durch die kapazitive Komponente im Leitungsabschluß (anfänglicher Kurzschluß) offensichtlich erheblich verstärkt. Die kapazitive Belastung am Leitungsende und damit auch am Leitungsanfang (in der Simulation nicht berücksichtigt) muß daher als eine sehr wichtige Einflußgröße angesehen werden.

Bild 8.22 zeigt die praktische Ausführung des Leitungsabschlusses von Busleitungen mit jeweils einem Widerstand (Bild 8.22a) bzw. mit zwei Widerständen (Bild 8.22b). Der Abschlußwiderstand Z_L erfüllt dabei zwei Funktionen gleichzeitig:

- Er vermeidet Reflexionen der Bussignale an den Leitungsenden und

- er stellt den Kollektorwiderstand bei einem Open-Collector-Bus dar.

Dafür nutzt man den Umstand aus, daß zwischen der Versorgungsspannung U_{CC} und Masse die im Bild 8.22 gestrichelt eingezeichnete Schaltkapazität C_0 liegt. C_0 setzt sich aus der Kapazität der Abblockkondensatoren und der Stromversorgung zusammen. Für hohe Frequenzen stellt diese Kapazität einen Kurzschluß zwischen Versorgungsspannung und Masse her. Dynamisch liegen die Abschlußwiderstände Z_L an den Busleitungsenden daher zwischen Signalleitung und Masse. Statisch liegen die beiden Abschlußwiderstände im Bild 8.22a parallel und können beim Open-Collector-Bus als Kollektorwiderstand genutzt werden. Der Ausgangstransistor eines Busteilnehmers muß dabei den Strom:

$$I_{\max} = 2\left(U_{CC} - U_{CE}\right) / Z_L \qquad (8.8)$$

führen können. Da die Wellenwiderstände von Busleitungen zwischen 80 und 200 Ω liegen (Tabelle 8.2), führt dieser Busabschluß zu einer hohen Belastung der Bussender [13].

Ein Busabschluß mit jeweils zwei Widerständen R_{11} und R_{12} bzw. R_{21} und R_{22} (Bild 8.22b) vermindert die statische Belastung bei der Ankopplung an den Bus und erlaubt trotzdem einen korrekten Abschluß der Leitung mit dem Wellenwiderstand. Da in der Regel die Bemessung mit $R_{11} = R_{21} = R_1$ und $R_{12} = R_{22} = R_2$ ausgeführt wird, soll im folgenden nur noch von R_1 und R_2 gesprochen werden.

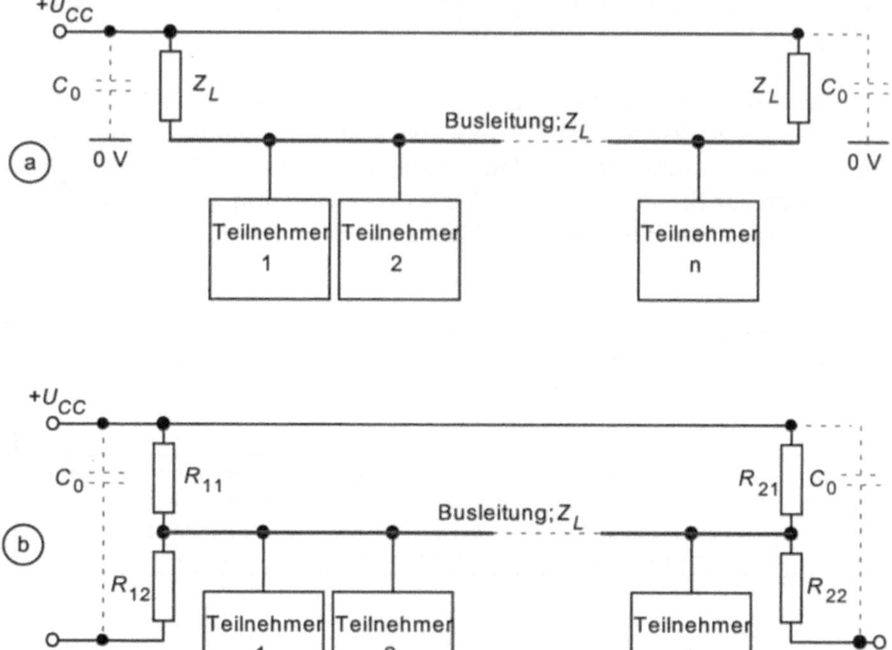

Bild 8.22: Busleitungen; a - Abschluß jeweils mit einem Widerstand, b - Abschluß jeweils mit zwei Widerständen

Diese Widerstände müssen zwei Bedingungen erfüllen:

- Die Parallelschaltung von R_1 und R_2 muß Z_L ergeben und
- die Leerlaufspannung U_0 des Spannungsteilers aus R_1 und R_2 muß sich auf den hohen Pegel (z. B. bei TTL-Logik 3,4 V) einstellen.

Bei $Z_L = 120\ \Omega$ und $U_{CC} = 5\ V$ ergeben sich für $R_1 = 180\ \Omega$ und $R_2 = 380\ \Omega$ sowohl der Leitungsabschluß mit dem Wellenwiderstand als auch der korrekte hohe Pegel.

Ein Anschlußgatter eines Busteilnehmers ist gekennzeichnet durch:

- maximaler Ausgangsstrom bei niedrigem und hohem Pegel im aktiven Zustand,

- Eingangs-Leckströme,

- Leckströme der hochohmigen Ausgänge,

- parasitäre Kapazitäten der Eingangsstufen sowie

- Verzögerungszeit zwischen Signal- bzw. Steuereingang und Signalausgang.

Die ersten drei Eigenschaften legen zusammen mit den Bus-Abschlußwiderständen die statische Busbelastung fest. Die Kapazität einer Eingangsstufe bestimmt zusammen mit den Leitungskapazitäten (Betrachtung bei im Vergleich zur Schaltgeschwindigkeit kurzen Busleitungen) die dynamische Belastung eines Bustreibers (Tabelle 8.3).

Tabelle 8.3: Busbelastungen und deren Verursacher

Belastung	Ursache		Kabel
	Teilnehmer		
	Eingang	Ausgang	
statisch	Leckstrom (endlicher Eingangswiderstand)	Leckstrom (endlicher Ausgangswiderstand)	Abschlußwiderstand und Leitungswiderstand
dynamisch	Eingangskapazität (etwa 10 pF)	Kapazität der Ausgangstransistoren	Kapazitätsbelag bzw. Wellenwiderstand

Die dynamische Belastung eines Treiberausgangs durch den Bus führt zu einer Abflachung der Schaltflanken und damit zu einer Signalverzögerung, da die Schaltschwellen später erreicht werden. Neben unterschiedlichen Kabellaufzeiten bewirkt die dynamische Belastung, daß zusammengehörige Signale die Busteilnehmer zu verschiedenen Zeiten erreichen.

Die maximal mögliche Länge einer Busleitung ergibt sich aus der Wechselwirkung von Leitungstyp, der statischen und dynamischen Belastung sowie der geometrischen Verteilung von Sendern und Empfängern längs des Busses.

8.3.2
Struktur paralleler Bussysteme

Zum Betrieb eines Parallelbussystems sind die folgenden wesentlichen Aufgaben eines Busteilnehmers notwendig:

- Masteranforderung,

- Interruptanforderung,

- Übertragungsabwicklung als Master und

- Übertragungsabwicklung als Slave.

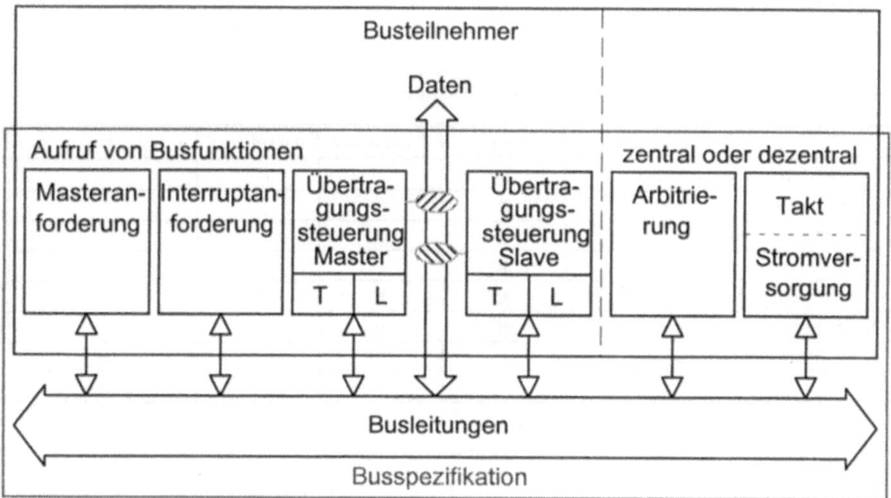

Bild 8.23: Funktionelle Struktur eines Busteilnehmers; L - Listener, T - Talker

Diese Aufgaben werden durch Funktionsmodule im Busteilnehmer bearbeitet (Bild 8.23). Die Anforderungsmodule können direkt durch den Benutzerteil des Busteilnehmers aufgerufen werden. Sie wickeln alle Abläufe ab um entweder Master zu werden (Masteranforderung) oder im Bussystem einen Interrupt weiterzuleiten (Interruptanforderung). Die Übertragungsmodule steuern die Übertragungen auf dem Bus; ein Modul dient zur Steuerung einer Übertragung als Master und ein anderes zur Steuerung einer Übertragung als Slave. Die Module werden aktiv, nachdem ein Teilnehmer die Masterzuteilung erhalten hat oder als Slave adressiert wurde. Je nach Funktionsumfang eines Busteilnehmers sind nicht alle Funktionen realisiert (z. B. ein nicht masterfähiger Teilnehmer).

Daneben muß ein Bussystem ein Funktionsmodul zur Bearbeitung der Busanforderungen enthalten. Dies ist die Arbiterfunktion, die zentral für das ganze Bussystem in einem Teilnehmer enthalten sein kann oder dezentral über alle Teilnehmer verteilt realisiert ist. Gleiches gilt für Versorgungsaufgaben, wie die Takterzeugung oder die Stromversorgung.

Ausgehend von der Aufteilung der Busleitungen in Adreß-, Daten-, Steuer- und Versorgungsbus läßt sich die in Tabelle 8.4 angegebene funktionelle Zuordnung von Busleitungen treffen. Für die Durchführung bestimmter Aufgaben können jeweils auch mehrere funktionell verschiedene Busleitungen benötigt werden. So werden z. B. für die Ablaufsteuerung der Masterfunktion mehrere Steuerleitungen und alle Adreß- und Datenleitungen benötigt.

Tabelle 8.4: Funktionelle Zuordnung von Busleitungen

Funktion/Busleitung	Steuerbus	Datenbus	Adreßbus	Versorgungsbus
Masteranforderung	✖			
Interruptanforderung	✖			
Masterarbitrierung	✖			
Interruptarbitrierung	✖			
Übertragungssteuerung Master	✖	✖	✖	
Übertragungssteuerung Slave	✖	✖	✖	
Stromversorgung				✖
Takte				✖

8.3.2.1
Verbindungsstrukturen in Parallelbussystemen

In einem Parallelbussystem sind bestimmten Teilfunktionen jeweils eigene Leitungen zur Signalübertragung zugeordnet. Je nach Art der Teilfunktion werden diese Leitungen oft unterschiedlich zwischen den Busteilnehmern verschaltet, so daß innerhalb eines Parallelbussystems verschiedene Verbindungsstrukturen vorhanden sein können.

- Die verbreitetste Struktur ist die Sammelleitung (Bild 8.24a). Ein Signal auf dieser Leitung gelangt direkt zu allen Busteilnehmern (Open-Collector- oder Tri-State-Anschluß).

- Durch eine Daisy-Chain-Verbindung erreicht ein Signal zunächst nur einen Teilnehmer und wird danach von Teilnehmer zu Teilnehmer weitergegeben (Bild 8.24b). Die Reihenfolge, in der die Teilnehmer das

Signal erhalten, wird durch die Verdrahtung bzw. durch den Steckplatz festgelegt (geographische Priorität). Da die Signale jeweils durch die Busteilnehmer laufen müssen, können sich erhebliche zusätzliche Signalverzögerungen ergeben.

- Durch Stichleitungen wird ein zentraler Busteilnehmer über jeweils eine eigene Leitung mit jedem anderen Busteilnehmer verbunden (Bild 8.24c). Diese Struktur findet man oft zur Abwicklung von Aufgaben der Busverwaltung, dabei entsteht allerdings ein hoher Leitungsaufwand. Bei dieser Struktur kann jedoch ein Ereignis von einem beliebigen Busteilnehmer direkt zum zentralen Busteilnehmer gemeldet werden, womit gleichzeitig die Signalquelle identifiziert wird.

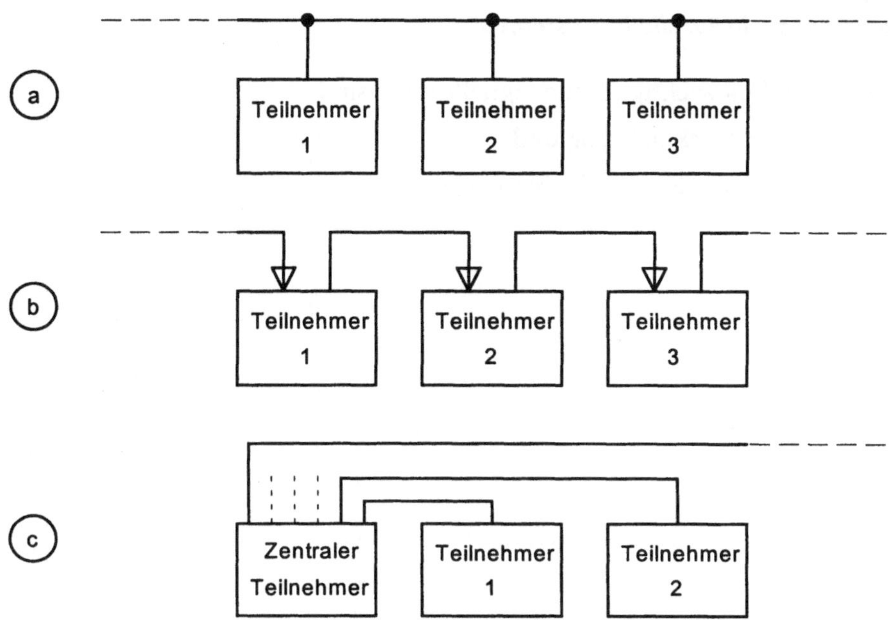

Bild 8.24: Busleitungsstrukturen; **a** - Sammelleitung, **b** - Daisy-Chain, **c** - Stichleitung

8.3.2.2
Betriebsarten von Busleitungen

Bezüglich der Übertragungsrichtung am Anschluß des Busteilnehmers gibt es zwei Betriebsarten:

- Ein unidirektionaler Leitungsbetrieb liegt vor, wenn von einem Busteilnehmer aus gesehen auf dieser Leitung entweder nur Signale gesendet oder empfangen werden können.

- Bei bidirektionalem Leitungsbetrieb (z. B. bei Sammelleitungen) kann ein Busteilnehmer sowohl ein Signal empfangen als auch ein Signal anlegen. Die Übertragungsrichtung hängt dabei von der Funktion ab.

Um die gesamte Anzahl der Busleitungen möglichst gering zu halten, werden Busleitungen oft mehrfach genutzt (Multiplexbetrieb). Bei dieser Betriebsart haben Signale auf der Leitung zu verschiedenen Zeitpunkten eine unterschiedliche Bedeutung (Zeitmultiplexbetrieb). So kann eine Gruppe von Sammelleitungen zu einem Zeitpunkt zur Adreßübertragung dienen und zum einem anderen Zeitpunkt für die Datenübertragung verwandt werden (z. B. IEC-Bus).

8.3.2.4
Steuersignale in Parallelbussystemen

Zwei besonders wichtige Steuersignalformen sind

- Signale mit Rückmeldung und

- Übernahmesignale (Strobe-Signale).

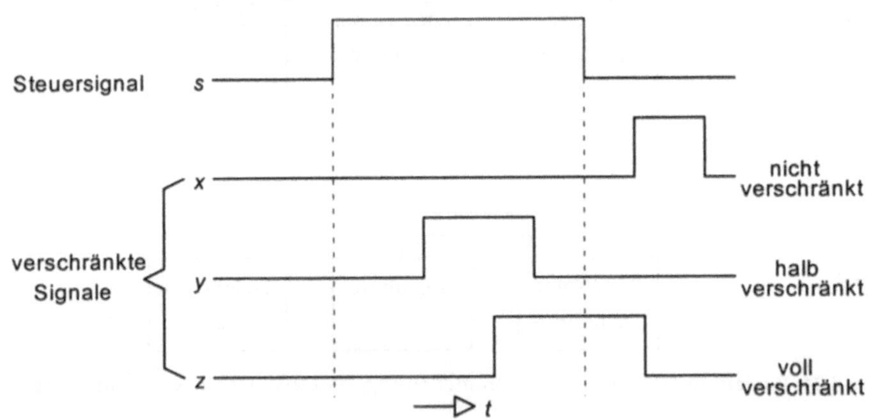

Bild 8.25: Verschränkte Steuersignale

- Wenn auf Grund eines Steuersignals ein oder mehrere Rückmelde-Signale erwartet werden, so stehen diese Steuersignale bezüglich ihrer Reihenfolge in einem festen Verhältnis zueinander. Solche Signalfolgen können Signale enthalten, die zeitlich nacheinander folgen, einander überlappend oder völlig ineinander verschachtelt sind. Zu einem Signal s (Bild 8.25) sind daher Signale x (nicht verschränkt), y (halb verschränkt) und z (voll verschränkt) mit entsprechend verschiedener Verschränkung möglich. Eventuelle Abweichungen von einer vorgeschriebenen Aufeinanderfolge verschränkter Signale müssen von den Busteilnehmern als Fehler erkannt werden.

- Signale, die von einem Busteilnehmer zum gleichen Zeitpunkt auf mehreren Busleitungen ausgesendet werden, müssen nicht gleichzeitig bei einem anderen Busteilnehmer ankommen. Durch zulässige Toleranzen von Bauteilen sowie durch die Art der Aufbautechnik können sich zwischen den Signalen Laufzeitunterschiede ergeben, so daß diese zu unterschiedlichen Zeitpunkten bei den Busteilnehmern eintreffen. Maßgebend für solche Laufzeitunterschiede sind:
  - unterschiedliche Schaltzeiten der Anschlußgatter,
  - unterschiedliche Schaltschwellen der Busempfänger und der Bussender,
  - Laufzeitdifferenzen auf den Busleitungen und
  - unterschiedliche Dämpfung entsprechend der Ausführung und der Belastung einer Busleitung.

Die Zeitdifferenz beim Eintreffen gleichzeitig ausgesendeter Signale ist bei der parallelen Datenübergabe unbedingt zu beachten, da alle zugehörigen Datenleitungen den gültigen Pegel erreicht haben müssen (Skew-Time), bevor die Daten übernommen werden dürfen. So werden z. B. die Datenleitungen eines Busses gleichzeitig aktiviert, aber erst nach Ablauf der Skew-Time wird der Übernahmezeitpunkt durch ein zusätzliches Signal angezeigt.

8.3.3
Busleitungen

8.3.3.1
Daten- und Adreßleitungen

Die Datenübertragung erfolgt auf den bitparallelen Datenleitungen, deren Anzahl liegt in der Regel bei 8, 16, 24 oder 32. Die Verbreiterung des Datenbusses wirkt sich entsprechend auf die maximal erreichbare Datenrate aus. Die physikalische Struktur und Ausdehnung des Busses, die Übertragungsprotokolle und die Busverwaltung wirken sich aber in weit höherem Maße auf die maximale Datenrate aus. In der Regel werden die Datenleitungen bidirektional betrieben.

Zur Auswahl eines Busteilnehmers werden die bitparallelen Adreßleitungen verwandt. Die Adreßleitungen enthalten die binär verschlüsselte Teilnehmeradresse, z. B. können mit 16 Adreßleitungen 2^{16} = 65536 Teilnehmeradressen unterschieden werden (2^{16} = 64 k; 1 k = 2^{10} = 1024). Den Busteilnehmern ist entweder eine einzelne Adresse oder ein Adreßbereich zugeordnet.

Zur Verringerung der Zahl der Busleitungen kann man Adressen und Daten zeitmultiplex über gemeinsame Busleitungen übertragen. Dies führt aber zu einer entsprechenden Verminderung der Datenrate, da Adresse und Daten nacheinander übertragen werden. Der Multiplexbetrieb kann dadurch erweitert werden, daß Adressen und Daten in jeweils mehrere Teile (Bytes) zerlegt über den gemeinsamen Adreß-/Datenbus übertragen werden. Diese Betriebsart wird beim IEC-Bus verwandt, wobei Daten und Adressen über nur 8 Leitungen übertragen werden. Im Multiplexbetrieb muß durch eine zusätzliche Steuerleitung angezeigt werden, ob auf den gemeinsamen Leitungen Daten oder Adressen übertragen werden.

8.3.3.2
Übertragungssteuerung

Die Übertragungssteuerungsleitungen (Transfer Control Lines) eines Bussystems dienen zur Steuerung der Datenübertragung zwischen den Busteilnehmern. Das jeweils eingesetzte Übertragungsprinzip ist im Übertragungsprotokoll eines Bussystems festgelegt. Darin sind die Signalleitungen, die Signalfolgen und die Signalzeitpunkte beschrieben und zwar in Bezug auf

- die Auswahl des Slaves durch den Master,

- die Angabe der Übertragungsfunktion (z. B. Schreiben, Lesen) durch den Master sowie

- die Datenübergabe zwischen Master und Slave.

a) Teilnehmerauswahl und Angabe der Übertragungsfunktion

Bevor die Datenübertragung erfolgen kann, muß der Master den Slave auswählen und die Übertragungsfunktion festlegen. Dazu schaltet der Master die Adresse des Slave zusammen mit dem Steuersignal Adresse gültig auf den Bus. Abhängig davon, ob die Teilnehmerauswahl nur für die gegenwärtige Übertragung gilt oder für mehrere aufeinanderfolgende Übertragungen, sind zwei Verfahren der Teilnehmerauswahl zu unterscheiden:

- Jede einzelne Übertragung besteht aus einer Adreß- und einer Datenübertragungsphase. Damit erfolgt bei jeder Übertragung eine Teilnehmerauswahl. Durch die Aktivierung von zusätzlichen Steuerleitungen werden die Phasen unterschieden und der Gültigkeitszeitpunkt der

Adresse angezeigt. Dieses Verfahren überwiegt und wird sowohl in Bussystemen mit getrennten als auch mit gemeinsamen Daten- und Adreßleitungen verwandt.

- Adresse und Daten werden in getrennten Zyklen übertragen. Dabei werden gleichartige Übertragungsprinzipien eingesetzt. Durch zusätzliche Steuerleitungen wird angezeigt, ob eine Adresse oder Daten übertragen werden. Dieses Verfahren wird oft in Bussystemen mit gemeinsamen Adreß- und Datenleitungen verwandt (z. B. IEC-Bus).

Neben der Teilnehmeradressierung muß der Master dem ausgewählten Teilnehmer die Übertragungsfunktion anzeigen, die durchführt werden soll. Die wichtigsten sind

- **Schreiben**: der Master ist Talker, der Slave ist Listener (Daten von Master zum Slave),

- **Lesen**: der Master ist Listener, der Slave ist Talker (Daten vom Slave zum Master).

Für die Mitteilung der Übertragungsfunktion an den Slave gibt es bei Bussystemen die folgenden Möglichkeiten:

- Meistens werden getrennte Steuerleitungen für die Schreib- und Lesefunktion verwendet, die der Master während der Teilnehmerauswahl entsprechend der beabsichtigten Übertragungsfunktion aktiviert.

- Steuerleitungen sind nicht erforderlich, wenn einzelnen Adressen feste Übertragungsfunktionen zugeordnet sind. Einem Busteilnehmer können mehrere Adressen zugeordnet werden; durch die eine Adresse wird z. B. bei einem Slave eine Schreibfunktion, durch eine andere eine Lesefunktion ausgelöst (z. B. IEC-Bus).

b) Datenübertragung

Zur Datenübertragung aktiviert ein Talker die entsprechenden Busleitungen und ein Listener übernimmt deren Zustand. Dabei muß der Talker die Daten solange an den Bus anlegen, bis der Listener diese mit Sicherheit übernommen hat. Die Teilnehmer müssen also während der Datenübertragung synchronisiert sein, dabei unterscheidet man zwischen der asynchronen und der synchronen Übertragung.

Bei einer asynchronen Übertragung geht man davon aus, daß Master und Slave zu Beginn der Übertragung noch nicht synchronisiert sind. Die Übertragung wird daher so durchgeführt, daß gleichzeitig eine Synchronisation der Teilnehmer erfolgt. Als Übertragungsprinzip wird in der Regel die asynchrone Übertragung mit Rückmeldung (Handshake-Übertragung) eingesetzt. Die Realisierung kann in drei verschiedenen Stufen erfolgen, nämlich

- dem nicht verschränkten (Non-interlocked),

- dem halbverschränkten (Half-interlocked) und

- dem vollverschränkten (Full-interlocked) Signalprotokoll.

Das einfachste Verfahren ist das nicht verschränkte Signalprotokoll. Der Talker (T) legt die Daten auf den Bus und aktiviert die Signalleitung Daten bereit (Bild 8.26). Nachdem der Listener (L) Daten bereit erkannt hat, übernimmt er die Daten vom Bus und bestätigt die Übernahme mit dem Signal Daten übernommen. Sobald der Talker das Signal Daten übernommen wahrnimmt, gibt er die Datenleitungen wieder frei. Daraus ergibt sich auch, daß bei asynchroner Übertragung mit Rückmeldung Busteilnehmer mit unterschiedlicher Datenübertragungsgeschwindigkeit zusammenarbeiten können.

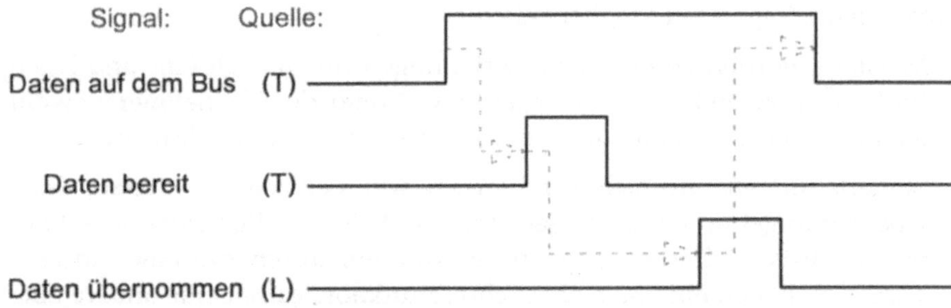

Bild 8.26: Nicht verschränktes, asynchrones Übertragungsprotokoll (Non-interlocked); T - Talker, L - Listener

Diese Eigenschaft erfordert allerdings zusätzliche Hardware:

- Es sind die beiden Handshake-Leitungen Daten bereit und Daten übernommen erforderlich.

- Zur Prüfung, ob der Slave in einer angemessenen Zeit reagiert, muß eine Zeitüberwachung vorgenommen werden. Diese Reaktion des Slave ist bei einem Schreibvorgang das Signal Daten übernommen und bei einem Lesevorgang das Signal Daten bereit (Bild 8.27).

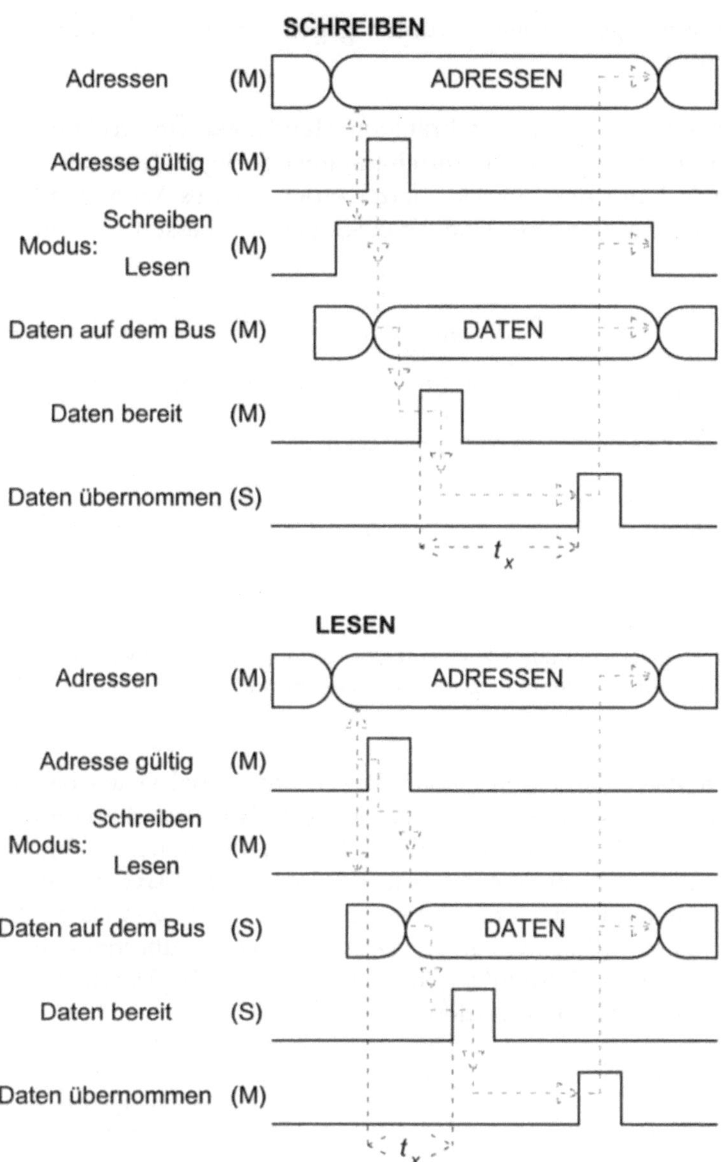

Bild 8.27: Asynchrone Datenübertragung mit Zeitüberwachung; t_x - Überwachungszeit, M - Master, S - Slave

Falls in einem Slave eine Störung auftreten würde, wäre wegen der fehlenden Rückmeldung das gesamte Bussystem blockiert. Durch die Überwachung der Reaktionszeit t_x wird bei Überschreitung einer vorgegebenen Zeitgrenze die Aufhebung einer solchen Blockierung möglich. Diese Zeitüberwachung wird z. B. auch dann wirksam, wenn die Adresse eines

Teilnehmers angesprochen wird, der gegenwärtig gar nicht am Bus angeschlossen ist.

Ein Problem der nicht verschränkten Handshake-Übertragung ist deren Störempfindlichkeit. Sowohl durch ungünstige Signaldauer als auch durch Störsignale kann der Bus blockiert werden. Dieses Verhalten kann aber durch Verschränkung der Handshake-Signale verbessert werden.

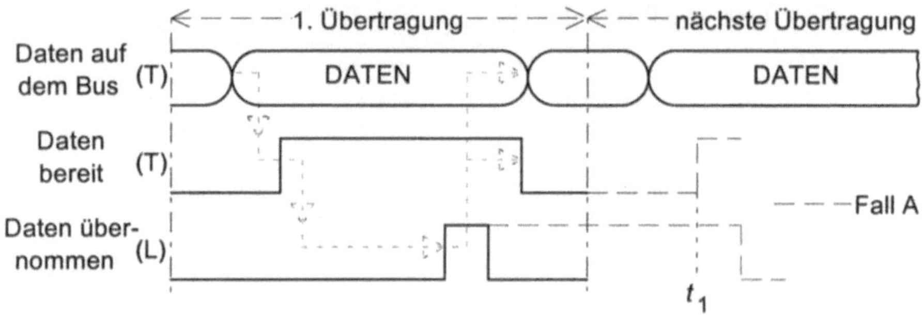

Bild 8.28: Halbverschränkte Übertragungssteuerung (Half-interlocked); falsche Dauer des Signals Daten übernommen gestrichelt gezeichnet (Fall A); T - Talker, L - Listener

Bei der halbverschränkten Signalfolge ist das Signal Daten bereit verlängert und wird erst nach Erscheinen des Signals Daten übernommen abgeschaltet (Bild 8.28). Damit kann durch fehlerhafte Dauer des Signals Daten bereit kein Fehler mehr entstehen, da diese vom Slave bestimmt wird. Fehler können aber noch durch eine zu lange Dauer von Daten übernommen entstehen (Bild 8.28, Fall A). Das Signal Daten übernommen ist noch aktiv, wenn zum Zeitpunkt t_1 mit Daten bereit die Daten der nächsten Übertragung angeboten werden.

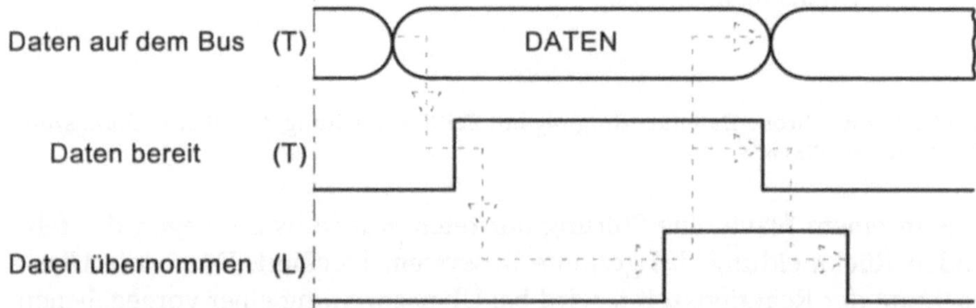

Bild 8.29: Vollverschränkte Übertragungssteuerung (Full-interlocked)); T - Talker, L - Listener

Ein besonders sicheres Übertragungsverhalten ergibt sich daher durch eine vollverschränkte Signalfolge (Bild 8.29). Die Signalfolgen werden in diesem Fall vollständig durch Listener und Talker bestimmt. Dabei wird das Signal Daten bereit vom Listener nach erfolgter Datenübernahme beendet und das Signal Daten übernommen wird daraufhin vom Talker zurückgesetzt. Dieses Prinzip wird z. B. im IEC-Bus eingesetzt.

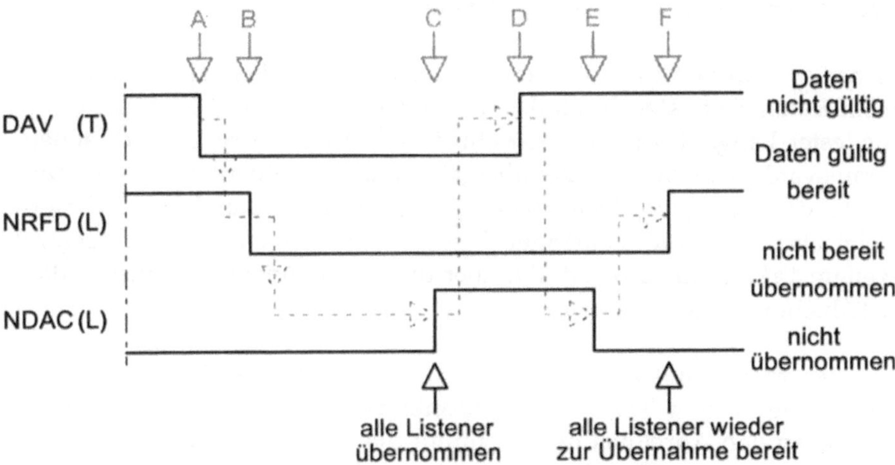

Bild 8.30: Dreileitungs-Handshake des IEC-Bus; T - Talker, L - Listener; alle Signale sind logisch Eins (True) bei niedrigem Pegel (negative Logik)

Beim IEC-Bus wird ein Handshake-Verfahren benutzt, bei dem durch die Verwendung von drei Steuerleitungen bei einer Übertragung mehrere Listener gleichzeitig angesprochen werden können. Die Steuerleitungen sind (Bild 8.30)

- Data Valid, DAV (Daten gültig),

- Not Ready For Data, NRFD (Bereit zur Datenübernahme, negiertes Signal) und

- Not Data Accepted, NDAC (Daten übernommen, negiertes Signal).

Der Talker aktiviert das Signal DAV um anzuzeigen, daß er ein Datenbyte auf den Datenbus geschaltet hat (A). Jeder Listener zeigt nun die Übernahme des Datenbytes an, indem er NRFD True (niedriger Pegel, B) und NDAC False (hoher Pegel) setzt (C).

Wenn nur ein Listener am Bus angesprochen ist, kann der Talker aufgrund von NDAC False den Abschluß der Datenübernahme erkennen und DAV wieder False setzen (D). Sobald der Listener wieder in der Lage ist, Daten zu übernehmen, setzt er NDAC True (E) und NRFD False (F). Damit ist die Handshake-Übertragung beendet. Wenn mehrere Listener angesprochen sind, führen alle den gleichen Funktionsablauf durch. Dabei ist jeder Schritt des Funktionsablaufs erst abgeschlossen, wenn alle Teilnehmer diesen abgeschlossen haben. Dies ergibt sich aufgrund der Busstruktur, da die Signalleitungen NRFD und NDAC durch Open-Collector-Anschluß eine UND-Verknüpfung zwischen den Teilnehmern bilden.

Bei der synchronen Datenübertragung erfolgt der Übertragungsablauf in einem festen Zeitraster. Nach der Buszuteilung folgt ein Übertragungszyklus fester Länge. Darin sind sowohl für die Adreßübergabe zur Teilnehmerauswahl als auch für Datenübergabe und Datenübernahme feste Zeitpunkte vereinbart; die Datenübertragung zwischen den Busteilnehmern erfolgt also synchron zueinander. Diese Synchronität wird durch zentral erzeugte Taktsignale erreicht, die über die Taktleitungen des Busses allen Busteilnehmern zugeführt werden.

Der Übertragungsablauf ist in Bild 8.31 dargestellt. Die Buszuteilung erfolgt synchron zum Takt zum Zeitpunkt t_1. Der Master legt die Slave-Adresse an den Adreßbus und bestimmt die Übertragungsfunktion (z. B. Lesen) durch entsprechende Steuerleitungen. Bis zum Zeitpunkt t_2 müssen Adreß- und Funktionsleitungen auf dem Bus eingeschwungen sein. Nun kann durch die negative Flanke des Takts bei t_2 der Adreßvergleich in allen Busteilnehmern erfolgen.

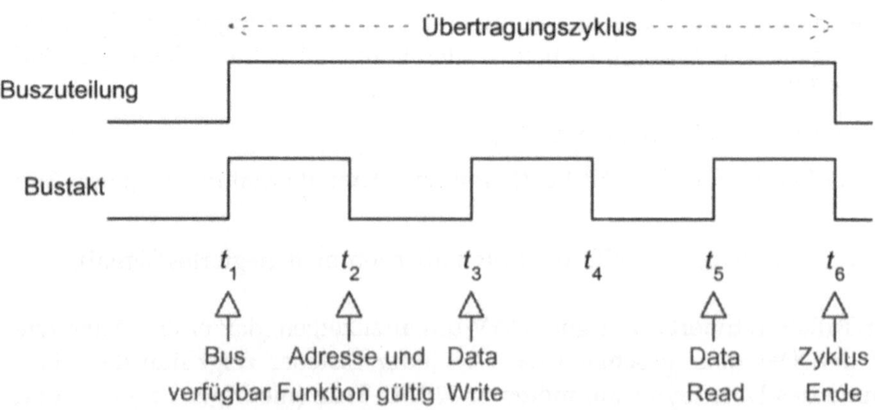

Bild 8.31: Synchrone Datenübertragung

Bei einer Schreiboperation müssen die Daten, die der Master an den Slave übertragen will, bis zum Zeitpunkt t_3 auf dem Datenbus eingeschwungen sein, um mit der positiven Flanke des Takts vom ausgewählten Slave übernommen zu werden. Der Slave hat dann den Zeitraum von t_3 bis t_6 zur Verfügung, um die übergebenen Daten abzuspeichern. Bei der Leseoperation muß der Slave die angeforderten Daten bis zum Zeitpunkt t_5 eingeschwungen auf dem Datenbus zur Verfügung stellen. Bei t_5 kann der Master mit der positiven Flanke des Takts die Daten übernehmen.

Die Übertragungsrate ist bei synchroner Übertragung grundsätzlich höher als bei asynchroner Übertragung. Dies ergibt sich dadurch, daß keine Signalverzögerungen durch Bestätigungssignale auftreten. Allerdings hat die synchrone Datenübertragung auch Nachteile:

- Alle Busteilnehmer müssen gleich schnell arbeiten, das heißt, wenn über den Bus ein Speichermodul als Busteilnehmer mit einer Leseoperation angesprochen wird, so darf die Speicherzugriffszeit nie größer als die Zeitspanne von t_2 bis t_5 sein (Bild 8.31). Damit muß der Bustakt nach dem langsamsten Busteilnehmer ausgelegt sein.

- Synchronisations- oder Übertragungsfehler können nur durch zusätzliche Hardware oder zusätzliche Prüfübertragungen erkannt werden. Der Master erhält auch keine direkte Bestätigung, ob eine Datenübertragung richtig abgeschlossen wurde.

- Die Daten müssen früh genug auf den Bus geschaltet werden, damit die Busleitungen zum Zeitpunkt der Gültigkeit eingeschwungen sind.

Um nicht nur gleich schnelle Einheiten am Bus anschließen zu können, werden auch semi-synchrone Übertragungen durchgeführt. Bei diesem Prinzip werden auf Anforderung eines Slave Wartetakte in einen Übertragungszyklus eingefügt. Der Slave muß bis zu einen festgelegten Zeitpunkt die Bussteuerleitung Warteaufforderung aktivieren. Die zentrale Takterzeugung fügt dann für die Dauer der Aktivierung der Warteaufforderung Leertakte ein.

8.3.3.3
Busverwaltung

Wenn mehrere Teilnehmer den Bus gleichzeitig benutzen wollen, entsteht ein Zugriffskonflikt, da mehrere Übertragungen gleichzeitig auf dem Bus nicht möglich sind. Aus diesem Grund ist eine Busverwaltung notwendig. Dies erfolgt dadurch, daß den Teilnehmern der Bus jeweils für bestimmte Zeiträume durch einen Arbiter (Schiedsrichter) zugeteilt wird.

Es muß aber nicht nur der Datenübertragungsteil verwaltet werden. Daneben ist in Parallelbussystemen ein Alarmübertragungsteil vorhanden, der unabhängig vom Datenübertragungsteil aufgebaut, aber nach ähnlichen Prinzipien zu verwalten ist.

- Der Datenübertragungsteil umfaßt die Adreßleitungen, die Datenleitungen und die Steuerleitungen. Die Verwaltung dieses Teils durch den Arbiter beinhaltet die Vergabe der Masterfunktion zwischen den Busteilnehmern; also sowohl die Festlegung, welcher Teilnehmer als nächster einen Datentransfer steuern soll, als auch die Übergabe der Steuerfunktion an den ausgewählten Teilnehmer (Mastertransfer).

- Der Alarmübertragungsteil besitzt eigene Steuerleitungen zur Übertragung von Meldungen über den Bus. Diese Meldungen werden als Alarm oder Interrupt bezeichnet. Dadurch wird es ermöglicht, daß Ereignisse in einem Teilnehmer direkt an einen anderen Teilnehmer gemeldet werden können. Die Alarme können allein aus der Ereignismitteilung (Interrupt) oder aus der Ereignismitteilung und aus einem Identifikationswort (Interruptvektor) bestehen.

a) Grundprinzip der Arbitrierung

Die Verwaltung eines Busses gliedert sich in die folgenden drei Phasen

- Anforderung,
- Auswahl und
- Zuteilung.

Die Anforderungsphase dient zur Übermittlung des Nutzungswunschs der Busteilnehmer. Bei gleichzeitiger Anforderung durch mehrere Teilnehmer muß in einer Auswahlphase entschieden werden, wer das Zugriffsrecht erhalten soll. Durch die Zuteilung wird der angeforderte Teil des Busses dem ausgewählten Teilnehmer allein zur Verfügung gestellt.

Damit diese Busverwaltungsaufgaben nicht die Datenübertragungsrate verringern, ist das Arbitrierungssystem meist unabhängig vom Datenübertragungssystem realisiert. Damit können Anforderungen, Auswahl und Zuteilung gleichzeitig zu laufenden Datenübertragungen bearbeitet werden. Nachdem durch die Arbitrierung die Zuteilung erfolgt ist, kann der ausgewählte Teilnehmer direkt nach Beendigung der laufenden Datenübertragung seine Übertragung abwickeln. Diese gestaffelte Abarbeitung wird als Pipelining bezeichnet.

b) Auswahlregeln

Liegen von mehreren Busteilnehmern gleichzeitig Anforderungen vor, so wird unter diesen Anforderungen nach festgelegten Prioritätskriterien vom Arbiter ein Teilnehmer ermittelt, der die Zuteilung erhält. Die Priorität kann dabei wie folgt festgelegt werden:

- Bei fester oder statischer Priorität ist diese jedem Busteilnehmer fest zugeordnet.

- Bei dynamischer Priorität kann die Teilnehmerpriorität jederzeit verändert werden.

Als Auswahlregeln werden bei Parallelbussystemen folgende Prinzipien angewandt:

- Bei jeder Zuteilungsentscheidung erhält immer der Busteilnehmer mit der höchsten statischen Priorität die Zuteilung.

- Alle Anforderungen der Busteilnehmer werden zu einem bestimmten Zeitpunkt gespeichert und dann gemäß der Priorität bearbeitet (Snapshot-Algorithmus).

- Ein fairer Zuteilungsalgorithmus liegt dann vor, wenn bei jeder Zuteilungsentscheidung der Busteilnehmer die Zuteilung erhält, der am längsten keine Anforderung gestellt hat.

c) Zentrale Zuteilungsverfahren (zentraler Arbiter)

Die Auswahlentscheidung wird von einer zentralen Stelle (Arbiter) im System durchgeführt. Diese Stelle enthält die für die Auswahl erforderliche Schaltungslogik. Die Zuteilung erfolgt in der Regel auf der Grundlage fester Teilnehmerprioritäten. Zur Übermittlung der Anforderung werden entweder Stichleitungen oder eine zentrale Abfrage (Polling) verwendet.

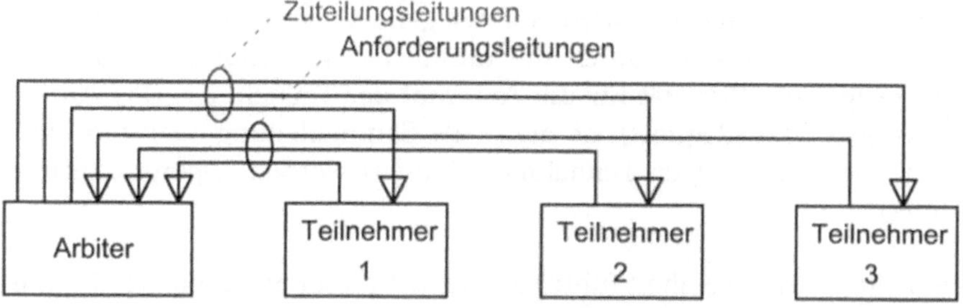

Bild 8.32: Zentrales Zuteilungsverfahren mit Stichleitungen

Bei der Verwendung von Stichleitungen ist der zentrale Arbiter mit jedem Teilnehmer über zwei Stichleitungen verbunden (Bild 8.32). Die Anforderungen der Teilnehmer werden dem Arbiter über eine Anforderungsleitung zugeführt. Dieser trifft die Zuteilungsentscheidung und teilt diese über eine zweite Stichleitung dem ausgewählten Teilnehmer mit.

Um die Anzahl der Leitungen in einem Bussystem niedrig zu halten, kann die Zuteilungsanforderung auch durch eine Abfrage der Teilnehmer (Polling) vom Arbiter erfaßt werden. Diese Abfrage kann entweder durch eine Sammelanforderung ausgelöst oder vom Arbiter periodisch wiederholt werden.

Bei der Sammelanforderung steht eine Busleitung allen Teilnehmern gemeinsam als Anforderungsleitung zur Verfügung. Nach Aktivierung dieser Sammelleitung durch einen oder mehrere Teilnehmer gleichzeitig (Open-Collector-Anschluß), leitet der Arbiter eine Sammelabfrage aller Teilnehmer ein, um die anfordernde Einheit zu identifizieren.

Diese Abfrage wird in manchen Systemen unter Verwendung von speziellen Steuerleitungen durchgeführt, die den Busteilnehmern innerhalb von laufenden Übertragungen Zeitfenster (Pollzyklen) anzeigen, in denen diese ihre Identifizierung abgeben können, da zu diesen Zeitpunkten bestimmte Busleitungen ungenutzt sind. Wenn diese Zeitfenster regelmäßig in den Busverkehr eingeblendet werden, dann erübrigt sich eine Sammelanforderung.

d) Dezentrale Zuteilungsverfahren (dezentraler Arbiter)

Der Arbiter ist bei diesen Verfahren auf alle Teilnehmer verteilt realisiert. Dazu gibt es im wesentlichen zwei Lösungen: Daisy-Chain-Verfahren und Parallel-Polling-Verfahren.

Das Daisy-Chain-Verfahren wird überwiegend eingesetzt. Es ermöglicht jedoch nur eine statische, durch die räumliche Anordnung der Busteilnehmer festgelegte Priorität für die Auswahl der Teilnehmer. Das Anforderungssignal (Bus Request) ist meist als Sammelleitung realisiert und kann von einem beliebigen Teilnehmer aktiviert werden (Open-Collector-Anschluß).

Eine Synchronisationseinheit führt nach Erhalt dieser Sammelanforderung dem Teilnehmer mit höchster Priorität ein Zuteilungssignal (Bus Grant) zu. Dieser gibt das Zuteilungssignal nur weiter, wenn er selbst keine Anforderung gestellt hat. Das Zuteilungssignal läuft so von Teilnehmer zu Teilnehmer (Daisy-Chain). Die Entscheidung über die Zuteilung erfolgt dezentral im Teilnehmer. Um den Einfluß von Laufzeiten auf den Entscheidungszeitpunkt zu vermeiden, wird meist ein Freigabesignal verwandt (Bild 8.33).

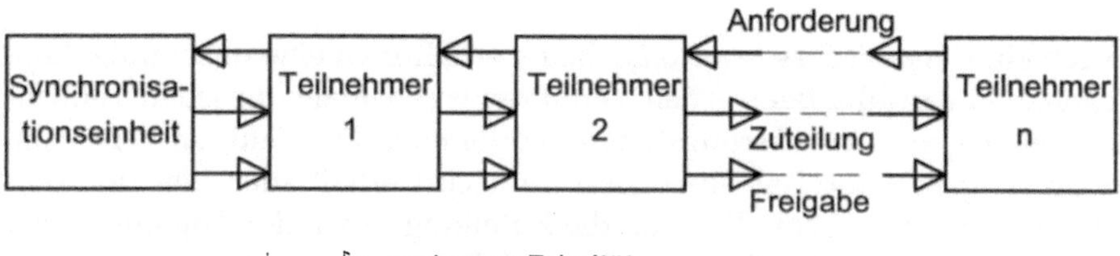

Bild 8.33: Dezentrale Zuteilung nach Daisy-Chain-Verfahren

Durch die Daisy-Chain entsteht ein verteilter Arbiter mit einer statischen Priorität für die Teilnehmerauswahl. Dies kann bei hoher Busauslastung und gleichberechtigten Teilnehmern zu einer Benachteiligung der am Ende der Kette befindlichen Teilnehmer führen.

Beim Parallel-Poll-Verfahren erhält jeder Busteilnehmer eine eigene Anforderungsleitung. Dabei wird die Anforderung des Teilnehmers mit höherer Priorität jeweils allen Teilnehmern mit niedrigerer Priorität mitgeteilt (Bild 8.34).

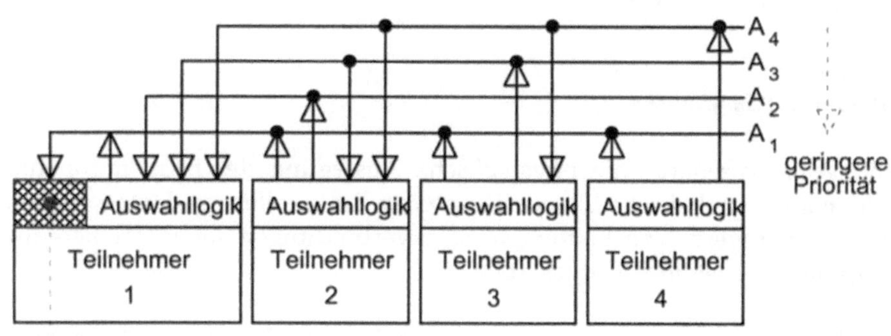

Bild 8.34: Dezentrales Parallel-Poll-Verfahren

Ein festes Prioritätsschema wird hier dadurch realisiert, daß jeder Teilnehmer die Anforderungsleitungen der Teilnehmer mit höherer Priorität beobachtet. Eine Zuteilung wird nur dann gültig, wenn keine Anforderung eines Teilnehmers mit höherer Priorität vorliegt. Durch die im Teilnehmer 1 enthaltene Synchronisationseinheit erfolgt eine Synchronisierung der Zuteilungsanforderungen mit dem zeitlichen Ablauf der Datenübertragungen auf dem Bus.

Durch ein dynamisches Prioritätsschema erhält man eine dezentrale, faire Teilnehmerauswahl. Bei solchen Verfahren ist ebenfalls für jeden Teilnehmer eine eigene Anforderungsleitung vorhanden. Die Zahl der Prioritätsstufen ist gleich der Teilnehmerzahl. Zunächst erhält auch hier der Teilnehmer mit der höchsten Priorität die Zuteilung. Nach der Zuteilung setzt dieser Teilnehmer seine Priorität aber auf die niedrigste Stufe zurück. Damit haben stets die Teilnehmer die höchste Priorität, die den Bus am längsten nicht benutzt haben.

8.3.4
Protokollebenen

Die Protokolle sind in eine Hierarchie von Protokollebenen gegliedert. Man unterscheidet:

- die physikalische Ebene,

- die Basisfunktionenebene,

- die Transferebene,

- die Blocktransferebene und

- die Anwenderebene.

8.3.4.1
Gliederung der Ebenen

Die Vorschriften für die physikalische Auslegung der Buskomponenten bilden als physikalische Ebene die unterste Protokollebene. Hier werden z. B. die Kennwerte von Leitungen, Steckverbindungen sowie Treiber- und Empfängerbausteinen festgelegt.

Die Basisfunktionenebene liegt in der Schichtung der Protokollebenen direkt über der physikalischen Ebene. Damit werden die von der untersten Ebene bereitgestellten Funktionen und Fähigkeiten von dieser Protokollebene benutzt, und zwar unabhängig davon, in welcher Weise diese dort physikalisch realisiert sind. Die Protokolle dieser Ebene beschreiben wie

- Daten und Adressen übertragen werden,

- die Übergabe der Buskontrolle durchgeführt wird und

- Alarme oder Programmunterbrechungssignale behandelt werden.

Auf der Transferebene interessieren die Funktionen, die sich aus den Basisfunktionen zusammensetzen. Ein Beispiel hierfür in einem Computer sind die Transferbefehle von Maschinenbefehlssätzen. Solche Befehle sind für den Programmierer die hardwarenäheste Möglichkeit auf den Ablauf von Datentransporten über den Bus Einfluß zu nehmen, denn die darunter liegenden Ebenen sind durch die Hardware festgelegt. Folgende Arten von Transferbefehlen (Befehle mit Speicherzugriff) sind zu unterscheiden:

- Lade- und Speicherbefehle (Load/Store): Meistens entspricht ein solcher Befehl einer Lese- oder Schreib-Grundfunktion auf dem Bus.

- Allgemeine Transportbefehle (Move), z. B. von Speicherzelle zu Speicherzelle: Dabei werden die Daten in zwei aufeinander folgenden Buszyklen (Lesen, Schreiben) von der Datenquelle über ein Prozessorregister zur Datensenke transportiert.

- Verarbeitungsbefehle mit Transportfunktion: Bei fast allen Rechnerarchitekturen sind in Befehlen, die arithmetische oder logische Verknüpfungen von Operanden durchführen, die Datentransporte enthalten.

- Blocktransferbefehle (Blockmove): Verschiedene Rechner besitzen solche Befehle. Mit einem einzigen Maschinenbefehl wird der Transport eines ganzen Blocks von Daten z. B. vom Hauptspeicher zu einem Peripheriegerät über den Bus durchgeführt.

- Test- und Set-Befehle: Es handelt sich um kombinierte Lese-Schreib-Befehle, die in einem Ablauf den Inhalt einer Speicherzelle lesen, gegebenenfalls verändern und wieder in dieselbe Zelle zurückschreiben (read-modify-write).

Auf der Anwenderebene sind die Details des Übertragungsablaufs nicht mehr erkennbar. Der Anwendungsprogrammierer verwendet ein Programmpaket mit Gerätetreibern, denen beim Aufruf einige Parameter wie Datentyp, Dateiname und symbolische Adresse übergeben werden. Treiber für Standardgeräte sind in der Regel in Betriebssystemen enthalten.

8.3.4.2
Protokollebenen beim IEC-Bus

Ein verbreitetes Parallelbussystem für die Verbindung von Labor- und Meßgeräten ist der IEC 625-Bus [7, 8]. Dieser wird auch als IEEE 488-Bus

[1, 2] und GPIB-Bus (General Purpose Interface Bus) bezeichnet. Der Bus ist daraufhin ausgelegt, einen Betrieb mit möglichst wenig Aufwand für den Bus und die Ankopplung der Teilnehmer zu erreichen. Dabei sind die folgenden Randbedingungen vorgegeben:

- Es können höchstens 15 Geräte über einen Bus miteinander verbunden werden.

- Die Gesamtlänge der Busverbindungskabel darf 20 m nicht überschreiten.

- Die Übertragungsgeschwindigkeit beträgt maximal 1 MBit/s (8 Bit parallel).

a) Physikalische Ebene

Tabelle 8.5: Leitungsbezeichnungen beim IEC-Bus

Name	Funktion	Bereich
DIO 1...8	Data Input/Output, Daten Eingang/Ausgang	Datenbus
DAV	Data Valid, Daten gültig	Übergabebus
NRFD	Not Ready For Data, bereit für Datenübernahme (neg.)	für Dreidraht-
NDAC	Not Data Accepted, Daten übernommen (neg.)	Handshake
ATN	Attention, Achtung	
SRQ	Service Request, Bedienungsruf	
EOI	End Or Identify, Ende oder Identifizierung	Steuerbus
REN	Remote Enable, Freigabe der Fernsteuerung	
IFC	Interface Clear, Schnittstellenfunktion zurückstellen	

Tabelle 8.6: Kontaktbelegung beim IEC-Bus

Kontakt #	Leitung	Kontakt #	Leitung
1	DIO 1	14	DIO 5
2	DIO 2	15	DIO 6
3	DIO 3	16	DIO 7
4	DIO 4	17	DIO 8
5	REN	18	Masse (5)
6	EOI	19	Masse (6)
7	DAV	20	Masse (7)
8	NRFD	21	Masse (8)
9	NDAC	22	Masse (9)
10	IFC	23	Masse (10)
11	SRQ	24	Masse (11)
12	ATN	25	Masse (12)
13	Abschirmung		

Der IEC-Bus besteht aus 16 Signalleitungen, dies sind acht Datenleitungen (bidirektional), drei Handshake-Leitungen für die Steuerungen der Übertragungen auf den Datenleitungen und fünf Interface-Management-Leitungen (Tabelle 8.5). Da das Kabel neben den Signalleitungen noch einen äußeren Schirm und Rückleitungen für die logische Masse enthält, ist ein Stecker vorgeschriebener Bauart mit 25 Kontakten zu verwenden (Tabelle 8.6).

b) Basisfunktionenebene

Die Basisfunktionenebene sieht insgesamt zehn verschiedene Schnittstellenfunktionen vor (Bild 8.35). Nur in wenigen Geräten mit IEC-Bus-Schnittstelle (z. B. im Controller) müssen alle diese zehn Funktionen verfügbar sein, um das Gerät seinen Aufgaben entsprechend am Bus betreiben zu können.

c) Transferebene

In IEC 625-1 ist auch die Codierung und Übertragung von externen Nachrichten festgelegt. Unter einer externen Nachricht wird eine Kombination von Signalen mit einer bestimmten Bedeutung verstanden, die zu einem oder mehreren Empfängern gesendet wird. Hierbei wird wieder unterschieden zwischen Eindraht-Nachrichten, für deren Übertragung eine Leitung genügt (z. B. DAC, Daten übernommen), und Mehrdraht-Nachrichten.

Insgesamt gibt es beim IEC-Bus 46 verschiedene Nachrichten, die in sieben Nachrichtenklassen eingeteilt werden. Darunter sind zum Beispiel die Klasse der Handshake-Nachrichten (DAC, DAV, RFD: Eindraht-Nachrichten) und die Klasse der Adressen-Nachrichten, die in den niederwertigen 7 Bit der DIO-Leitungen eine festgelegte Adressencodierung enthalten. Für die Codierung von Adressen ist der ISO-7-Bit-Code vorgeschrieben. Dagegen ist die Codierung von Daten nicht festgelegt und damit dem Anwender freigestellt.

Die Blocktransferebene fällt beim IEC-Bus mit der Transferebene zusammen, denn Blocktransfers finden bei Datenübertragungen automatisch statt, sobald ein Gerät mehr als ein Byte übergeben will. Das Ende eines Datenblocks wird entweder mit einem Ende-Zeichen oder durch Aktivierung der EOI-Leitung angezeigt.

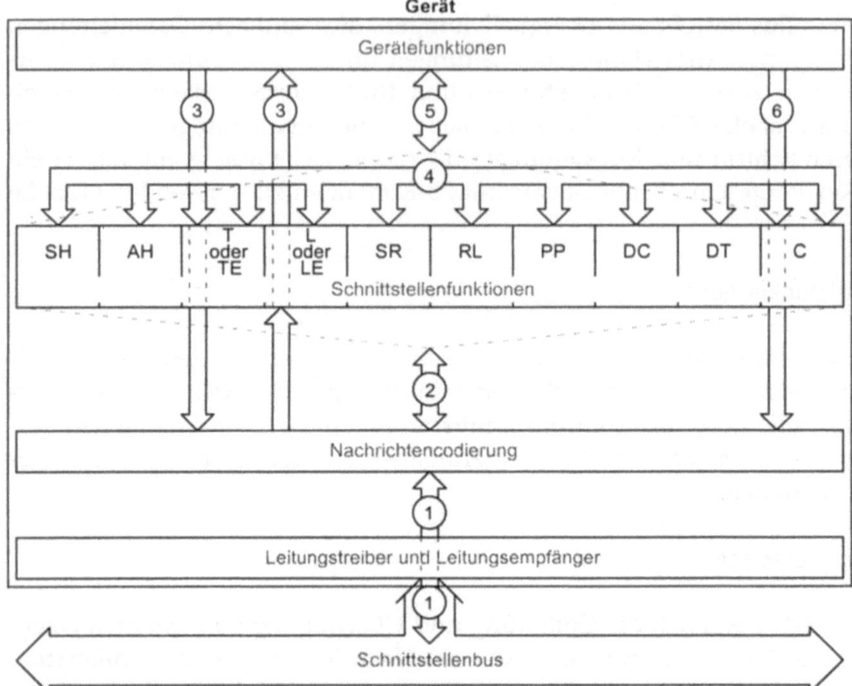

Bild 8.35: Schnittstellenfunktionen beim IEC-Bus;
A - in IEC 625 festgelegte Fähigkeiten; **B** - vom Entwickler festgelegte Fähigkeiten;
① - Signalleitungen im Schnittstellen-Bus;
② - Externe Nachrichten an und von Schnittstellenfunktionen;
③ - Gerätenachrichten an und von Gerätefunktionen;
④ - Zustandsverknüpfungen zwischen Schnittstellenfunktionen;
⑤ - Interne Nachrichten zwischen Gerätefunktionen und Schnittstellenfunktionen;
⑥ - Externe Nachrichten (innerhalb eines Steuergeräts von Gerätefunktionen gesendet);
SH - Handshake-Quelle (Source Handshake); AH - Handshake-Senke (Acceptor Handshake); T oder TE - Sprecher (Talker) oder erweiterter Sprecher (Extended Talker); L oder LE - Hörer (Listener) oder erweiterter Hörer (Extended Listener); SR - Bedienungsruf (Service Request); RL - Fern/Eigen-Umschaltung (Remote/Local); PP - Parallelabfrage (Parallel Poll); DC - Gerät zurückstellen (Device Clear); DT - Gerät auslösen (Device Trigger); C - Steuereinheit (Controller).

d) Anwenderebene

Eine weitere Protokollebene stellen die IEC-Bus-Anweisungen in höheren Programmiersprachen dar. Beispielsweise wurde die bei Tischrechnern häufig eingesetzte Programmiersprache BASIC um spezielle Anweisungen für das Arbeiten mit dem IEC-Bus erweitert.

Um auf der Anwenderebene das Arbeiten mit Geräten verschiedener Hersteller zu erleichtern, wurde IEC 625-2 geschaffen [2, 8]. Darin sind Angaben über die Formate der verschiedenen Nachrichten, deren Gliederung in Nachrichteneinheiten und die Trennung der Nachrichteneinheiten enthalten. Folgende Nachrichten werden unterschieden:

- Meßdaten (z. B. Meßergebnisse),

- Programmier- und Steuerdaten (z. B. Ansteuerung der Meßgerätefunktionen),

- Zustandsdaten (z. B. interner Gerätezustand) und

- Ausgabedaten (z. B. Texte).

8.3.5
Typisches Parallelbussystem (IEC-BUS)

Der IEC-Bus soll als Beispiel eines Instrumentierungs-Bus im folgenden noch weiter betrachtet werden. Für Daten und Adressen stehen acht Leitungen zur Verfügung, drei Leitungen dienen dem Basis-Handshake und fünf Leitungen zur Steuerung der Busfunktionen. Dabei müssen Leitungen mehrfach genutzt werden. Auf den Datenleitungen werden zeitmultiplex auch die Adressen, gekennzeichnet durch das Steuersignal ATN (Attention), übertragen und das EOI-Signal (End or Identify) hat abhängig von ATN unterschiedliche Bedeutung.

Der Codebereich für Adressen ist in die Talker- und Listener-Adressen und in eine Gruppe von Befehlen zur Steuerung der Busteilnehmer aufgeteilt. Mit diesen Befehlen können z. B. alle Geräte in den Ausgangszustand versetzt werden (DCL, Device Clear), bestimmte Geräte für die Parallelabfrage eingestellt werden (PPC, Parallel Poll Configure) oder die Steuerung auf einem anderen Teilnehmer übertragen werden (TCT, Take Control).

Der Busverkehr wird asynchron im Dreileitungs-Handshake abgewickelt, es gibt deshalb auf dem Bus keinen zentralen Takt. Bild 8.36 zeigt die Bussignale einer typischen Folge von Buszyklen, wie sie bei der Adressierung von Talker und Listener abläuft. Man erkennt dabei den Dreileitungs-Handshake mit den Signalen DAV, NRFD, NDAC und die zeitlichen Beziehungen zu den DIO-Signalen (Daten/Adressen). Da die DIO-Leitungen in diesem Fall Geräteadressen übertragen, ist die ATN-Leitung entsprechend lange aktiv. Eine anschließende Datenübertragung (auch mehrere Bytes) vom Talker zum Listener wird von den Teilnehmern selbständig abgewickelt und zwar bis zu einem vereinbarten Ende-Zeichen (EOI-Signal oder ein speziell codiertes Datenbyte).

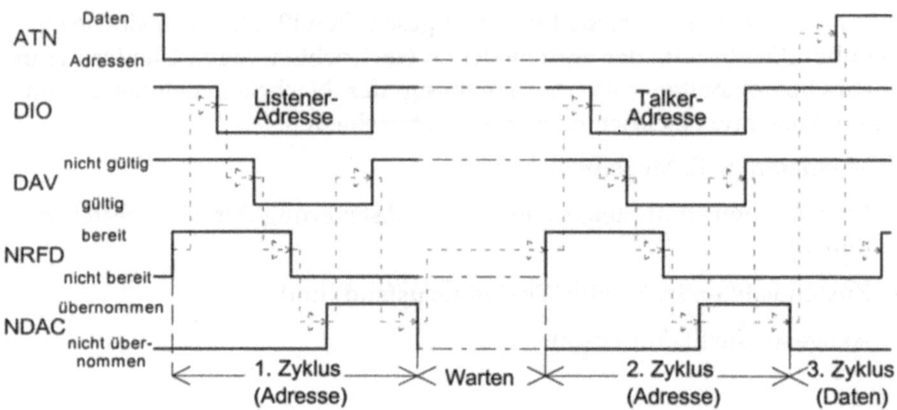

Bild 8.36: IEC-Bus-Signale bei der Adressierung von Talker und Listener; alle Signale sind logisch Eins (True) bei niedrigem Pegel (negative Logik)

Das Steuergerät verwaltet auch den Bedienungsruf (Service Request) mit der anschließenden seriellen oder parallelen Statusabfrage (Serial Poll oder Parallel Poll). Beim Serial Poll werden nacheinander die als Verursacher des Serial Request in Frage kommenden Teilnehmer als Talker adressiert und aufgefordert, ihren Gerätestatus mitzuteilen. Viel schneller ist der Parallel Poll, bei dem noch im Abfragezyklus jeder in Frage kommende Teilnehmer ein ihm fest zugeordnetes Datenbit auf den Datenleitungen aktiviert. An diesem Verfahren können allerdings direkt höchstens acht Geräte beteiligt werden, da es nur acht Datenleitungen gibt.

Zu einem bestimmten Zeitpunkt kann nur ein Teilnehmer die Steuerfunktion (Controller) besitzen. Dieser erteilt die Berechtigung zum Sprechen (Talker, nur ein Teilnehmer) und zum Zuhören (Listener, auch mehrere Teilnehmer). Die Übergabe der Steuerfunktion an einen anderen Controller ist durch einen an diesen adressierten Befehl (TCT, Take Control) möglich. Dabei versetzt sich der bisherige Controller in den inaktiven Zustand.

8.4
Serielle Bussysteme

8.4.1
Übersicht

Bei der seriellen Datenübertragung werden die einzelnen Bits einer Nachricht (Adresse oder Daten) zeitlich nacheinander über eine Übertragungsstrecke transportiert. Eine serielle Übertragungsstrecke wird dann zu einem seriellen Bus, wenn mehrere Teilnehmer ihre Datenübertragungen über dieses gemeinsame Übertragungsmedium seriell abwickeln können.

Dazu müssen die meist parallel vorliegenden Daten zunächst serialisiert (Parallel/Seriellwandler) bzw. die seriell eintreffende Daten parallelisiert (Seriell/Parallelwandler) werden. Auch ist eine Anfangs- und Ende-Erkennung der Nachricht notwendig (Synchronisation).

Eine wesentliche Eigenschaft der seriellen Übertragung ist, daß die Übertragungszeit für eine Nachricht mit der Bitzahl der Nachricht wächst, während bei der parallelen Übertragung ein ganzes Datenwort parallel übergeben wird. Dieser grundsätzliche zeitliche Nachteil wird aber bei vielen Anwendungen durch andere günstige Eigenschaften ausgeglichen.

8.4.2
Funktionelle Varianten

Bedingt durch die unterschiedlichen Anforderungen an ein Datenübertragungssystem hat sich eine Vielfalt an funktionellen und topologischen Varianten entwickelt. Diese Varianten kann man nach folgenden Merkmalen klassifizieren:

- Art des Multiplexverfahrens (Frequenzmultiplex/Zeitmultiplex),

- Synchrone/asynchrone Übertragung,

- kontrollierter oder zufälliger Zugriff,

- verteilte oder zentrale Kontrolle.

8.4.2.1
Busse mit Frequenzmultiplex-Verfahren

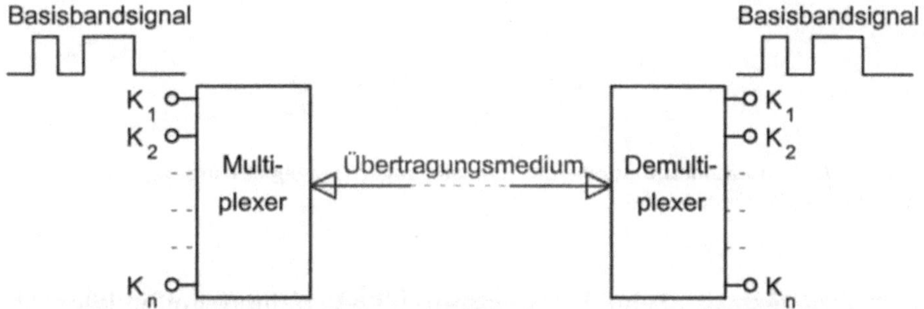

Bild 8.37: Blockschaltbild eines Frequenzmultiplex-Systems; K - Kanal

Die Funktionsweise eines Frequenzmultiplex-Systems ist im Bild 8.37 dargestellt. Der gesamte Frequenzbereich des gemeinsamen Übertragungsmediums wird gemäß Bild 8.38 in einzelne Frequenzbänder unterteilt und jedem Kanal wird ein solches Frequenzband zugeteilt.

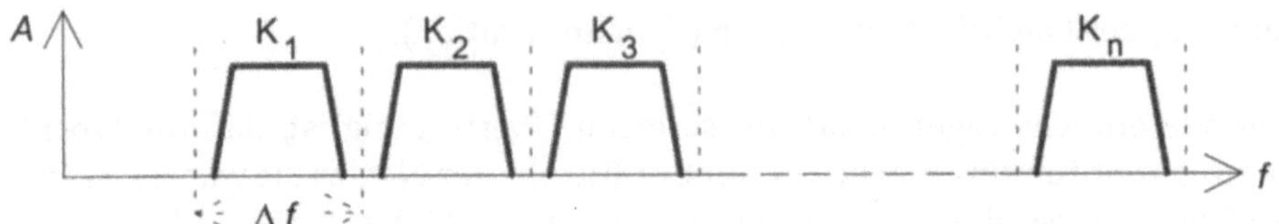

Bild 8.38: Spektrum eines Frequenzmultiplex-Systems

Die Multiplexbildung, das heißt die Überlagerung der einzelnen Kanäle, wird beim Frequenzmultiplex durch Modulation (Amplituden- oder Phasenmodulation) vorgenommen. Dieser Vorgang soll am Beispiel der Amplitudenmodulation erläutert werden. Bild 8.39 zeigt die Multiplikation des binären Basisbandsignals $U_B(t)$ mit einer sinusförmigen Trägerschwingung $U_T(t)$. Bei einem Frequenzbereich von z. B. 400 MHz können bis zu 50 Kanäle mit je 5 MHz Bandbreite auf einem Koaxialkabel eingerichtet werden.

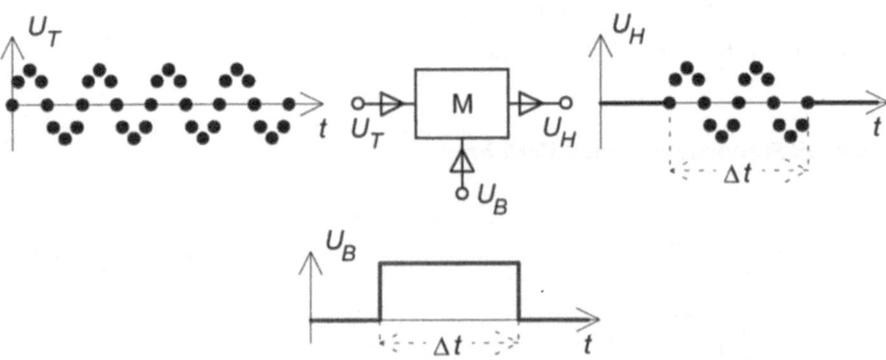

Bild 8.39: Amplitudenmodulation einer sinusförmigen Trägerschwingung mit einem binären Signal; M - Modulator

Die Übertragung ist beim Frequenzmultiplex-Verfahren unidirektional. Daher müssen jedem Teilnehmer zwei Kanäle zugeordnet werden (Sende-

bzw. Empfangskanal) oder zwei Kabel verlegt werden (Sende- bzw. Empfangskabel). Die Adressierung des Empfängers erfolgt über die Trägerfrequenz des diesem Empfänger zugeordneten Empfangskanals.

8.4.2.2
Busse mit Zeitmultiplex-Verfahren

Bei zeitmultiplexen Bussen dürfen die Teilnehmer den Bus nur zeitlich nacheinander nutzen. Dabei muß geregelt werden, wer den Bus jeweils benutzen darf (Buszugriff). Man unterscheidet Zeitmultiplex-Verfahren mit

- kontrolliertem und mit

- zufälligem Buszugriff.

a) Kontrollierter Buszugriff

Beim kontrollierten Buszugriff ist vor Beginn einer Sendung die Sendeberechtigung eindeutig zugeteilt. Da eventuell mehrere Teilnehmer gleichzeitig senden wollen, muß unter diesen eine Auswahl getroffen werden. Hierzu gibt es zwei Möglichkeiten:

- zentrale Buszugriffskontrolle und

- dezentrale Buszugriffskontrolle.

- **Zentrale Buszugriffskontrolle**
Bei diesem Verfahren gibt es einen Teilnehmer mit folgenden Funktionen:

- Leitfunktion: Ausfallüberwachung,

- Kontrollfunktion: Bus-Arbitrierung, Übertragungsüberwachung, Fehlerbehandlung,

- Masterfunktion: Steuerung lesender und schreibender Übertragungen.

Dieser besondere Teilnehmer wird als Leitstation bezeichnet. Die anderen Teilnehmer werden Slaves genannt. Dabei gibt es folgende Varianten:

- Zentrale Teilnehmerauswahl: Die Leitstation fragt die Slaves in festgelegter Reihenfolge ab (Lesekommandos) und sendet Daten zu den Slaves zurück (Schreibkommandos). Zur Erkennung von Alarmen gibt es schnelle Abfragezyklen (zentrales Polling).

- Zeitscheiben-Verfahren: Beim Zeitscheiben-Verfahren (TDMA, Time Division Multiple Access) ist für jeden Teilnehmer eine feste Benutzungszeit des Busses reserviert. Die Aufgabe der zentralen Leitstation ist es, jeden Teilnehmer über den Beginn seiner Zeitscheibe zu informieren. Ein Nachteil dieses starren Schemas ist, daß bei Teilnehmern, die momentan nichts zu senden haben, die zugeordnete Zeitscheibe ungenützt bleibt. Diese Methode wird daher nur für Teilaufgaben wie z. B. die Alarmabfrage verwandt.

● **Dezentrale Buszugriffskontrolle**
Um das Problem der Zuverlässigkeit und Verfügbarkeit der Leitstation zu lösen, kann die Buszugriffskontrolle dezentralisiert werden. Von den Varianten des kontrollierten dezentralen Buszugriffs hat das Prinzip des Token Passing die größte Verbreitung gefunden.

Der Token (Zeichen) ist eine kurze Nachricht, die von einem Teilnehmer zum nächsten gesendet wird und dem Empfänger das Senderecht am Bus gibt (Mastereigenschaft). Der Token wird entweder nach Abschluß der Sendung weitergegeben oder auch sofort, falls bei diesem Teilnehmer kein Sendewunsch vorliegt. Da jeder Besitzer des Tokens diesen an einen festgelegten Nachfolger weitergibt, zirkuliert das Senderecht praktisch in einem Ring.

Beim Token-Passing-Prinzip sind nur wenige Leitfunktionen nötig. Zum einen, um den logischen Ring aufzubauen und bei Ausfall eines Teilnehmers zu rekonstruieren. Zum anderen, um den Verlust des Tokens z. B. verursacht durch Übertragungsfehler zu erkennen. Diese Aufgaben können aber auch dezentralisiert werden, so daß nicht unbedingt eine Leitstation benötigt wird.

b) Zufälliger Buszugriff

Bei den im folgenden beschriebenen zufälligen Zugriffsprotokollen ist vor Beginn einer Übertragung nicht bekannt, welcher Teilnehmer als nächster den Bus belegen wird. Zwei Varianten sind:

● CSMA und

● CSMA/CD.

● **CSMA (Carrier Sense Multiple Access/Mehrfachzugriff mit Signalabtastung):** Ein sendewilliger Teilnehmer hört den Bus ab und beginnt mit der Sendung, wenn der Bus ruhig ist. Bei laufender Übertragung stellt er seine Sendung zurück. Ein gleichzeitiges Senden zweier Teilnehmer kann auftreten, wenn beide nahezu gleichzeitig den Bus abhören und diesen frei finden. Die Daten werden dann durch Überlagerung der Signale zerstört. Zur Erkennung eines solchen Buskonflikts muß jede korrekte Nachricht vom Empfänger quittiert werden.

- **CSMA/CD (Carrier Sense Multiple Access with Collision Detection, Mehrfachzugriff mit Signalabtastung und Kollisionserkennung):** Es ist wenig sinnvoll, eine Nachricht weiter zu senden, wenn sie durch einen anderen Sender gestört wird. In Anwendungsbereichen, wo aufgrund einer hohen Busbelastung die Kollisionshäufigkeit erheblich ist, wird das CSMA-Verfahren mit der Funktion der Kollisionserkennung erweitert. Dabei hört der Sender auch dann den Bus ab, wenn er sendet. Wenn er seine Nachricht nicht mehr richtig empfängt, nimmt er eine Kollision an und beendet das Senden. Danach wartet der Teilnehmer eine bestimmte Zeit und versucht dann die Übertragung erneut. Dies macht eine weitere Kollision unwahrscheinlich.

8.4.3
Physikalische Realisierung

Die Anforderungen an die physikalischen Realisierung serieller Busse ergeben sich daraus daß

- große Entfernungen zwischen den einzelnen Busteilnehmern zu überbrücken sind,

- die Leitungen einer hohen Störbeeinflussung ausgesetzt sind und

- große Teilnehmerzahlen zu berücksichtigen sind.

Die Konsequenzen, die sich aus den großen Entfernungen ergeben sind

- besondere Vorkehrungen gegen Übersprechen, wenn mehr als eine Leitung (z. B. Takt und Daten getrennt) die Teilnehmer verbindet,

- Tolerierung von unterschiedlichen Signalpegeln zwischen weit voneinander entfernten Busteilnehmern und

- Beachtung von verschiedenen Bezugspotentialen der Teilnehmer.

Eine hohe Störbeeinflussung erfordert den Einsatz hochwertiger Kabel und gegebenenfalls spezielle Betriebsarten der Übertragungsstrecke (z. B. eingeprägte Ströme statt Spannungen oder Gegentaktbetrieb mit verdrillten Leitungen). Große Teilnehmerzahlen erfordern eine Ankopplung, bei der jeder Teilnehmer nur eine geringe Leistung aus dem Buskabel entnimmt.

Der Anschluß eines Teilnehmers erfolgt durch Auftrennen des Kabels und Einfügen eines T-Glieds oder durch Einpressen eines speziellen Steckers direkt in das Koaxialkabel, wie z. B. beim Ethernet-Kabel. Die elektrische Aufbereitung des ausgekoppelten Bussignals erfolgt häufig direkt am Buskabel. Kabelstecker, Signalaufbereitung und Teilnehmerstecker werden dabei zu einer Einheit zusammengefaßt (Buskoppler).

8.4.3.1
Busleitungen

Busleitungen in seriellen Bussystemen werden als ein-, zwei-, oder mehradrige Kabel realisiert in Form von:

- verdrillten Leitungspaaren,

- Koaxialkabeln oder

- Lichtwellenleitern.

- **Verdrillte Leitungspaare** (Twisted Pairs):
Verdrillte Leitungspaare werden für Busleitungen und als Verbindung zwischen dem Buskoppler (Transceiver) und der Übertragungssteuerung (Buscontroller) eingesetzt. Zur Erhöhung der Störsicherheit können die Leitungen abgeschirmt werden, jedoch erhöht sich dadurch der kapazitive Leistungsbelag, was zur Verringerung der maximalen Leitungslänge und der Übertragungsrate führt. Die Leitungslängen liegen im Bereich von Metern (für Übertragungsraten bis zu 10 Mbit/s) bis zu Kilometern (für Übertragungsraten in der Größenordnung von kbit/s).

- **Koaxialkabel**
Die Koaxialkabel haben in Bezug auf Übertragungsrate und Störsicherheit höchste Qualität. Der größte Teil der eingesetzten Koaxialkabel erlaubt Übertragungsraten bis zu maximal 1 Gbit/s. Höchste Störsicherheit erhält man durch Verwendung von zwei übereinander liegenden Abschirmungen. Leitungslängen bis in den Kilometerbereich sind bei Übertragungsraten bis 50 Mbit/s möglich. Bei noch längeren Leitungen sind Zwischenverstärker (Repeater) zur Wiederherstellung der Signale nötig.

Einen Überblick über die an Kabel für serielle Bussysteme zu stellenden Anforderungen gibt die folgende Aufstellung:

- Das Kabel muß zumindest bei größerer Länge an beiden Enden mit dem Wellenwiderstand Z_L abgeschlossen werden (Bild 8.40). Ein solcher Abschluß wird bei hohen Datenraten (kurze Anstiegs- und Abfallzeiten) auch für kurze Kabellängen benötigt.

- Jeder Teilnehmeranschluß stellt eine Störstelle dar; z. B. führt die Eingangskapazität der Busteilnehmer zu einer Verringerung des Wellenwiderstands (Reflexion).

- Die Bussignale werden durch ohmsche Dämpfung (vor allem Stromverdrängung) verzerrt. Das Ausmaß der Verzerrungen hängt von der Frequenz des Bussignals und dem Aufbau des Kabels (z. B. Leiterdurchmesser) ab Diese Verzerrungen begrenzen die ohne Leitungsverstärker möglichen Leitungslängen und Datenraten.

- Mechanische Belastungen wie z. B. Biegung mit zu kleinem Radius beeinflussen die elektrischen Kennwerte. Durch die entstandene Verformung werden Verzerrungen des Leitungssignals verursacht, die durch Reflexionen an den entstandenen Inhomogenitäten hervorgerufen werden.

- Das Buskabel sollte in einem Stück verlegt werden. Jede Steckverbindung ist ein Angriffspunkt für Umgebungseinflüsse (EMV); auch werden durch die Steckverbindung die elektrischen Kennwerte zumindest geringfügig geändert.

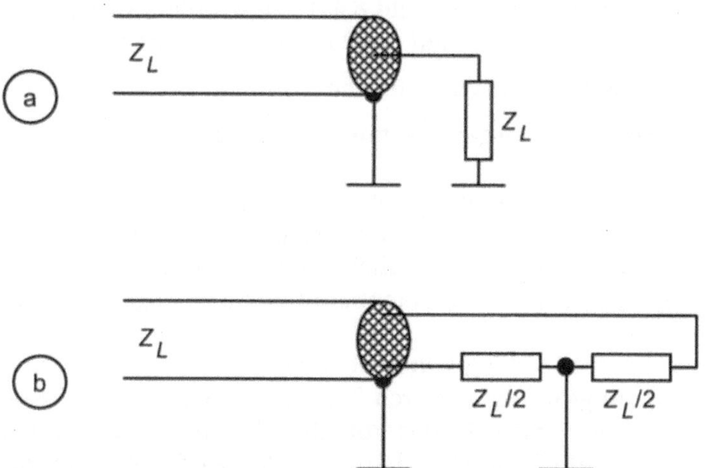

Bild 8.40: Abschluß von Busleitungen mit dem Wellenwiderstand Z_L; a - unsymmetrische Leitung, b - symmetrische Leitung

Lichtwellenleiter weisen als Übertragungsmedium nahezu ideale Eigenschaften in Bezug auf Dämpfung, Abschirmung und Übersprechen auf. Bei der Anwendung für Busleitungen treten allerdings einige Probleme auf. Diese liegen in der Teilnehmerankopplung sowohl in Bezug auf die ausgekoppelte Energie als auch in der dadurch verursachten Störung des Übertragungswegs.

8.4.3.2
Elektrische Ankopplung

Bei der elektrischen Ankopplung sind folgende Aspekte zu beachten:

- Einspeisung und Auskopplung der (codierten) Bussignale.

- Wiederherstellung der empfangenen Bussignale, die durch Verzerrung, Dämpfung und externe Störungen von der ursprünglichen Form abweichen.

- Beachtung von unterschiedlichen Bezugspotentialen bei den Teilnehmern; wenn notwendig Realisierung einer Potentialtrennung.

a) Galvanische Ankopplung

Bei der galvanischen Ankopplung von Sender und Empfänger muß man zwischen symmetrischen (z. B. verdrilltes Leitungspaar) und unsymmetrischen (Koaxialkabel) Busleitungen unterscheiden. Zwei Übertragungsarten werden vorwiegend eingesetzt (Bild 8.41). Diese unterscheiden sich darin, wie die Ankoppelschaltungen auf die Busleitung einwirken:

- Spannungsausgang (unsymmetrische Leitung),

- Spannungsdifferenzausgang (symmetrische Leitung),

Die Unterschiede zwischen diesen Ankopplungen liegen vor allem in der Immunität gegen Störungen. Solche Störungen sind externe Einkopplungen, Übersprechen zwischen parallelen Leitungen und Ströme auf der Masseleitung verursacht durch Potentialdifferenzen längs der Busleitung.

Die galvanische Ankopplung von Busteilnehmern an eine unsymmetrische Leitung (Spannungsausgang) durch Transceiver ist im Bild 8.41a dargestellt. Jede Störung verschiebt das Potential des Innenleiters um den entsprechenden Amplitudenwert und kann Fehler bei der Zuordnung der logischen Pegel hervorrufen. Abhilfe ist durch die Verwendung von Busempfängern mit Hysterese-Verhalten (Schmitt-Trigger-Verhalten) möglich.

Bei der symmetrischen Leitung können durch Verwendung des Spannungsdifferenzausgangs (Bild 8.41b) Störungen durch externe Einkopplungen weitgehend unterdrückt werden. Diese Störungen wirken sich auf beide Leitungen gleich aus und werden damit am Spannungsdifferenzeingang des Busempfängers weitestgehend unterdrückt, da nur die Differenzspannung als Nutzsignal wirkt. Für die Höhe der Unterdrückung ist die sogenannte Gleichtaktunterdrückung (CMR - Common Mode Rejection) der Busempfänger maßgebend.

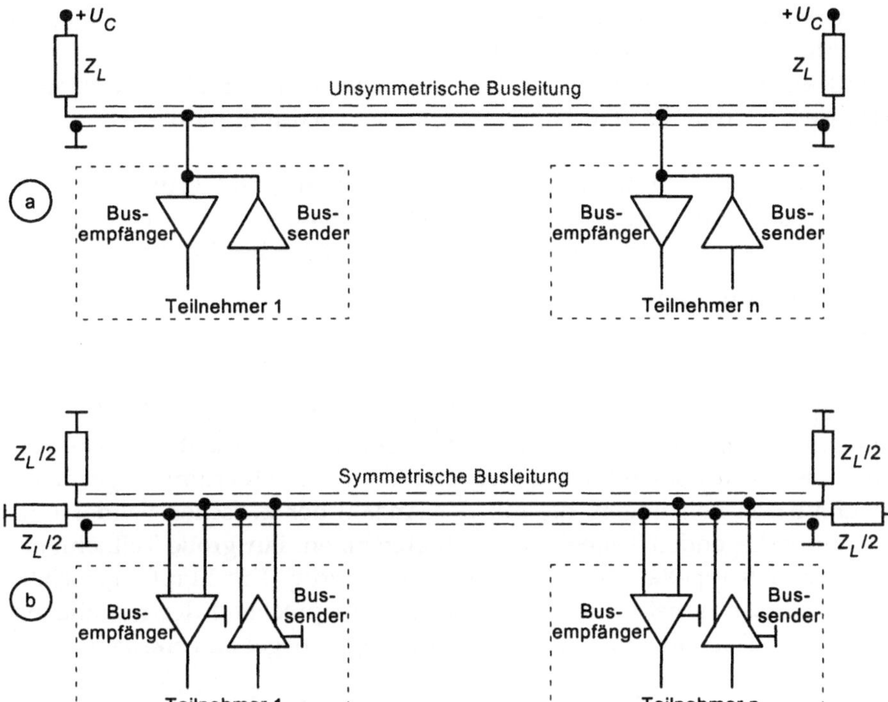

Bild 8.41: Galvanische Ankopplung an die Busleitung; a - Spannungsausgang, b - Spannungsdifferenzausgang

In den Fällen, bei denen einzelne Busteilnehmer auf unterschiedlichem Potential liegen, kann bei der galvanischen Ankopplung eine Potentialtrennung durch Optokoppler erfolgen.

b) Ankopplung durch Übertrager

Die Teilnehmerankopplung durch Übertrager hat vor allem bei Prozeßbussen große Bedeutung. Die Forderungen nach hoher Zuverlässigkeit und nach dem Anschluß vieler Busteilnehmer lassen sich durch die mit geringer Rückwirkung und wenig Leistung zu betreibende Ankopplung durch Übertrager erfüllen. Dabei sind zwei Ausführungen möglich:

- die Längskopplung und

- die Querkopplung.

Die Längskopplung seriell zur Busleitung erfordert das Einfügen des Übertragers in das Buskabel, wozu dieses aufgetrennt werden muß. Sowohl Zuverlässigkeit als auch Flexibilität (neue Teilnehmer) werden dadurch reduziert. Die Querkopplung parallel zur Busleitung hat dagegen ein schlechteres Verhalten hinsichtlich der Rückwirkungsfreiheit bei Kurzschluß eines Teilnehmers. Dies läßt sich aber durch Serienwiderstände verbessern, so daß die Querkopplung generell verwandt wird.

Der Übertrager dient zur Kopplung von Busleitung und Teilnehmer und gewährleistet gleichzeitig die galvanische Trennung. Die Eigenschaften des Übertragers werden durch die folgenden Größen beschrieben:

- Koppelfaktor und

- Übersetzungsverhältnis.

Der Koppelfaktor bestimmt, wieviel Leistung dem Buskabel durch einen Teilnehmer entzogen wird. Damit viele Teilnehmer bedient werden können, muß der Koppelfaktor entsprechend klein sein. Das führt zu geringen entnehmbaren Leistungen, die mit der Anzahl der zwischen Sender und Empfänger liegenden Teilnehmer noch abnehmen. Für große Teilnehmerzahlen sind Koppelfaktoren unter 1 % notwendig. Die Empfängerschaltungen müssen dabei in der Lage sein, die entsprechend der räumlichen Position des Teilnehmers unterschiedlichen Signalpegel zu verarbeiten.

Für die Auswahl des Übersetzungsverhältnisses des Übertragers ist maßgebend, daß dieser sowohl für den Sender als auch für den Empfänger verwandt wird. Wegen der endlichen unteren Grenzfrequenz der Übertrager darf der verwendete Übertragungscode keinen Gleichstromanteil enthalten.

8.4.4
Übertragungsprinzipien

Auf die zuvor dargestellte physikalische Ankopplung bauen folgende Ebenen auf:

- das Steuerteil der physikalischen Ebene (Physical Link Control) und

- die Kommunikationsebene (Data Link Control).

Das Steuerteil der physikalischen Ebene enthält im wesentlichen die Signalanpassung an das Übertragungsmedium. Die Hauptaufgaben der Kommunikationsebene sind die Zerlegung der Nachricht in Blöcke und die Durchführung von Sicherungsmaßnahmen für deren fehlerfreie Übertragung. Die Schnittstelle zwischen physikalischer Ebene und Kommunikationsebene wird im allgemeinen durch die Bereitstellung folgender Informationen gebildet:

- ein serieller Datenstrom (Bitstrom),

- ein Taktsignal und

- ein Rahmensignal (Information über Blockbeginn bzw. Blockende).

Die Funktionen der beiden Ebenen sollen durch Bild 8.42 verdeutlicht werden. Dabei wird angenommen, daß die Nachricht aus mehreren, logisch zusammengehörenden Worten besteht. Sender und Empfänger müssen zur richtigen Deutung der Nachricht deren logische Struktur kennen. Die dazu notwendigen Regeln sind in der Kommunikationsebene festgelegt. Auf dieser Ebene werden Informationen hinzugefügt bzw. ausgewertet, um den Beginn und das Ende einer Nachricht zu erkennen (Nachrichtenrahmen).

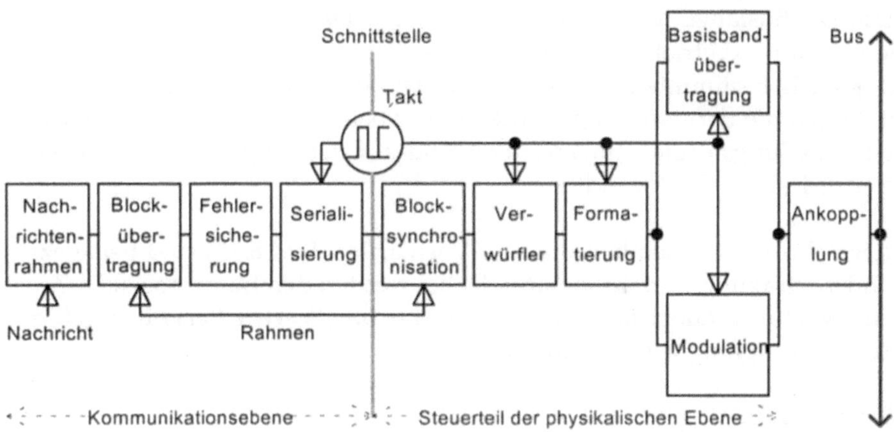

Bild 8.42: Funktionskette der seriellen Datenübertragung

Der zweite im Bild 8.42 dargestellte Funktionsblock (Blockübertragung) zerlegt die Nachricht in Blöcke, die einzeln synchronisiert übertragen werden. Die Länge eines Blocks kann von wenigen Bits bis zu einer Nachricht von einigen tausend Bits reichen. Neben der Tatsache, daß die Übertragung dieser Blöcke synchronisiert werden muß, ist von Bedeutung, daß in der Regel die Übertragung des Blocks mit Fehlersicherung erfolgt. Dazu wird dem Datenblock Redundanz hinzugefügt. Nach der Parallel-Serienwandlung wird der serielle Datenstrom von der Kommunikationsebene an die physikalische Ebene übergeben.

Die Blocksynchronisation in der physikalischen Ebene fügt dem seriellen Bitstrom Informationen hinzu, woraus auf der Empfängerseite Beginn und

Ende des gesendeten Blocks erkannt werden. Die weiteren im Bild 8.42 dargestellten Funktionen der Verwürfelung, Formatierung und Modulation gehören ebenfalls zum Steuerteil der physikalischen Ebene.

8.4.4.1
Darstellung der seriellen Daten

Bei der Datenübertragung auf dem Bus wird zwischen der direkten Übertragung der binären Datensignale, das heißt in einem Frequenzband von einer Frequenz nahe Null an (Basisband), und der Übertragung mit moduliertem Träger unterschieden. Letztere ist dann notwendig, wenn nur ein bestimmtes Frequenzband für die Datenübertragung verfügbar ist.

Die Auswahl des Übertragungsverfahrens hängt von zahlreichen Gesichtspunkten ab, wie z. B. Datenübertragungsgeschwindigkeit, Störbeeinflussung, Buslänge und Mehrfachnutzung der Busleitung durch Frequenzmultiplexbetrieb. Für die einzelnen Übertragungsverfahren eignen sich jeweils bestimmte Darstellungsformen der seriellen Daten besonders gut. Durch die Formatierung werden daher beim Senden die Daten in dieses Darstellungsformat umgewandelt und auf der Empfängerseite erfolgt die erforderliche Rückwandlung.

Die Synchronisationseinheit und der Verwürfler (Bild 8.42) sind bei speziellen Übertragungsverfahren nötig. Dabei werden den Daten spezielle Zeichen (Synchronisationseinheit) oder einzelne Bits (Verwürfler) hinzugefügt und beim Empfang wieder entfernt.

a) Basisbandübertragung

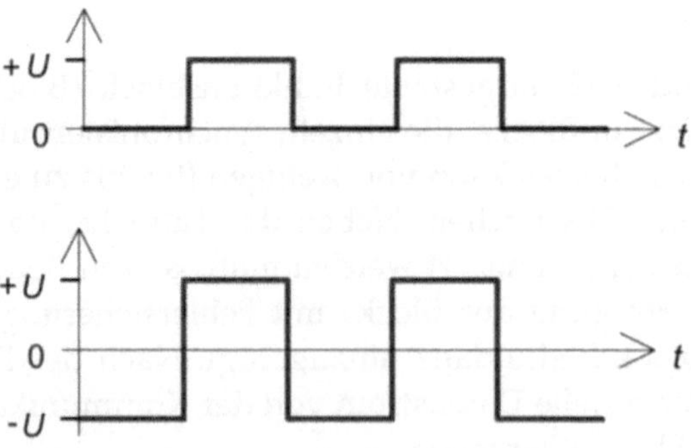

Bild 8.43: Basisbandsignale

Das Basisbandsignal ist eine Folge von unipolaren oder bipolaren Impulsen (Bild 8.43). Diese Rechteckimpulse sind leicht zu erzeugen und zu empfangen, sie enthalten jedoch ein weit ausgedehntes Frequenzspektrum. Dadurch werden bei hohen Datenraten große Anforderungen an die Übertragungsqualität hinsichtlich Signaldämpfung und Übersprechverhalten gestellt.

Bei galvanischer Kopplung von Sender und Empfänger darf das Basisbandsignal auch einen Gleichstromanteil enthalten. Bei galvanischer Trennung muß durch geeignete Formatierung der Gleichstromanteil entfernt werden. In der Regel wird die Basisbandübertragung nur bei kürzeren Entfernungen angewandt. Größere Entfernungen werden dagegen mit Breitbandübertragung unter Verwendung verschiedener Modulationsarten überbrückt.

b) Modulationsverfahren

Wenn mehrere Nachrichten im Frequenzmultiplex-Verfahren zu übertragen sind, oder das Signal wegen Bandbegrenzung des Übertragungswegs einem bestimmten Frequenzbereich angepaßt werden muß, muß die Trägerschwingung

$$x(t) = A \cos(\omega_0 t + \varphi) \tag{8.9}$$

mit dem Nutzsignal moduliert werden. Dabei kann die
- Amplitude A,
- die Frequenz ω_0 oder
- die Phase φ

der Trägerschwingung mit dem rechteckförmigen Basisbandsignal moduliert werden.

Bei der binären Amplitudenmodulation wird eine Null durch keine Amplitude und eine Eins durch das Trägersignal Null übertragen (Bild 8.44a).

Bei der binären Frequenzmodulation wird eine Null durch eine Trägerschwingung der Frequenz ω_1 und eine Eins durch einen Träger der Frequenz ω_2 übertragen (Bild 8.44b).

Bei der binären Phasenmodulation wird eine Null durch keine Phasenverschiebung und eine Eins durch einen Phasensprung (hier 180°) übertragen (Bild 8.44c).

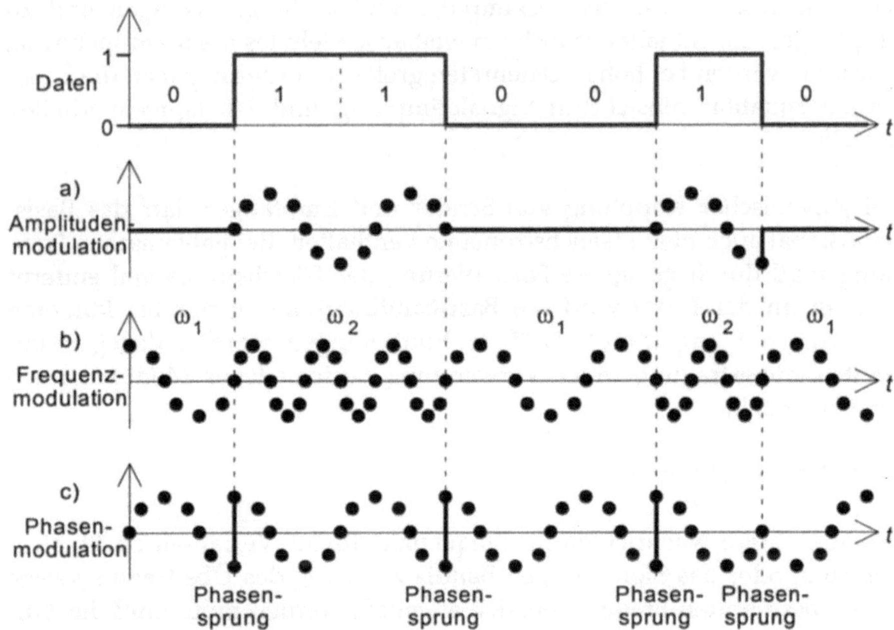

Bild 8.44: Modulationsverfahren

c) Signalformatierung

Je nach Übertragungsart und Busauslegung müssen die Daten in eine geeignete elektrische Signalform umgewandelt werden. Man nennt dies Formatierung und die verschiedenen Darstellungsarten Formate.

Eine wichtige Gruppe sind die gleichstromfreien Formate, die für galvanisch entkoppelte Übertragungen im Basisband angewandt werden. Eine andere wesentliche Gruppe sind die selbsttaktenden Formate. Mit dieser Formatierung ist es möglich, die Taktinformation so mit der Dateninformation zu verbinden, daß auf der Empfängerseite sowohl Takt als auch Daten rekonstruiert werden können.

● **NRZ-Format** (Non-Return-to-Zero)
Zur Darstellung eines Bits dient ein Rechteckimpuls, dessen Breite gleich der Taktperiode T ist (Bild 8.45a). Das Vorhandensein eines Pegels kennzeichnet eine Eins und sein Fehlen eine Null. Bitfolgen im NRZ-Format sind nicht gleichstromfrei und nicht selbsttaktend.

- **RZ-Format** (Return-to-Zero)

Zur Darstellung eines Bits wird ein Rechteckimpuls benutzt, dessen Breite gleich der halben Taktperiode ist (Bild 8.45b). Das Vorhandensein des Impulses kennzeichnet eine Eins, sein Fehlen eine Null. Gegenüber dem NRZ-Format hat das RZ-Format den Vorteil, bei Eins-Folgen die Taktinformation mit zu übertragen. Das Signal ist nicht gleichstromfrei.

- **Bi-Phase-Format**

Beim Bi-Phase-Format (Manchester-Code) werden auch die Nullen durch Impulse dargestellt (Bild 8.45c). Eine Eins wird durch einen Rechteckimpuls der halben Taktperiode, der in der ersten Hälfte des zur Darstellung eines Bits verfügbaren Zeitabschnitts liegt, dargestellt. Zur Darstellung der Null wird der gleiche Impuls verwendet, der in der zweiten Hälfte dieses Zeitabschnitts liegt. Damit ist beim Bi-Phase-Format die Übertragung der Taktinformation stets gesichert und auch eine Unterscheidung zwischen Übertragung einer Nullfolge und keiner Übertragung gegeben. Das Signal ist nicht gleichstromfrei.

- **Bipolar-Format**

Hier wird der Null die Amplitude Null und der Eins alternierend die positive oder negative Amplitude zugeordnet (Bild 8.45d). Bei gleichverteilten Null/Eins-Folgen ist das Signal gleichstromfrei. Bei Nullfolgen ist jedoch eine Taktrückgewinnung nicht möglich.

- **Bipolar-Format hoher Dichte** (High Density Bipolar, HDB_n)

Bei diesem Format gilt prinzipiell die gleiche Signalformung wie beim Bipolarformat, solange weniger als n Nullen hintereinander gesendet werden. Die Größe n wird als Index HDB_n angezeigt. Werden mehr als n Nullen übertragen, so wird die zusammenhängende Folge von $n+1$ Null-Bits durch eine von zwei möglichen Impulsgruppen ersetzt.

Dies wird hier für $n = 2$ betrachtet (HDB_2). Treten mehr zwei Null-Bits nacheinander auf, werden jeweils drei Null-Bits durch die Impulsgruppen 00V bzw. B0V ersetzt. B bedeutet einen Impuls gemäß der Codierungsvorschrift des bipolaren Verfahrens. V bedeutet einen Verletzungsimpuls (Violation-Impuls). Dieser Impuls verletzt die Codierungsvorschrift des bipolaren Verfahrens, da er die gleiche Polarität wie der vorangegangene Impuls hat. Welche der beiden Impulsgruppen verwandt wird, hängt davon ab, ob seit dem letzten Verletzungsimpuls eine gerade Anzahl von Eins-Bits (es folgt B0V) oder eine ungerade Anzahl (es folgt 00V) gesendet wurde. In Bild 8.45e wurden daher die ersten drei aufeinanderfolgenden Nullen durch 00V ersetzt. Es folgt kein weiteres Eins-Bit; deshalb wird B0V eingesetzt, usw.. Damit wird auch für lange Nullfolgen erreicht, daß keine Gleichstromkomponente auftritt und genügend Taktflanken zur Synchronisation vorhanden sind.

- **Coded Diphase-Format**

Bei diesem Format (Bild 8.45f) gibt es zwei bipolare Signalelemente (Bild 8.46), die um 180° gegeneinander phasenverschoben sind. Bei einem Null-Bit erfolgt ein Phasensprung, während bei einem Eins-Bit die Phase erhalten bleibt. Damit erfolgt entweder nach T oder $T/2$ ein Polaritätswechsel. Eine Taktrückgewinnung ist möglich, auch ist das Signal gleichstromfrei.

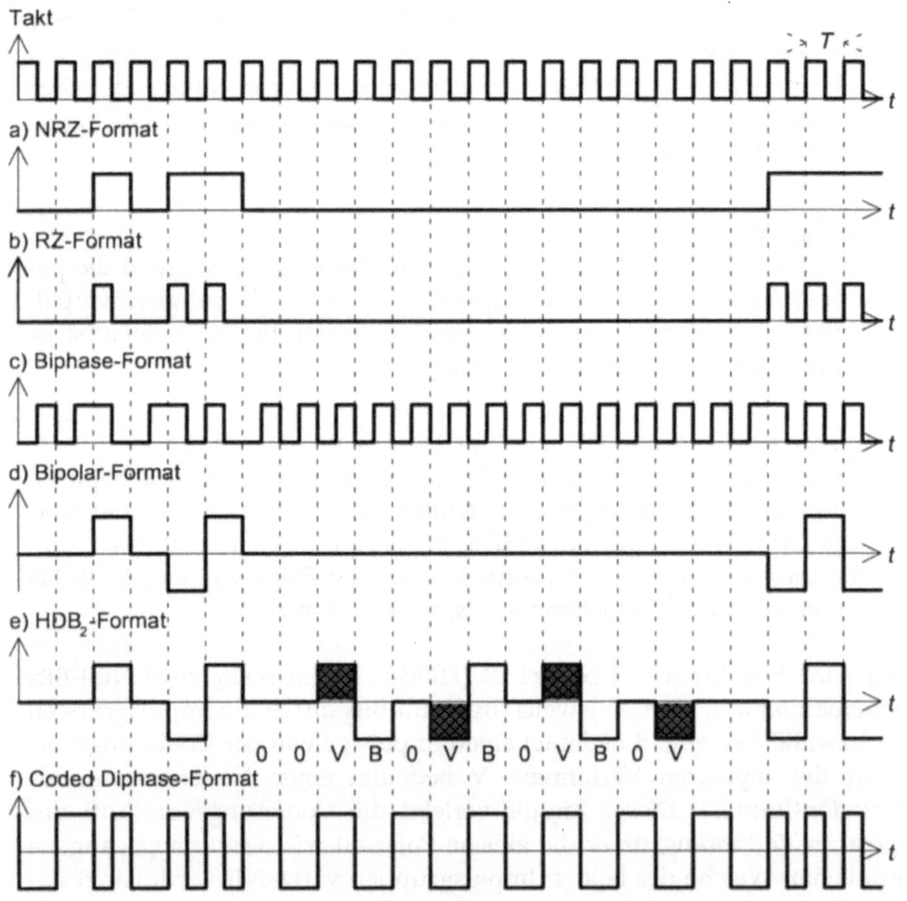

Bild 8.45: Verschiedene Übertragungsformate; V - Verletzungsimpuls, B - siehe Text

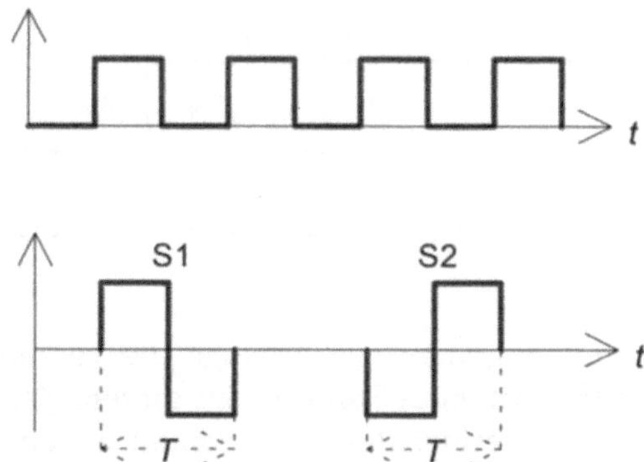

Bild 8.46: Signalelemente der Diphase-Formatierung

d) Teilnehmersynchronisation

Zur Wiedergewinnung der Bitfolge des Senders muß die Signalübernahme beim Empfänger synchron zum Aussenden der Daten beim Sender erfolgen. Für die Synchronisation wird ein Takt benötigt, der die Gültigkeitszeitpunkte der Daten bestimmt. Um Fehldeutungen zu vermeiden, müssen Sende- und Empfangstakt in Frequenz und Phase übereinstimmen. Dies kann durch die folgenden Maßnahmen erreicht werden:

- getrennte Taktquellen bei Sender und Empfänger
  - mit Synchronisation durch Start-Bit oder
  - mit Synchronisation bei jedem Signalwechsel,

- Daten- und Taktmischung und Taktrückgewinnung auf Empfängerseite sowie

- Verwendung einer zusätzlichen Taktleitung.

- **Synchronisation durch Start-Bit**
Die einfachste Form der Synchronisation von Sender und Empfänger wird bei der asynchronen Übertragung angewandt. Der Sender- und Empfängertakt müssen dabei nur in etwa die gleiche Frequenz aufweisen.

Die übertragenen Datenworte haben ein festes Format und werden zusätzlich mit einem Start-Bit und einem oder zwei Stop-Bits versehen (Bild 8.47). Der Empfängertakt wird mit der negativen Flanke des Start-Bits synchronisiert, die weiteren Bits werden jeweils in der zeitlichen Mitte des Signals abgetastet.

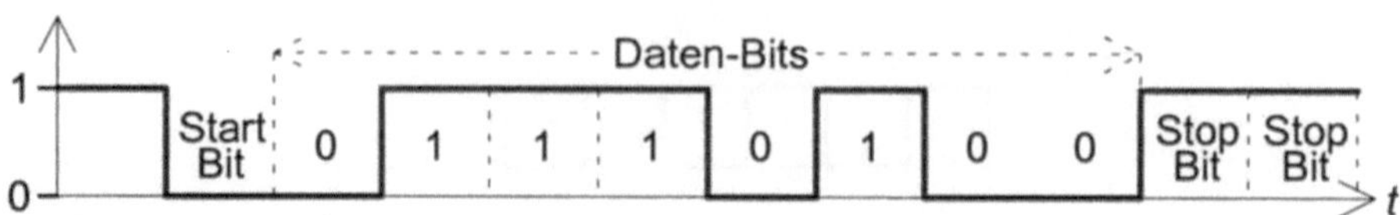

Bild 8.47: Asynchrones Übertragungsformat mit Start-Bit, 8 Daten-Bits und 2 Stop-Bits

Die Synchronität wird angenommen, solange die vereinbarten Stop-Bits vorhanden sind. Trifft statt eines Stop-Bits zu diesem Zeitpunkt ein Null-Bit ein, dann wird der Verlust der Synchronität angenommen und der nächste Eins-Null-Übergang als Start-Bit interpretiert. Dadurch ist es möglich, daß Empfänger zu einem beliebigen Zeitpunkt zugeschaltet werden. Nach einer Zahl von Versuchen findet dann der Empfänger das Start-Bit.

- **Synchronisation bei jedem Signalwechsel**

Bei jeder Signalflanke des Datensignals kann der Takt im Empfänger synchronisiert werden. Schwierigkeiten bereiten jedoch lange Null- oder Eins-Folgen, da in diesen Zeiträumen keine Signalflanken auftreten und die Synchronität verloren gehen kann.

Abhilfe ist durch einen Verwürfler (Scrambler) oder mit einem geeigneten Formatierungsverfahren möglich. Ein Verwürfler ist ein rückgekoppeltes Schieberegister, das aus einer beliebigen Bitfolge eine Zufallsfolge erzeugt, in der lange Null- oder Eins-Folgen nicht vorkommen. Durch einen entsprechenden Entwürfler wird die ursprüngliche Bitfolge wieder hergestellt.

Die Synchronisation bei Signalwechsel kann auch verwendet werden, wenn aufgrund der gewählten Datenformatierung eine Taktsynchronisation nach maximal n Bit zwangsläufig sichergestellt werden kann. Dies gilt beispielsweise für das beschriebene HDB_n-Format, bei dem die maximale Anzahl der aufeinanderfolgenden Nullen oder Einsen auf die Zahl n begrenzt ist.

- **Daten- und Taktmischung**

Durch geeignete Formatierung kann die Taktinformation so mit der Dateninformation zu einem Signal verbunden werden, daß auf der Empfangsseite Takt und Daten rekonstruiert werden können. Solche sogenannte selbsttaktende Übertragungsformate wurden bereits vorgestellt, z. B. das Biphase-Format oder das Coded-Diphase-Format.

- **Verwendung einer zusätzlichen Taktleitung**
Während bei den bisher beschriebenen Verfahren nur eine Busleitung erforderlich war, wird bei der getrennten Übermittlung des Taktes eine zweite Busleitung nötig. Dadurch verdoppelt sich allerdings auch der Leitungsaufwand und es kann ein Übersprechen zwischen der Daten- und der Taktleitung auftreten.

e) Blocksynchronisation

In seriellen Bussystemen werden die Daten für die Übertragung meist zu Blöcken zusammengefaßt, wobei eine zusätzliche Information über den Blockbeginn übermittelt werden muß. Die Art dieser Blocksynchronisation hängt vom Übertragungsprinzip ab:

- Bei der asynchronen Übertragung mit Start/Stoppschritt (Bild 8.47) haben bestimmte Datenbitkombinationen oder bestimmte Buchstaben bzw. Ziffern (z. B. im ASCII-Code) die Bedeutung von Steuerzeichen. Durch die Vereinbarung bestimmter Steuerzeichen für den Blockanfang und das Blockende kann so die Blocksynchronisation erfolgen.

- Bei ständiger Synchronität zwischen Sender und Empfänger durch die Verwendung selbsttaktender Codes oder einer zusätzlichen Taktleitung (synchrone Übertragung) erfolgt die Blocksynchronisation durch:
  - Steuerzeichen,
  - spezielle Bitfolgen (Flagbits) oder
  - Takt/Daten-Modifikationen.

Ein Hauptmerkmal der synchronen Übertragung ist, daß im Gegensatz zur asynchronen Übertragung, bei der nach jeweils z. B. acht Daten-Bits zusätzliche Synchronisations-Bits einzufügen sind, eine große Anzahl von Daten-Bits direkt nacheinander übertragen werden kann. Dadurch ist es möglich, Bitgruppen von z. B. 8 Bit zu bilden und im ASCII-Code codiert nacheinander zu übertragen. Bestimmte Steuerzeichen aus dem ASCII-Code können dann als Blocksteuerzeichen verwandt werden (zeichenorientierte Protokolle).

Bei bitorientierten Protokollen entfällt die Festlegung der Blocklänge auf ein Vielfaches der Grundeinheit von z. B. 8 Bit. Ein Block kann aus einer beliebigen Zahl von Bits bestehen, deren Bedeutung durch die Bitposition im Block auf höheren Protokollebenen festgelegt wird.

Zur Anzeige des Blockbeginns muß in einer Bitkette nur ein Blocksteuerzeichen (Flag) erkannt werden. Dafür wird eine ausgezeichnete Bitfolge

(Flagbit-Folge) z. B. 01111110 gewählt, die innerhalb des Blocks nicht mehr auftreten darf. Dies wird durch einen Verwürfler/Entwürfler erreicht. Durch senderseitiges Einfügen einer Null nach je einer Folge von fünf Mal Eins und das Entfernen der Null beim Empfänger (Zero Insertion/Deletion, Bit-Stuffing) tritt innerhalb des Blocks niemals eine Flagbit-Folge auf.

8.4.4.2
Kommunikationsebene in seriellen Bussystemen

a) Aufgaben der Kommunikationsebene

Die Aufgabe der Kommunikationsebene (Data Link Control, DLC) ist es, unabhängig von der Übertragungstechnik beliebige Bitfolgen sicher zu übermitteln. Dazu sind folgende Teilaufgaben notwendig:

- Erstellung eines Rahmens, in den die Information eingeschlossen wird,
- Kennzeichnung der Funktionen, z. B. Buszugriff, Lese- oder Schreibaufforderung,
- Angabe der Teilnehmeradressen, z. B. nur Empfängeradresse oder auch Senderadresse,
- Bearbeitung von Alarmen,
- Fehlersicherung durch Hinzufügung redundanter Information,
- Fehlerbehandlung durch Maßnahmen zur Behebung des Fehlers.

b) Überblick über die Datenübertragungsprotokolle

Den Datenübertragungsprotokollen gemeinsam ist die Struktur des Rahmens, die sich in Kopf (Header), Datenkörper (Body) und Rahmensicherungsteil (Trailer) gliedert (Bild 8.48).

Kopf (Header) Adresse(n) Steuerinformation	Datenkörper (Body)	Datensicherungsteil (Trailer)

Bild 8.48: Grundstruktur der Datenübertragungsprotokolle

Die Kopfinformation weist in den verschiedenen Protokollen folgende Gemeinsamkeiten auf:

- Die Zieladresse und meist auch die Quellenadresse.

- Steuerinformationen zur Angabe der Länge des Datenkörpers, zur Numerierung von Teilnachrichten, zur Kennzeichnung von Wiederholungen wegen fehlerhafter Übertragung und zur Unterscheidung von Nachrichtentypen (z. B. Quittung, Fehlermeldung).

Als Unterscheidungskriterien dienen in der folgenden Betrachtung

- die Übertragungsverfahren (synchron oder asynchron),

- die Protokolltypen (zeichenorientiert oder bitorientiert) und

- die Übertragungssicherung.

• Übertragungsverfahren

Die asynchrone Datenübertragung mit Start-Bit zur Zeichensynchronisation ist für kurze Punkt-zu-Punkt-Verbindungen geeignet. Typisch ist die niedrige Übertragungsrate (z. B. 9600 Baud) und der Einsatz genormter Codes (z. B. ASCII oder ISO-7-Bit Code).

Bei der synchronen Datenübertragung ist für jede Informationseinheit (Byte, Wort) kein zusätzlicher Synchronisationsaufwand erforderlich, wodurch die Übertragungskapazität besser ausgenutzt wird. Daher erlaubt die synchrone Datenübertragung grundsätzlich höhere Übertragungsraten.

Zwischen den Übertragungsverfahren und den Übertragungsprotokollen besteht folgender Zusammenhang: Für asynchrone Verfahren eignen sich nur zeichenorientierte Protokolle, bei synchronen Verfahren sind zeichen- oder bitorientierte Protokolle geeignet.

• Protokolltypen

Bei zeichenorientierten Übertragungsprotokollen besteht die Nachricht aus Zeichen eines bestimmten Codes. Diese Codes enthalten neben Alphabet und Sonderzeichen (Schreibmaschinentastatur) spezielle Zeichen zur Steuerung der Übertragung. Beispiele sind:

SOH	Start of Header (Steuerzeichen vor der Kopfinformation),
STX und ETX	Start of Text und End of Text,
SYN	Synchronisationszeichen,
ETB	End of Transmission Block (Ende des Übertragungsblocks),
EOT	End of Transmission (Übertragungsende),
ACK	Acknowledge (Quittung einer empfangenen Nachricht),
DLE	Data Link Escape (Geänderte Bedeutung des folgenden Zeichens).

Das Zeichen SYN zeigt den Beginn eines Rahmens an und wird meist mehrfach gesendet, um dem Empfänger einen größeren Zeitraum zur Synchronisation zu geben. Die zeichenorientierten Protokolle werden in Bezug auf die Art der transparenten Datenübertragung (Übertragung nicht codegebundener Information) eingeteilt in Protokolle mit

- mit zeichengesteuerter Transparenz (Bild 8.49a) und

- mit Zeichenzählung (Bild 8.49b).

Bitorientierte Protokolle erfüllen höhere Anforderungen an Codetransparenz, Effizienz und Zuverlässigkeit. Zur Erhöhung der Effizienz wird die Zahl der Steuerzeichen reduziert. Da meist nur Beginn und Ende der Nachricht durch ein spezielles Zeichen markiert wird, muß die Anordnung und die Länge der Felder im Rahmen genau definiert sein. Die typische Feldeinteilung eines bitorientierten Protokollrahmens zeigt Bild 8.49c.

a

SYN	SYN	SOH	Kopf	Information beliebige Zahl von Zeichen eines Codes	ETX/ ETB	Blocksicherung LRC-8/CRC-12/CRC-16

b

			Kopf						Information	Block-
SYN	SYN	SOH	Anzahl 14 Bits	Flag 2 Bits	Quittung 8 Bits	Sequenz 8 Bits	Adresse 16 Bits	CRC-16 16 Bits	beliebige Anzahl von 8-Bit-Zeichen	sicherung CRC-16

c

Flag 8 Bits	Kopf		Information beliebige Anzahl von Bits (HDLC) oder Vielfache von 8 Bits (SDLC)	Blocksicherung CRC-CCITT (invertiert)	Flag 8 Bits
	Adresse 8 Bits	Steuerung 8 Bits			

Bild 8.49: Protokolle; **a**) BSC (Bisync): zeichenorientiert mit zeichengesteuerter Transparenz, **b**) DDCMP (Digital Data Communication Message Protocol): zeichenorientiert mit Längenangabe, **c**) HDLC (High Level Data Link Control): bitorientiert

Die Flags dienen zur Rahmenbegrenzung (Rahmensynchronisation) und sind das einzige Steuerzeichen. Das Adreßfeld dient zur Auswahl des Kommunikationspartners. Im Steuerfeld wird der Nachrichtentyp angezeigt. Es enthält außerdem Rahmennummern zur Übertragungssicherung und zur Fehlerbehandlung sowie verschlüsselte Kommandos. Die Länge

des Informationsfelds ist meist nicht genormt. Das Rahmensicherungsfeld
enthält ein Prüfwort, das den gesamten Rahmen einschließt.

● Übertragungssicherung
Die Übertragungssicherung wird durch Prüfbits oder durch Prüfworte
verwirklicht. Der Sender fügt diese Prüfinformation hinzu und der Empfänger benutzt diese zum Vergleich mit der von ihm selbst gebildeten
Prüfinformation.

Die bekannteste Methode ist das Paritätsbit am Ende eines Zeichens, das
im allgemeinen so gebildet wird, daß das gesamte Zeichen einschließlich
Paritätsbit eine ungerade Anzahl von Einsen enthält. Es kann aber auch
eine gerade Parität vereinbart werden.

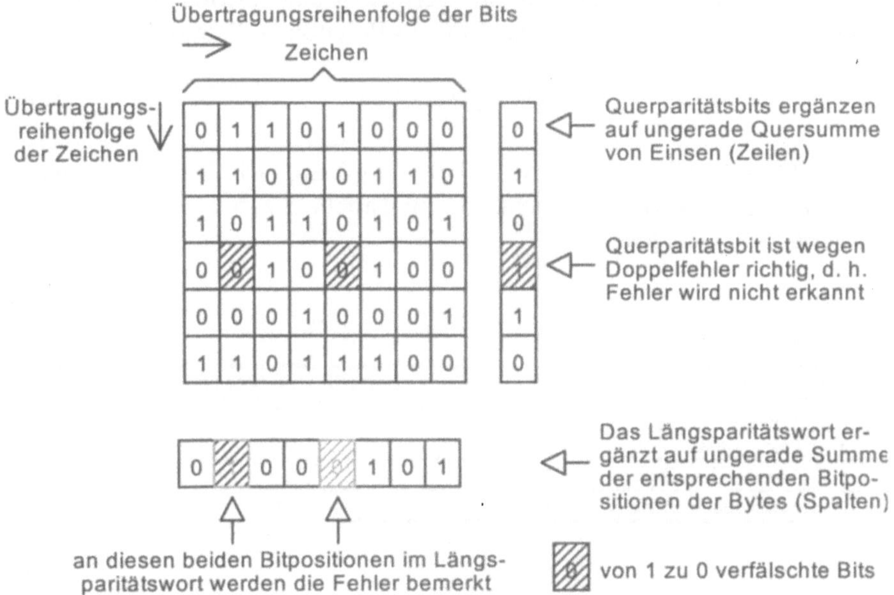

Bild 8.50: Datensicherung durch Quer- und Längsparitätsbits (Kreuzsicherung)

Neben dieser als Querparitätsprüfung oder VRC (Vertical Redundancy
Check) bezeichneten Sicherung kann eine Längsparitätsprüfung oder LRC
(Longitudinal Redundancy Check) eingesetzt werden. Dabei wird die
Quersumme jeweils über die gleichen Bitstellen aller übertragenen Zeichen
eines Blocks gebildet, das Resultat ist ein Blocksicherungszeichen mit der
gleichen Breite wie der Code. Durch Kombination beider Verfahren

(Kreuzsicherung) können Einfachfehler korrigiert und Doppelfehler erkannt werden (Bild 8.50). Solche Verfahren finden vorwiegend bei zeichenorientierten Protokollen Anwendung.

Bei den bitorientierten Protokollen werden zyklische Sicherungscodes (Cyclic Redundancy Check, CRC) verwandt. Das CRC-Prüfzeichen wird über den gesamten Nachrichtenblock gebildet. Dabei wird dieser als langes binäres Wort betrachtet, das durch ein sogenanntes Generatorpolynom dividiert wird.

Es gibt eine Reihe genormter (CRC-12, CRC-16, CRC-CCITT) Polynome, die sich vor allem in der Fähigkeit unterscheiden, Mehrfachbitfehler und hintereinander auftretende Fehler (Burstfehler) zu erkennen. Das Prüfwort ist der Divisionsrest, der aus so vielen Bits besteht, wie der größte Exponent des Generatorpolynoms angibt. Diese Zahl gibt außerdem an, wieviel Bits einer Nachricht hintereinander verfälscht sein dürfen und dennoch eine Fehlererkennung erfolgt. Das CRC-16-Polynom z. B. lautet

$$x^{16} + x^{15} + x^2 + 1 \tag{8.10}$$

und ergibt einen Divisionsrest von 16 Bit. Der Vergleich der verschiedenen Verfahren zur Übertragungssicherung in Tabelle 8.7 zeigt die Überlegenheit der CRC-Blocksicherung.

Tabelle 8.7: Vergleich der Verfahren zur Übertragungssicherung

Sicherungsverfahren	Verminderung der Blockfehler etwa um den Faktor
nur Querparität (VRC)	10^2
nur Längsparität (LRC)	10^2
Kreuzsicherung	10^3
Zyklische Blocksicherung (CRC)	10^5

Um erkannte Übertragungsfehler zu beheben werden Verfahren der Fehlererholung angewandt. Hier sind zwei grundsätzlich verschiedene Verfahren zu unterscheiden:

- Stop and Wait: Jeder Übertragungsblock muß erst quittiert werden, bevor der nächste ausgesendet wird,

- Go back n (Gehe zurück zum Block n und wiederhole): Die Fehlermeldungen beziehen sich auf einen numerierten Datenblock, der nochmals zu übertragen ist.

Bei der zweiten Methode können mehrere Blöcke ohne Wartezeit übertragen werden, dazu ist aber bei allen Teilnehmern ein Speicher für eine entsprechende Anzahl von Datenblöcken nötig.

Literatur

[1]   ANSI/IEEE Std. 488.1 (1987): IEEE Standard Digital Interface for Programmable Instrumentation; Institute of Electrical and Electronics Engineers (IEEE), New York

[2]   ANSI/IEEE Std. 488.2 (1987): IEEE Standard Codes, Formats, Protocols and Common Commands for Use with ANSI/IEEE Std. 488; Institute of Electrical and Electronics Engineers (IEEE), New York

[3]   Azizi, S. A. (1983): Entwurf und Realisierung digitaler Filter; Oldenbourg Verlag, München

[4]   Bayati, A. (1982): Klassifizierung der integrierenden Analog/Digital-Umsetzer; Technisches Messen, S.363-370

[5]   Best, R. (1991): Digitale Meßwertverarbeitung; Oldenbourg Verlag, München

[6]   Blume, J. (1980): Statistische Methoden für Ingenieure und Naturwissenschaftler; VDI Verlag, Düsseldorf

[7]   DIN IEC 625 (1985): Ein byteserielles bitparalleles Schnittstellensystem für programmierbare Meßgeräte, Teil 1; Beuth Verlag, Berlin

[8]   DIN IEC 625 (1985): Ein byteserielles bitparalleles Schnittstellensystem für programmierbare Meßgeräte, Teil 2; Beuth Verlag, Berlin

[9]   Färber, G. (1987): Bussysteme; Oldenbourg Verlag, München

[10]   Färber, G. (1994): Prozeßrechentechnik; Springer Verlag, Berlin

[11]   Föllinger, O. (1977): Laplace- und Fourier-Transformation, Elitera Verlag, Berlin

[12]   Harris, F. J. (1978): On the use of windows for harmonic analysis with discrete Fourier transform; Proc. IEEE Bd. 66, S.51-83

[13]   Haseloff, E. (1986): Bipolar oder CMOS - 2. Teil: Bussysteme; Elektronik, S.152-157

[14]   Hölzler, E., Holzwarth, H. (1982): Pulstechnik - Band 1: Grundlagen; Springer Verlag, Berlin

[15]   Jerri, A. J. (1977): The Shannon sampling theorem - its various extensions and applications: A tutorial review; Proc. IEEE Bd. 65, S.1565-1597

[16]   Kester, W. (1991): Der Umgang mit Flash-A/D-Wandlern - Teil 2: Ermittlung der Parameter erfordert hohen Aufwand; Elektronik, S. 68-74

[17]   Kester, W. (1991): Der Umgang mit Flash-A/D-Wandlern - Teil 3: Messung von Rauschen und nichtlinearen Verzerrungen; Elektronik, S. 76-85

[18]   Köstner, A., Möschwitzer, A. (1993): Elektronische Schaltungen; Carl Hanser Verlag, München

[19]   Leonhard, W. (1989): Digitale Signalverarbeitung in der Meß- und Regelungstechnik; Teubner Verlag, Stuttgart

[20]   Lacroix, A. (1980): Digitale Filter; Oldenbourg Verlag, München

[21]   Lerch, R. (1996): Elektrische Meßtechnik - Analoge, digitale und computergestützte Verfahren; Springer Verlag, Berlin

[22]   MicroSim PSPICE A/D (1996): Reference Manual, Version 7.1; MicroSim Corporation, USA.

[23]   Nyquist, H. (1924): Certain factors affecting telegraph speed; B.S.T.J. S. 324-345

[24]   Pfeiffer, W. (1994): Simulation von Meßschaltungen - Praktische Beispiele mit PSPICE berechnen; Springer Verlag, Berlin

[25]   Ramirez, R. W. (1985): The FFT - Fundamentals and Concepts; Prentice Hall, New York

[26]   Schrüfer, E. (1996): Elektrische Meßtechnik; Carl Hanser Verlag, München

[27]   Schrüfer, E. (1992): Signalverarbeitung - Numerische Verarbeitung digitaler Signale; Carl Hanser Verlag, München

[28]   Schüßler, W. (1988): Digitale Signalverarbeitung; Springer Verlag, Berlin

[29]   Seitzer, D. (1976): Elektronische Analog-Digital-Umsetzer; Springer Verlag, Berlin

[30]   Shannon, C. E. (1949): The Mathematical Theory of Communication; University of Illinois Press

[31]   Steele, S. D. (1975): Delta Modulation Systems; Pentech Press

[32]   Tietze, U; Schenk, Ch. (1993): Halbleiter-Schaltungstechnik; Springer Verlag, Berlin

[33]   Wehrmann, W. (1977): Korrelationstechnik; Lexika Verlag, Grafenau

[34]   Wiemann, B.; Ries, W.; Patz, M.; Färber, G. und Demmelmeier, F. (1982-1984): Bussysteme; Regelungstechnische Praxis, Heft 1 1982 bis Heft 9 1984

[35]   Winter, W.: Einführung in die FFT-Analyse; Druckschrift der Rohde & Schwarz Vertriebs GmbH

[36]   Zander, H.: Datenwandler (1990), A/D und D/A-Wandler; Vogel Verlag, Würzburg

Sachverzeichnis

Lichtwellenleiter 135; 149; 150; 151;
   200; 201

Linienspektrum 5; 108

Linienverbreiterung 113

Logikzeitanalyse 95

Logikzustandsanalyse 95

M

Mehrfachbitfehler 218

Mehrfachfehler 145; 150

Microstrip 153

Mid-Trigger 90; 91

Modulation 101; 196; 206; 207

monoton 75; 76; 77

Multilayertechnik 153; 154

Multiple-Slope-Wandler 50; 51; 53; 54

N

Nebenkeulen 83; 108; 111; 112; 114;
   116; 118; 119; 121; 122; 124; 125;
   127

nicht 83; 85; 112; 113; 125

Nichtlinearität 75; 76; 85

Normalverteilung 82

Nullpunktabgleich 50; 51; 54; 75

Nullpunkthysterese 54

Nyquist-Frequenz 102

Nyquist-Kriterium 10; 65; 87

O

Oberschwingungen 83; 84; 98; 101

Offsetspannung 47; 62; 64; 77; 80; 82

Open-Collector 160; 161; 163; 168;
   172; 182; 186

Originalspektrum 10; 11; 101; 112

Orthogonalität 1; 2

P

Parallelwandler 33; 54; 55; 57; 58; 59;
   60; 61; 62; 80; 87

Paritätsbit 144; 150; 217

Paritätsprüfung 144; 217

Periodendauerzähler 43

Polling 139; 141; 185; 186; 197

Post-Trigger 90; 96

Potentialtrennung 202; 203

Pre-Trigger 90; 91

Protokollebene 188; 192; 213

Prüfinformation 144; 150; 217

Prüfzeichen 218

PSPICE 102; 155

Q

Quantisierungsfehler 56; 72; 75; 92; 93

Quantisierungsrauschen 65; 66; 67; 78;
   80

R

S

T

TTL-Logik 163; 169

U

Überabtastung 65; 66

Übergangszeit 57

Überlagerungsempfänger 98; 99

Übersprechen 38; 151; 154; 157; 199;
201; 202; 213

Übertrager 203; 204

Übertragungsfehler 144; 145; 150; 151;
183; 198; 218

Übertragungssicherung 215; 216; 217;
218

Umschalthysterese 57

ungesättigt 164

unidirektional 173; 196

V

V-Abtastung 27

Verletzungsimpuls 209

verschränkt 174; 175; 178; 180; 181

Verwürfler 206; 212; 214

Verzögerungsleitung 60

W

Wandlungszeit 24; 25; 33; 34; 35; 40;
41; 43; 54; 58; 71; 87; 100; 101

Wellenwiderstand 154; 155; 157; 162;
164; 165; 166; 167; 168; 169; 170;
200

Widerstandsbelag 155

Z

zeichenorientiert 213; 215; 216; 218

Zeichensynchronisation 215

Zeitbegrenzungs-Funktion 111

Zeitmultiplex-Verfahren 136; 197

Zeitscheibe 197; 198

Zeitüberwachung 144; 145; 178; 179

Zuverlässigkeit 141; 151; 198; 203;
204; 216

Zwischenfrequenz 99